U0315932

粉碎试验技术

吴建明　编著

北　京

冶金工业出版社

2016

内 容 提 要

本书对矿物加工粉碎试验技术进行了较全面的归纳和总结，内容包括粉碎及其试验技术的理论基础，粉碎试验操作技术，粉碎试验有关工艺和设备参数的测定技术，试验室、半工业和工业粉碎试验方法，涵盖了目前国内外最新、最先进的试验方法，以及一些试验实例。

本书力求内容的系统性、先进性、新颖性、实用性、完整性以及技术的深度和广度，为粉碎试验技术的研究、开发、设计、应用和教学提供了丰富的资料和信息。本书可供矿业领域科研、设计单位，矿业公司技术部门，粉碎机械制造企业技术部门的科研、设计、技术人员参考，也可作为高等院校矿物加工专业师生的参考教材。

图书在版编目 (CIP) 数据

粉碎试验技术 / 吴建明编著. —北京：冶金工业出版社，2016.4

ISBN 978-7-5024-7197-2

Ⅰ. ①粉… Ⅱ. ①吴… Ⅲ. ①粉碎—试验 Ⅳ. ①TB4-33

中国版本图书馆 CIP 数据核字（2016）第 060523 号

出 版 人 谭学余
地　　址 北京市东城区嵩祝院北巷 39 号　邮编　100009　电话　(010)64027926
网　　址 www.cnmip.com.cn　电子信箱　yjcbs@cnmip.com.cn
策划编辑 张　卫　责任编辑　赵亚敏　美术编辑　吴　霜　彭子赫　版式设计　彭子赫
责任校对 卿文春　责任印制　牛晓波
ISBN 978-7-5024-7197-2
冶金工业出版社出版发行；各地新华书店经销；三河市双峰印刷装订有限公司印刷
2016 年 4 月第 1 版，2016 年 4 月第 1 次印刷
169mm×239mm；15 印张；287 千字；222 页
61.00 元
冶金工业出版社　投稿电话　(010)64027932　投稿信箱　tougao@cnmip.com.cn
冶金工业出版社营销中心　电话　(010)64044283　传真　(010)64027893
冶金书店　地址　北京市东四西大街46 号(100010)　电话　(010)65289081(兼传真)
冶金工业出版社天猫旗舰店　yjgycbs. tmall. com
（本书如有印装质量问题，本社营销中心负责退换）

前　言

据考证，我国夏代就出现了青铜器。考古中，在长江流域发现了多处商代中期的铜采场遗迹，商代晚期的铜绿山古铜矿遗址已经存有粉碎的遗迹。那时，当还不知道矿石怎样才容易粉碎，应该粉碎到什么程度时，想起来总是要先试一试的吧，那么这"试一试"是否就是最初的粉碎试验呢？

时光荏苒，粉碎试验逐渐成为一种人类有意识、有目的的活动。在不知不觉中，粉碎试验发展起来了。随着人类生产规模的日益扩大，生产行为的日益复杂化，粉碎试验的种类日益繁多，技术水平日益提高。

我国的粉碎试验技术是怎样发展起来的，已难寻根溯源。20 世纪 70 年代后期开始的改革开放之前，国内一般采用前苏联的试验方法。改革开放使我们引进了西方的试验技术，其中最引人注目的当属美国的 Bond 试验体系和半工业试验方法。80 年代后期到 90 年代，我国选矿工业进入一个低潮时期。就在我们谈论选矿是不是夕阳工业时，国外的粉碎试验技术仍在持续发展。当我们迈入 21 世纪，举目远眺，发现国外的粉碎试验技术呈现出与以往完全不同的面貌，大型数据库、数学模型、地质矿物学使我们耳目一新。

粉碎试验之所以必要，原因在于粉碎是矿物加工过程中的重要作业阶段，其重要性不仅在于选别作业依赖粉碎作业提供单体解离的物料颗粒，从而实现矿物加工过程的产品目标，而且在于粉碎作业电能消耗量和金属材料磨损消耗量极其巨大，对矿物加工作业的经济性有至关重要的影响。采用适当的粉碎试验技术进行试验，获得必要的试验数据和结果，用于选矿厂设计中粉碎流程设计和设备选型计算，能够合理地确定粉碎流程，正确地进行设备选型，从而在未来选矿厂建设中投入较低的基本投资，在未来生产中以较低的生产操作成本达到预期的设计技术指标，获得尽可能高的经济效益和产品质量。

　　本书尝试将粉碎试验技术进行系统的归纳和总结，使之形成一个专门的技术体系。同时对国内外粉碎试验技术，特别是对最新、最先进的粉碎试验方法进行全面的总结和介绍，为选矿厂设计中粉碎流程设计和设备选型试验方法的开发和选用提供借鉴，为这一领域技术的研究、开发、设计、教学提供资料和信息，促进矿物加工技术的发展。

　　本书内容包括粉碎及其试验技术的理论基础、粉碎试验操作技术、粉碎试验有关工艺和设备参数的测定技术。本书全面介绍了试验室、半工业和工业粉碎试验方法，重点介绍了主要的试验室试验方法，其中包括目前国内外最新、最先进的试验方法。在介绍试验方法之余，还尽可能介绍了后续的试验结果应用，以及试验及应用实例。

　　90 年代，特别是 2000 年以来，随着粉碎试验技术的不断发展和成熟，试验方法向小型化和简化方向发展。例如自磨（半自磨）试验，已基本摒弃了消耗大量人力、物力、财力和时间的半工业试验方法，而代之以各种与大型数据库和计算机模拟相结合的现代小型试验室试验方法，大大减少了试验工作量，降低了试验成本，强调试验方法的科学性，使粉碎流程设计和设备选型更加准确，并且随着生产时间的推移始终保持其准确性。本书反映了这方面粉碎试验技术的发展特点。

　　随着技术的发展，粉碎流程和设备都在不断进步和演变，新型粉碎设备和技术不断成熟并获得应用。辊压机（高压辊磨机）、VertiMill 立式磨机（塔磨机）和 IsaMill 搅拌磨机等新型粉碎设备正在进入粉碎领域。为适应这些技术发展的需要，出现了相应的粉碎试验技术及其设备选型方法。本书反映了这方面粉碎试验技术的最新发展。

　　本书面向矿业领域科研单位、设计单位、矿业企业技术部门、粉碎机械制造企业技术部门的科研、设计、技术人员，以及大专院校矿物加工专业师生。本书内容适用于矿物加工粉碎专业科研、设计方面的试验研究和教学工作，矿物加工粉碎作业生产流程考察和检测技术工作。

　　近些年来，我国矿业经济和技术有了很大发展，已成为矿业大国，但在粉碎试验技术方面发展相对缓慢，与国外的持续快速发展相比，差距较大，与我国粉碎工业的发展不相适应。希望本书对我国粉碎试验技术以及粉碎技术的发展有所助益。

　　未来的粉碎试验技术将是怎样的面貌，现在很难预料。可以想象的是，会有更多先进技术融入，其中还有现在尚未出现的新技术。无论如何，本书介绍的粉碎试验技术是从以往通向未来的桥梁。本书相信，未来的粉碎试验技术一定更完美。

　　由于本人水平所限，书中错误和不足之处在所难免，欢迎广大粉碎界同仁和读者批评指正。

吴建明

2016 年 1 月

目　　录

1 粉碎试验基础

1.1 概述

1.1.1 粉碎

粉碎是对粉碎对象施加外力，使其颗粒粒度减小的加工过程。粉碎分为破碎和粉磨两个阶段，一般来说粉碎产品粒度大于 5mm 的为破碎，小于 5mm 的为粉磨[1]。生产性的粉碎过程主要由粉碎机械完成。

本书涉及的粉碎对象是脆性物料，包括金属矿石（黑色金属矿石、有色金属矿石和贵金属矿石等）、非金属矿石、化工矿物、建材原料、筑路、筑坝石料和人工砂等。

物料的粒度是粉碎加工程度的基本标志性指标和粉碎量的度量，也是粉碎终点的标志性指标。粉碎终点粒度是由粉碎产品的应用要求或下一步加工要求所决定的。对于工业矿物来说，粉碎产品往往是最终产品，粉碎终点主要由产品粒度要求决定。对于矿物加工来说，粉碎是选前准备作业，其产品必须满足后续选别作业的要求，即物料颗粒必须达到一定的单体解离度。

1.1.2 粉碎试验

粉碎试验是使用一定的粉碎试验设备、物料样品和试验方法进行的试验。

粉碎是消耗大量电能、钢材和其他原材料的作业过程。粉碎产品合格与否对后续选别作业效果有直接影响，从而影响着整个选矿厂的产品品位、回收率等主要技术指标和经济效益。因此，粉碎工艺流程和设备选择正确与否对选矿厂基本投资、生产操作成本和经济效益有重要影响。粉碎试验就是解决上述问题的科学而有效的方法，其目的有：

（1）为设计选择确定适宜的粉碎工艺流程提供依据；

（2）为选择适宜的粉碎设备类型、确定其规格和数量提供依据；

（3）为评价粉碎生产工艺流程和设备的工作效果提供依据；

（4）为生产中由于物料性质变化而对粉碎流程和设备进行必要的调整提供依据；

（5）为新型粉碎设备的研制和应用提供数据和资料。

粉碎试验的意义和重要性还在于用较少的人力、物力和时间即可获得确定大规模工业粉碎生产的工艺流程和设备选型，以及生产操作技术条件所需的数据和结论。

粉碎试验方法本身也在不断发展，其发展有两个主要特点：

（1）随着试验技术的成熟，试验方法向小型化和简化方向发展。例如自磨（半自磨）试验，20世纪90年代前还需要消耗大量人力、物力、财力和时间进行半工业试验，90年代后，特别是2000年以后已基本摒弃了半工业试验，而代之以各种小型试验室试验与计算机模拟相结合的现代方法，大大减少了试验工作量，降低了试验成本。

（2）随着某种粉碎设备的技术成熟和广泛应用，出现了为其服务的试验方法。例如随着辊压机（高压辊磨机）的成熟和普遍应用，产生了其专门的试验方法。

1.2　粉碎方式、粉碎阶段和破碎比

1.2.1　粉碎方式

1.2.1.1　单颗粒粉碎方式

任何大批物料的粉碎过程都是由无数的单颗粒粉碎过程汇集成的。单颗粒粉碎即粉碎力通过粉碎元件直接施加在物料颗粒上的粉碎。单颗粒粉碎有挤压、冲击、弯曲、磨剥、剪切、劈裂、拉伸等粉碎方式，如图1-1所示。粉碎方式的不同及其不同组合造就了形形色色的粉碎机械和粉碎方法。

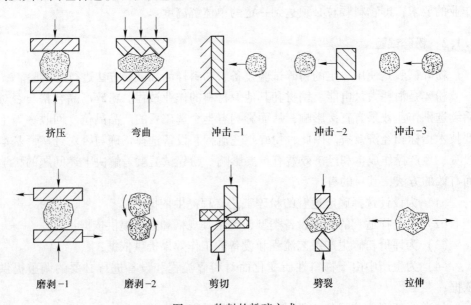

图 1-1　物料的粉碎方式

A 挤压

将被粉碎物料颗粒置于两个粉碎元件之间，以较为缓慢的速度施加粉碎力，物料颗粒受压而被粉碎。挤压是机械设备最容易实现的粉碎方式之一，因此常见于脆性物料粉碎中。由材料力学可知，物料颗粒的抗压强度随加压速度的提高而增大，因此降低挤压速度可提高粉碎效率，最理想的是静压粉碎。但实际中无法做到纯粹的静压粉碎，只能尽可能降低加压速度。

B 弯曲

从两个相反的方向、在相互交错的位置上对被粉碎物料颗粒施加粉碎力，物料颗粒受弯力而断裂粉碎。弯曲是脆性物料最常见的粉碎方式之一。

C 冲击

物料颗粒与粉碎元件之间产生高速相对运动，物料颗粒在瞬间受到巨大的冲力而被粉碎。冲击也是脆性物料最常见的粉碎方式之一。冲击可以由机械高速运动或振动（机械振动或超声波）形成，也可以通过高速气流或高速水射流产生。高速冲击可产生强大的粉碎力，但同时物料颗粒也会表现出较高的强度。为了提高冲击的效果，应使前者的增幅远高于后者。研究表明，一次冲击的效率低于挤压粉碎，但其后往往跟随着二次冲击和更多的剩余冲击，使效率有所弥补。

D 磨剥

物料颗粒与粉碎元件之间或物料颗粒之间互相摩擦而粉碎。磨剥是最常见的粉碎方式之一，尤其在细粒度物料的粉碎中常见。

E 剪切

对物料颗粒施加两个方向相反、位置相互交错的粉碎力，使物料颗粒沿剪切面产生错位而粉碎。剪切是最常见的粉碎方式之一，尤其常用于塑性材料的粉碎。

F 劈裂

粉碎元件的尖端刺入被粉碎物料内，使被粉碎物料向两个方向开裂而粉碎。这种粉碎方式多见于以齿形元件粉碎的情况。

G 拉伸

对物料颗粒（或单体）施加拉力，使其受力超过极限而断裂。一般来说，物料的抗拉强度都小于抗压强度，因此拉伸可以产生更好的粉碎效果。但是，对脆性物料颗粒很难施加拉力，只有在高温热膨胀等特殊情况下才产生拉力，如在热应力粉碎、高压电脉冲粉碎和 Snyder 减压粉碎中发生的拉伸粉碎。但这些特殊粉碎方法应用尚不普遍或者尚未获得应用。因此拉伸并不多见于脆性物料粉碎中，而更多见于塑性材料粉碎中。

实际粉碎过程很少由单纯一种粉碎方式实现，绝大多数粉碎过程是以一种粉碎方式为主，伴随其他一种或数种粉碎方式的复杂过程。在有些粉碎过程中，机械能是由电能、热能、化学能、原子能等转化而来的：例如爆破的粉碎过程就是在瞬间和狭小空间内，化学能转化为机械能时高温、高压、冲击的作用过程；热应力粉碎是热能转化为机械能的作用过程；高压电脉冲粉碎是电能转化为机械能的作用过程等。

1.2.1.2 批量物料的粉碎方式

实际生产中物料的粉碎都是以批量物料的形式出现的，粉碎机械的工作方式决定了通过该机械的物料颗粒受到的粉碎方式。这个问题将在本章最后一节介绍粉碎机械的部分一起介绍。

1.2.2 粉碎阶段和破碎比

1.2.2.1 粉碎阶段

脆性物料的粉碎可分为破碎和粉磨两个加工阶段，破碎和粉磨各自又分为几个分阶段，粉碎阶段划分见表 1-1。非脆性物料的粉碎阶段划分可参考表 1-1。

表 1-1 粉碎阶段划分

粉碎阶段	分 阶 段		给料粒度/mm	产品粒度
破碎	粗碎		1500~350	400~125mm
	中碎		400~125	100~40mm
	细碎		100~40	25~12mm
	超细碎		50~25	12~5mm
粉磨	粗磨	自磨、半自磨	400~150	5.0~0.15mm
		常规粉磨	25~5	
	细磨		5~1	0.15~0.075mm
	再磨		—	75~10μm
	超细磨		—	10~0.1μm
	纳米粉磨		—	100~10nm

注：表中粒度值为物料中最大颗粒的粒度。最大颗粒粒度可视为物料中筛下累积产率占95%的颗粒粒度。

1.2.2.2 破碎比

破碎比是指某一粉碎阶段或某一粉碎设备粉碎前后物料粒度的比值，反映了物料粒度减小的程度，是评价粉碎过程效果和粉碎设备性能的技术参数。破碎比可以用不同的方法表示，从不同的角度反映这一参数。

A 极限破碎比

粉碎前后物料最大粒度之比。对于破碎机或粉磨机来说，是所有给料都能通过的粒度与所有产品都能通过的粒度之比。这里的"产品"对于开路粉碎是指破碎机或粉磨机排料，对于闭路粉碎是指检查筛分筛下或分级溢流，下同。由于实际中物料群的最大粒度往往难以获得，因此常用物料中95%通过的粒度代替最大粒度，即

$$R_{95} = \frac{F_{95}}{P_{95}} \tag{1-1}$$

式中 R_{95}——按95%通过的粒度计算的破碎比；

F_{95}——粉碎前物料中95%通过的粒度；

P_{95}——粉碎产品中95%通过的粒度。

B 名义破碎比 R

用于颚式破碎机、旋回破碎机和圆锥破碎机等设备，R 为破碎机给料口有效宽度（B）与排料口宽度（S）之比。一般来说，能够被破碎机破碎的最大给料颗粒的粒度等于破碎腔顶部宽度 B 的85%，因此破碎机给料口有效宽度为 $0.85B$。对于粗碎机来说，由于摆频较低，排料口宽度 S 取其开边尺寸。对于中、细碎机来说，由于摆频较高，排料口宽度 S 取其闭边尺寸。R 计算式如下

$$R = \frac{0.85B}{S} \tag{1-2}$$

C 平均破碎比 $\overline{R}$

粉碎前物料平均粒度 $\overline{F}$ 与粉碎后物料平均粒度 $\overline{P}$ 之比，即

$$\overline{R} = \frac{\overline{F}}{\overline{P}} \tag{1-3}$$

D 80%破碎比 R_{80}

粉碎前物料中80%通过的粒度 F_{80} 与粉碎后物料中80%通过的粒度 P_{80} 之比，即

$$R_{80} = \frac{F_{80}}{P_{80}} \tag{1-4}$$

E 总破碎比

几个连续的粉碎阶段的总破碎比 R 为第一个粉碎阶段的给料粒度 F_1 与最后一个粉碎阶段的产品粒度 P_n 之比，等于各粉碎阶段破碎比的乘积，即

$$R = R_1 \cdot R_2 \cdot R_3 \cdots R_n = \frac{F_1}{P_n} \tag{1-5}$$

式中 $R_1 \sim R_n$——各个粉碎阶段的破碎比。

1.3 粉碎理论、原理和原则

为了深入了解和不断优化粉碎过程，粉碎界提出了一系列粉碎理论、原理和原则，包括粉碎能耗理论、料层粉碎原理和多碎少磨原则。粉碎试验是工业粉碎过程的缩小和集中体现，也反映着这些粉碎理论或原理，符合多碎少磨粉碎原则。

1.3.1 粉碎能耗理论

无论工业粉碎过程还是粉碎试验过程，粉碎能量都是重要的技术参数。为了了解和预测粉碎过程的能量，一百多年来，国际粉碎界提出了三个主要的粉碎能耗理论，即面积学说、体积学说和裂缝学说。这些能耗理论从不同角度提出了粉碎能量与作为粉碎量度量的粒度之间的关系。

1.3.1.1 R. P. Rittinger（德）的面积学说（1867）

面积学说[2,3]认为，外力粉碎物料所做的功，转化为物料粉碎后增加的表面积的表面能。因此，粉碎过程所消耗的能量与物料新产生的表面积成正比，即

$$dE_{R0} = k_{R1}dS \qquad (1-6)$$

式中 dE_{R0}——产生新表面积 dS 所消耗的能量；

k_{R1}——比例系数，产生单位新表面所消耗的能量。

设一个颗粒的粒度为 D，其表面积与 D^2 成正比，则式（1-6）变为

$$dE_{R0} = k_{R1}dS = 2\,k_{R2}DdD \qquad (1-7)$$

式中 k_{R2}——比例系数，与 k_{R1} 和颗粒的表面积与粒度的比例关系有关。

设被破碎物料颗粒群的总质量为 Q，则总颗粒数 n 正比于 Q/D^3。使质量为 Q 的物料粒度减小 dD 所需要的能量为

$$dE_R = ndE_{R0} = 2k_{R3}Q\frac{dD}{D^2} \qquad (1-8)$$

式中 k_{R3}——比例系数，与 k_{R2} 和总颗粒数 n 与 Q/D^3 的比例关系有关。

使质量为 Q 的物料粒度从给料粒度 D_F 减小到产品粒度 D_P 所需要的能量 E_R 为

$$E_R = 2k_{R3}Q\int_{D_P}^{D_F}\frac{dD}{D^2} = K_RQ\left(\frac{1}{D_P} - \frac{1}{D_F}\right) \qquad (1-9)$$

式中 K_R——比例系数，$K_R = 2k_{R3}$。

1.3.1.2 В. Л. Киричев（俄）和 F. Kick（德）的体积学说（1874~1885）

体积学说[2,3]认为，将几何形状相似的同种类物料粉碎成几何形状也相似的产品时，所需要的功与物料的体积或质量成正比，即

$$dE_{K0} = k_{K1}dV = k_{K2}dD^3 = 3k_{K2}D^2dD \tag{1-10}$$

式中 dE_{K0}——使体积 dV 的物料颗粒产生变形而粉碎所消耗的能量；

k_{K1}——比例系数，使单位体积的物料颗粒产生变形而粉碎所消耗的能量；

k_{K2}——比例系数，与 k_{K1} 和颗粒的体积与粒度的关系有关。

由于被破碎物料的总颗粒数 n 与 Q/D^3 成正比，使质量为 Q 的物料粒度减小 dD 所需要的能量为

$$dE_K = ndE_{K0} = 3k_{K3}Q\frac{dD}{D} \tag{1-11}$$

式中 k_{K3}——比例系数，与 k_{K2} 和总颗粒数 n 与 Q/D^3 的比例关系有关。

使质量为 Q 的物料粒度从给料粒度 D_F 减小到产品粒度 D_P 所需要的能量 E_R 为

$$E_R = 3k_{K3}Q\int_{D_P}^{D_F}\frac{dD}{D} = K_KQ(\ln D_F - \ln D_P) \tag{1-12}$$

式中 K_K——比例系数，$K_K = 3k_{K3}$。

1.3.1.3　F. C. Bond（美）和王仁东（中）的裂缝学说（1950）

裂缝学说[2~4]又称粉碎第三理论，该理论认为，粉碎物料颗粒时，外力首先使物料颗粒发生变形并在颗粒内生成裂缝，颗粒内的应力超过强度极限后，裂缝扩展而造成断裂粉碎。因此，粉碎所需要的功与物料的体积和表面积的几何平均值成正比，即

$$dE_B = k_{B1}d\sqrt{VS} = k_{B2}d\sqrt{D^3D^2} = 2.5k_{B2}D^{1.5}dD \tag{1-13}$$

式中 dE_B——使单元物料颗粒产生微裂缝而粉碎所消耗的能量；

k_{B1}——比例系数，使单位物料颗粒产生微裂缝而粉碎所消耗的能量；

k_{B2}——比例系数，与 k_{B1} 和颗粒的表面积与粒度的比例关系，以及体积与 $D^{3/2}$ 的比例关系有关。

由于被破碎物料的总颗粒数 n 与 Q/D^3 成正比，使质量为 Q 的物料粒度减小 dD 所需要的能量为

$$dE_B = ndE_{B0} = 2.5k_{B3}Q\frac{dD}{D^{1.5}} \tag{1-14}$$

式中 k_{B3}——比例系数，与 k_{B2} 和总颗粒数 n 与 Q/D^3 的比例关系有关。

使质量为 Q 的物料粒度从给料粒度 D_F 减小到产品粒度 D_P 所需要的能量 E_B 为

$$E_B = 2.5k_{B3}Q\int_{D_P}^{D_F}\frac{dD}{D^{1.5}} = K_BQ\left(\frac{1}{\sqrt{D_P}} - \frac{1}{\sqrt{D_F}}\right) \tag{1-15}$$

式中 K_B——比例系数，$K_B = 5k_{B3}$。

如果只考虑单位能量 W，令 $W = E_B/Q$，给料粒度和产品粒度采用80%通过的粒度，分别用符号 F_{80} 和 P_{80} 表示，则根据式（1-15）可得

$$W = K_B \left(\frac{1}{\sqrt{P_{80}}} - \frac{1}{\sqrt{F_{80}}} \right) \tag{1-16}$$

当给料粒度远大于产品粒度，即 $F_{80} \gg P_{80}$ 时，$\dfrac{1}{\sqrt{F_{80}}}$ 可忽略，则有

$$W = K_B \frac{1}{\sqrt{P_{80}}} \tag{1-17}$$

F. C. Bond 定义将单位质量物料粉碎到 $P_{80} \leqslant 100\mu m$ 所需要的功为功指数 W_i，由式（1-17）可得 $W_i = K_B/10$，所以 $K_B = 10W_i$。将 $K_B = 10W_i$ 代入式（1-16）可得第三理论公式

$$W = 10W_i \left(\frac{1}{\sqrt{P_{80}}} - \frac{1}{\sqrt{F_{80}}} \right) \tag{1-18}$$

由式（1-18）可得 Bond 功指数的基本公式：

$$W_i = \frac{W}{\dfrac{10}{\sqrt{P_{80}}} - \dfrac{10}{\sqrt{F_{80}}}} \tag{1-19}$$

1.3.1.4 三个粉碎能耗理论之间的关系

对上述三个粉碎能耗理论的进一步研究表明，它们之间存在一定的关系，D. R. Wolker 提出了一个统一的公式

$$dW = -k \frac{dD}{D^n} \tag{1-20}$$

式中 k ——比例系数。

取 $n = 2$ 对式（1-20）进行积分可得 Rittinger 公式（1-9），取 $n = 1$ 对式（1-20）进行积分可得 Киричев 和 Kick 公式（1-12），取 $n = 1.5$ 对式（1-20）进行积分可得 Bond 公式（1-15）。

三个理论分别反映了粉碎过程的不同阶段。最初阶段，粉碎对象在外力作用下发生弹性变形（体积学说）；随着外力的加强，粉碎对象内产生裂缝，裂缝增加并扩展（裂缝学说）；最终粉碎对象断裂形成新表面（面积学说）。因此，体积学说比较适用于粉碎过程的较粗阶段，面积学说比较适用于粉碎过程的较细阶段，裂缝学说比较适用于其他两个学说的适用阶段之间[2,5]。

1.3.2 离散数学和分形理论

多年来，由于历史条件和科研手段的限制，粉碎理论都是建立在动力学、平

衡态、连续渐变过程和稳定过程基础上的。但实际上物体内缺陷的分布是随机的，粉碎过程是不连续、突变、不可逆、非线形、离散的开放系统。中南工业大学的张智铁[6]教授运用突变理论将物料粉碎过程中状态演变行为的研究转化为对系统势函数的研究，提出了尖点模型和燕尾模型等物料粉碎模型。他从物料系统状态的失稳和稳定性研究出发，将物料粉碎机理研究推进到非线性热力学和非线性动力学范畴，选择超熵作为物料系统的 Lyapounov 函数来判断系统的稳定性，阐明了物料粉碎是一个由定态到失稳再到新定态过程的耗散结构。他根据岩石内缺陷的分形特点，运用分形理论推导了强度与缺陷分布维数之间的关系，建立了粉碎颗粒粒度分布模型，找到了分维数、分布指数与破碎概率之间的关系，用颗粒表面分维数 D_s 将三个功耗理论统一起来。

1.3.3 多碎少磨原则

1.3.3.1 多碎少磨的概念

多碎少磨是一项粉碎流程节能原则。20 世纪 70~80 年代，中国粉碎界开展了广泛深入的粉碎节能研究和讨论，一致认识到：对于常规粉碎流程来说，破碎作业的单位能耗大大低于粉磨作业，因此为了降低粉碎能耗，应尽量增加破碎作业的工作量，而减少粉磨作业的工作量，也就是尽量减小破碎产品即粉磨给料的粒度，并简明地概括为"多碎少磨"。

1.3.3.2 多碎少磨的技术背景

多碎少磨原则产生的技术背景是：20 世纪 70~80 年代，在常规粉碎流程中，由于破碎设备技术发展的历史局限性，造成破碎产品粒度即粉磨给料粒度过粗，在以球磨机（及少量棒磨机）组成的常规粉磨阶段，由于其低效性，较多的粉磨工作量导致了高昂的粉碎能耗。据调查，当时破碎单位电耗约为 1.0~3.5kW·h/t，粉磨单位电耗约为 5.0~12.0kW·h/t，粉磨是破碎的 3.4~5.0 倍[7]。

破碎单位电耗低、粉磨单位电耗高的原因有两个：（1）破碎阶段主要是旋回破碎机、圆锥破碎机和颚式破碎机等强制式粉碎设备，有较大比例的能量用于粉碎，粉碎效率较高。而粉磨阶段常用的球磨机等设备属于概率式粉碎设备，大部分能量消耗于发热、发声、振动，只有百分之几用于粉碎，粉碎效率较低。设备本身粉碎效率的差异导致了破碎阶段电耗较低，而粉磨阶段电耗较高；（2）由于最终破碎产品粒度即粉磨给料粒度过粗，使得高效率的破碎设备分配的工作量较少，而低效率的粉磨设备分配的工作量却较多。不当的工作量分配导致了破碎阶段电耗偏低，而粉磨阶段电耗偏高。

减小破碎产品粒度即粉磨给料粒度能够节能的原因是：（1）使得高效率的破碎设备分配的工作量增加，而低效率的粉磨设备分配的工作量减少。这样破碎能耗只有少量增加，而粉磨能耗却降低较多，从而降低了整个粉碎流程的能耗；

(2) 球磨机可以使用较小尺寸的钢球，在其充填率不变的情况下，其数量和表面积都相应增加，从而提高了粉磨效率，进一步降低了粉磨能耗。

1.3.3.3 适宜的破碎产品粒度（即粉磨给料粒度）

多碎少磨原则是在破碎设备技术发展的一定历史阶段，破碎产品粒度过粗的技术背景下提出的。破碎产品粒度即粉磨给料粒度是否越小越好，究竟多少合适，这是多碎少磨原则研究与讨论的一个基本问题。根据对破碎产品粒度与破碎电耗和粉磨给料粒度与粉磨电耗的关系规律，可以得出如图 1-2 所示的曲线。图 1-2 表明，破碎单位电耗随其产品粒度的减小而提高，而粉磨单位电耗随其给料粒度的减小而降低，破碎与粉磨单位电耗之和即粉碎流程的总单位电耗形成一条 U 形曲线。无论破碎产品粒度即粉磨给料粒度过大或过小都导致总单位电耗较高，只有在中间的一个适当区段总单位电耗最低，这就是适宜的破碎产品粒度即粉磨给料粒度。

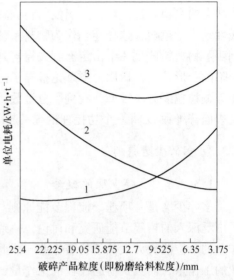

图 1-2   破碎产品粒度（即粉磨给料粒度）与单位电耗的关系

1—破碎；2—粉磨；3—破碎与粉磨之和

这个粒度范围究竟是多少一直没有公认的结论，但较多的看法认为在 D_{95} 大约 $9 \sim 12$mm（D_{80} 大约 $6 \sim 9$mm）范围。这个适宜粒度范围与破碎能耗和粉磨能耗的关系有关，也与破碎设备和粉磨设备性能的发展水平有关。因此，多碎少磨只是粉碎技术发展的一定阶段适用的节能粉碎原则。当粉碎技术发展到破碎能耗和粉磨能耗相当，甚至粉磨能耗低于破碎能耗时，多碎少磨的任务就完成了。

1.3.3.4 实现多碎少磨的关键

实现多碎少磨，关键在于优化破碎作业，开发和应用先进破碎设备。多年来，国际上研究与开发了多种先进破碎设备，如瑞典 Sandvik 集团制造的 S 和 H 系列液压圆锥破碎机，芬兰 Metso Minerals 公司制造的 HP 系列圆锥破碎机和 G 系列液压圆锥破碎机，德国 ThyssenKrupp Polysius 公司、德国 KHD Humboldt Wedag 公司和丹麦 F. L. Smidth 公司制造的辊压机，法国 Fives Lille 集团 FCB 公司制造的筒式辊压机等。国内粉碎界也做了大量工作，参照国外技术开发了多种新型颚式破碎机、圆锥破碎机和辊压机。随着这些先进设备的应用，破碎产品粒度已经大幅度减小。

同时，粉磨设备也在不断发展，球磨机等常规粉磨设备普遍采用当代先进技术，还产生了芬兰 Metso Minerals 公司的 VertiMill 搅拌磨机、澳大利亚 Xstrata 技术公司的 IsaMill 搅拌磨机等新型高效再磨设备，使粉磨能耗大幅度降低。

1.3.4 料层粉碎原理

1.3.4.1 理论和试验研究

料层粉碎又称粒间粉碎或层压粉碎，是由德国 Klausthal 技术大学的 K. Schönert 教授提出的。20 世纪 70 年代末，K. Schönert 教授领导进行了料层粉碎试验室试验，将待粉碎的物料颗粒装在一套专门制作的模具内，装入量要使物料具有一定厚度，即形成物料层。将模具放在压力机上施以 50~300MPa 之间不同压力的高压。然后分析颗粒粒度、压力、能耗和物料量等参数间的关系。结果表明，料层粉碎与传统的粉碎方法相比，不但产品粒度细，而且单位粉碎能耗低。

另外一些试验研究结论也从不同角度表明了料层粉碎的合理性，主要的有：

（1）理论试验研究指出，较小的持续负荷比短时间的强大冲击更有希望破碎物料。这与塑性材料的特性极为相似。材料力学指出，塑性材料对外载荷表现出的强度与加速度成正比；

（2）胡景坤和徐小荷[8]对颗粒层进行的粉碎试验研究表明，以静压粉碎效率为 100%，单次冲击效率在 35%~40%左右。为了节约粉碎能量，提高粉碎效率，应多用静压粉碎，少用冲击粉碎；

（3）B. H. Bergstrom 在研究单颗粒破碎时发现，在空气中一次破碎的碎片撞击金属板时明显地产生了二次破碎。一次破碎的碎片具有的动能占全部破碎能量的 45%。如能充分利用二次破碎能量，则可提高破碎效率[9]。

料层粉碎就符合这些研究的结果，因此可实现高效节能的粉碎过程。

1.3.4.2 料层粉碎方式的特点

料层粉碎的标志性特点有三个：

（1）粉碎力不是作用在单颗粒上，而是作用在颗粒群体上。与单颗粒粉碎相比，一次作用可粉碎较多数量的颗粒；

（2）粉碎力是纯压力，施力过程较慢，作用时间较长。缓慢施力使物料颗粒表现出较低的强度；

（3）粉碎力极大，对物料的压力可达 50~300MPa。极高的粉碎力使物料被粉碎到极细的粒度，同时颗粒内会形成大量微裂纹，使颗粒强度大幅度降低。

1.3.4.3 料层粉碎的实现形式

能够最充分地实现料层粉碎方式的设备应具有怎样的形式？一些研究结论回答了这个问题：

（1）美国犹他大学的专题报告指出，大范围内能量的节约很可能来自破碎过程中物料输送方面控制的改进，即目标性破碎[10]；

（2）国外的一项调查表明，消耗能量最少的是辊式破碎机等对物料施加稳定而持续的压应力的设备类型；

（3）K. Schönert 教授等的测试研究指出，传统应用的粉碎设备中，辊式破碎机的粉碎概率为 70%～100%，远高于其他形式的粉碎设备。

基于以上研究，料层粉碎设备应采取类似辊式破碎机的结构，但其具体结构要比辊式破碎机复杂得多，粉碎过程和工作原理也有本质的不同。料层粉碎希望的静压条件由于生产过程要求的连续性而难以实现，实际上只能达到准静压粉碎。

1.3.4.4　料层粉碎的发展

1993 年，K. Schönert[11]教授等进一步提出了交叉交变料层粉碎原理。料层粉碎设备高压辊磨机在用于超细磨时，存在 $100\mu m$ 以细的颗粒难以形成物料层和压力难以提高到超细料层粉碎所需要的上千兆帕两个障碍。试验表明，以高压力一次加压和中等压力多次加压可以达到同样的粉碎效果。但多次加压的各次之间需要将紧密的物料层松散，如果交替改变加压方向，物料层的松散和加压将一步完成，称为交叉交变料层粉碎原理。2004 年，首次公开了以该原理为基础的交叉四活塞磨机，初步试验取得了理想结果。这一研究仍在进行中[12]。

1.4　粉碎机械概述

粉碎试验的重要目的之一是对粉碎机械的选择和应用进行指导，以及对其粉碎效果进行评价。因此，了解主要粉碎机械的性能和特点对确定粉碎试验方法有直接指导意义。粉碎机械可以按照粉碎阶段、粉碎方式、结构特点、粉碎元件种类、粉碎元件运动方式、粉碎力产生方式、发明人的名字或以上数种方式结合加以分类。常见的粉碎机械见表 1-2。

表 1-2　常见粉碎机械

粉碎机械类型	适用粉碎阶段	粉碎元件种类	主要粉碎方式
旋回破碎机	粗　碎	固定锥和动锥	挤压和冲击
圆锥破碎机	中碎、细碎和超细碎	固定锥和动锥	挤压和冲击
颚式破碎机	粗碎、中碎、细碎和超细碎	固定颚和动颚	挤压和冲击
反击式破碎机	粗碎、中碎、细碎和超细碎	打击板和反击板	冲　击
锤式破碎机（锤磨机）	破碎和粗磨	锤头和箅子板	冲击和剪切
立式冲击破碎机	细碎和超细碎	转子和反击板（或自衬）	冲　击
辊式破碎机	细碎和超细碎	固定辊和可动辊	挤　压
辊压机(高压辊磨机)	超细碎和粗磨	固定辊和可动辊	料层粉碎

粉碎机械类型	适用粉碎阶段	粉碎元件种类	主要粉碎方式
自磨(半自磨)机	粗 磨	筒体衬板、矿石和钢球	冲击和磨剥
棒磨机	粗 磨	筒体衬板和钢棒	冲击和磨剥
砾磨机	细 磨	筒体衬板和砾石	磨 剥
球磨机	粗磨、细磨、再磨和超细磨	筒体衬板和钢球	冲击和磨剥
搅拌磨机	细磨、再磨和超细磨	搅拌器和介质	磨 剥
辊磨机	细 磨	磨辊和磨盘	磨 剥
振动磨机	细磨和超细磨	介 质	冲击和磨剥
气流磨机	超细磨	气 流	冲击和磨剥

　　旋回破碎机和圆锥破碎机由一对圆锥形破碎元件组成破碎腔，颚式破碎机由一对颚板式破碎元件组成破碎腔，物料在破碎腔内受到破碎元件的相向往复运动产生的破碎力而被破碎。破碎元件的相向往复运动使物料受到挤压，破碎元件的快速运动同时对物料产生冲击。有些破碎元件工作表面制造成波纹形状，还会使物料受到弯曲。破碎腔上部空间较大，大块物料以单颗粒方式被破碎，中、小颗粒物料则会以物料群方式受到破碎。由于破碎元件运动速度较快，物料群的形成也不很稳定，这种物料群破碎方式与料层粉碎方式尚有区别。越往下部，两破碎元件间距离越近，单颗粒破碎的概率越大。破碎腔下部排料口处，则基本是单颗粒破碎方式，以此控制排料粒度。

　　反击式破碎机利用水平轴转子的高速旋转，使其上安装的打击板对进入破碎腔的物料颗粒产生强烈冲击破碎作用，经初步破碎的物料颗粒高速撞击反击板受到再次破碎，随后进一步在打击板和反击板之间受到往复冲击破碎，直至排出破碎腔。锤式破碎机（锤磨机）利用水平轴转子的高速旋转，使其上安装的锤头对进入破碎腔的物料颗粒产生强烈冲击破碎作用，经初步破碎的物料颗粒高速撞击机体内壁受到再次破碎，随后进一步在锤头和机体内壁之间受到往复冲击破碎，直至颗粒粒度减小到可以通过算子板孔排出破碎腔。立式冲击破碎机利用立轴转子的高速旋转，将物料颗粒沿径向排出，高速撞击在沿转子外部圆周布置的反击板或物料衬上受到破碎，经初步破碎的物料在经破碎腔排出过程中与转子排出的物料颗粒遭遇再次发生强烈冲击。这三类粉碎机械的破碎过程都以冲击为主，物料颗粒与破碎元件之间以及物料颗粒之间也伴随一些磨剥粉碎过程。

　　辊式破碎机的破碎元件为两个沿水平平行轴安装的破碎辊，工作时两辊相向旋转，物料颗粒从上方给入两辊间，受到两辊的挤压而破碎。该破碎机与辊压机的区别是破碎过程以单颗粒方式为主，并且破碎力较小。

　　辊压机（高压辊磨机）的粉碎元件也是两个沿水平平行轴安装的辊，其中一辊固定，另一辊可相对固定辊轴线平行移动，两辊间设有一定的最小间距。移动辊由液压缸向固定辊方向施加高压力。工作时两辊相向旋转，物料从上方给入两辊间，呈颗粒群状受到两辊的强烈挤压，以料层粉碎方式被粉碎。

自磨（半自磨）机、棒磨机、球磨机和砾磨机统称筒式磨机，工作部件是绕水平轴旋转的筒体，充填一定数量的粉磨介质，粉磨介质为大块矿石、钢棒、钢球或砾石。工作时，筒体以一定转速旋转，带动筒内的介质和物料混合翻滚。筒体转速较高时，介质抛落运动，使物料受到冲击和磨剥；筒体转速较低时，介质泻落运动，使物料受到磨剥。

搅拌磨机利用搅拌器搅拌粉磨介质和物料，使物料受到介质的磨剥。搅拌器可以是棒式、盘式、叶轮式或螺旋式，粉磨介质为金属、陶瓷、硬质合金或砾石制作的微珠。

辊磨机利用若干磨辊在磨盘上旋转滚动，使磨辊和磨盘之间的物料受到磨剥。磨辊可以是鼓形、截锥形或球形。

振动磨机的主要结构是装有粉磨介质和物料的筒体，随着筒体的振动，物料受到粉磨介质的冲击和磨剥。粉磨介质为金属的棒、球或短圆柱，或陶瓷球。

气流磨机利用相对喷射的高速气流，夹带物料颗粒互相冲击和磨剥。

1.5 粉碎试验室

粉碎试验室是进行试验室粉碎试验的主要场所，对其基本要求有：

（1）技术先进性。试验室设备、仪器和设施具备当前技术水平，试验设备涵盖当前粉碎技术范围；

（2）配置合理性。试验室的设施和设备布置合理、人性化，便于试验操作；

（3）安全和环保。试验室设备和设施本身及其安装符合国家标准，装备有必要的环保设施，能保证试验人员的人身健康和安全，保证试验室内及其外部周边的环境。

粉碎试验室分为试验区和办公区。试验区装备有各种粉碎试验设备、样品制备设备、相关的检测仪器，以及试验辅助设施等。试验区应分为干式试验区、湿式试验区和物料存放区，分别配备不同的排放设施。试验设备的规格在满足试验需要的前提下应尽可能小，以避免不必要的样品、水、电和人力消耗，尽可能减少排放量。办公区除配备办公设施外，还需设置更衣室。粉碎试验室应有良好的照明和通风。

1.5.1 粉碎试验设备

粉碎试验设备是粉碎试验的主要工具，通过样品在其上进行的粉碎试验，可以直接获得需要的粉碎试验数据和结果。这些试验设备都是针对工业粉碎设备设计和应用的需要开发的，但结构与工业设备一般都存在或多或少的差别，规格也较小。有的试验设备甚至与工业设备完全不同，如用于破碎设备试验的 Bond 冲击试验机等。

按照试验方法，这些设备可分为标准（化）试验设备和专用（非标准）试验设备两种。标准（化）试验设备及其试验方法已经标准化，得到粉碎行业或专业的普遍承认和应用，有的制订为国际、国家或行业标准，例如 Bond 功指数试验设备等。专用（非标准）试验设备是某个研究部门或企业针对某种工业设备开发的试验设备，尚未得到粉碎行业或专业的普遍承认和应用。按照适用的粉碎阶段或工作粒度范围，可分为破碎试验设备、粉磨试验设备和超细磨试验设备。按照样品是干物料还是矿浆，可分为湿式和干式粉碎试验设备。主要试验室粉碎试验设备见表 1-3。

表 1-3　主要试验室粉碎试验设备

设备名称	试验内容	试验目标设备
Bond 冲击试验机	Bond 冲击功指数试验	旋回破碎机、颚式破碎机和圆锥破碎机
高能冲击试验机	高能冲击功指数试验	中、细碎圆锥破碎机
Bond 功指数棒磨机	Bond 棒磨功指数试验	棒磨机
Bond 功指数球磨机	Bond 球磨功指数试验	球磨机、砾磨机和管磨机
金属磨损试验机	金属磨损指数试验	旋回破碎机、颚式破碎机、圆锥破碎机、辊式破碎机、自磨（半自磨）机、棒磨机、球磨机
自磨介质试验机	自磨介质适应性试验	自磨（半自磨）机
试验室型棒磨机	容积法可磨度试验	棒磨机
试验室型球磨机	容积法可磨度试验	球磨机
JK 落重试验仪	澳大利亚昆士兰大学 JKMRC 自磨（半自磨）试验室试验和澳大利亚 SMCC Pty 公司半自磨机粉碎（SMC）试验	自磨（半自磨）机
LABWAL 型试验室辊压机	辊压机粉碎试验	辊压机
ATWAL 型试验室辊压机	辊压机辊面磨损试验	辊压机
Hardgrove 可磨度试验机	Hardgrove 可磨度试验	磨煤机
试验室型立式搅拌磨机	立式搅拌磨机试验	立式搅拌磨机
试验室型卧式搅拌磨机	卧式搅拌磨机试验	卧式搅拌磨机
试验室型塔磨机（螺旋搅拌磨机）	塔磨机（螺旋搅拌磨机）试验	塔磨机（螺旋搅拌磨机）
试验室型搅拌槽	试验附属设备	流程配套
试验室型矿浆泵	试验附属设备	流程配套
小型空气压缩机	试验附属设备	

1.5.2 样品制备设备

最初的试验样品可能粒度过大，需要通过粉碎使之达到要求的粒度；也可能数量过多或进行多次试验，需要通过混匀和缩分提取出一小部分样品或将整个样品分为多份；还可能样品湿度较大需要干燥，或湿式试验产品检测前需要脱水。这一类工作需要使用样品制备设备。主要试验室样品制备设备见表1-4。

表 1-4 主要试验室样品制备设备

设备名称	用 途	设备名称	用 途
试验室型颚式破碎机	样品破碎	湿式旋转缩分器	料浆物料混匀和缩分
试验室型圆锥破碎机	样品破碎	试验室真空过滤装置	料浆过滤
试验室型辊式破碎机	样品破碎	电热恒温干燥箱	物料干燥
二分器	干式物料混匀和缩分	电热板	物料干燥
干式旋转缩分器	干式物料混匀和缩分		

1.5.3 检测仪器

检测工作是获得粉碎试验数据和结果的重要手段，检测仪器是必不可少的，包括粒度、质量、浓度、硬度等检测。检测仪器的放置地点应远离易产生振动的设备。主要试验室检测仪器见表1-5。

表 1-5 主要试验室检测仪器

仪器名称	用 途	仪器名称	用 途
标准振筛机	成套试验筛粒度分析	电子台秤	物料质量检测
试验筛（成套）	粒度分析	分析天平	精密质量检测
读数显微镜	试验筛筛孔尺寸检测	数显洛氏硬度计	金属材料洛氏硬度检测
旋流粒度分析仪	$8\sim75\mu m$ 粒度分析	数显布氏硬度计	金属材料布氏硬度检测
激光粒度测定仪	激光法超细粒度分析	数显邵氏硬度计	橡胶/塑料邵氏硬度检测
离心沉降粒度测定仪	离心沉降法超细粒度分析	浓度计	料浆浓度检测
Coulter 颗粒计数器	电阻法超细粒度分析	数字式转速表	设备转速检测
动态光散射纳米颗粒粒度测定仪	纳米颗粒粒度分析	数字式万用表	电气设备和设施检测
比表面积测定仪	细粒物料比表面积测定	钳形电流表	设备工作电流检测
电子天平	物料质量检测	数字式温度计	温度检测

1.5.4 试验辅助设施

粉碎试验辅助设施包括除上述设备、仪器以外，进行粉碎试验所必不可少的其他设备和装置。

（1）操作设施：包括工作台、制样台、制样场地、洗涤池等。工作台用于放置小型粉碎试验设备和固定式检测仪器（天平、显微镜、硬度计等）。制样台和制样场地用于制样操作。

（2）吊装输送设施：包括电葫芦、室内小吊机、铲车和手推车等，用于试验室内各种设备和器具的放置、安装、维修和试验操作时需要的起吊和输送。其起吊能力应满足试验室内需要起吊的最大质量。其位置应能到达试验室内每一台需要起吊的设备和器具的上方。

（3）存储设施：包括工具柜、器皿柜和药剂柜等，分别存放设备检修工具（钳子、螺丝刀、扳手等）、设备和仪器专用工具、手持式检测工具（试验筛、万用表、钳形电流表、转速表、游标卡尺、卷尺等）、试验器皿（量杯、烧杯、盆、桶等）、试验药剂等。

（4）排放和环保设施：粉碎试验工作中会产生粉尘、振动、噪声、废物料、废料浆等产物。粉尘对操作者的人身健康会产生严重危害，必须采取有效措施予以排放。在干式粉碎设备和制样台的上方或周围应安装粉尘排放设施，如除尘罩、通风橱等。对于产生严重粉尘的或产生较大噪声的试验设备，应将其安装在单独的全封闭除尘或隔音操作室内。对于产生严重振动的粉碎设备，须采取有效的减振措施。在安放湿式粉碎设备的地面下应设置有效的水和料浆排放系统，使试验时逸出的水和料浆得到及时排放，杜绝其向四周流淌。对于试验后的废物料和废料浆，应设有有效的排放设施，避免其大量堆积对试验室造成污染或占据试验场地。

1.5.5　办公设施

办公设施包括写字台、计算机、资料柜等，用于试验设计和规划、数据处理、结果分析和编写试验报告等文字工作。

参 考 文 献

[1] 陈炳辰，王宏勋. 破碎、磨碎［M］.//中国大百科全书编辑委员会. 中国大百科全书（矿冶）. 北京·上海：中国大百科全书出版社，1984.
[2] 李启衡. 碎矿与磨矿［M］. 北京：冶金工业出版社，1980.
[3] 周恩浦. 矿山机械（选矿机械部分）［M］. 北京：冶金工业出版社，1979.
[4] Bond F C，Wang J T. A New Theory of Comminution［J］. Mining Engineering，1950（8）：871~878.
[5] 李启衡. 粉碎理论概要［M］. 北京：冶金工业出版社，1993.
[6] 张智铁. 物料粉碎理论［M］. 长沙：中南工业大学出版社，1995.
[7] 李启衡. 关于磨矿节能中的多碎少磨问题［J］. 云南冶金，1984（1）：24~29.
[8] 胡景坤，徐小荷. 静压和冲击粉碎岩石的能耗比较［J］. 金属矿山，1987（3）：9~

11, 16.

[9] 石大新. 日、美选矿的新动向 [J]. 国外金属矿选矿, 1981 (3): 1~7.

[10] 庞炜. 选矿的节能方向 [J]. 国外金属矿选矿, 1986 (9): 44~49.

[11] Schönert K, Reichardt Y. Interparticle Breakage of Very Fine Materials by Alternating Crosswise Stressing with a High Pressure [A]. Proceedings of the ⅩⅧ International Mineral Processing Congress [C]. 1993: 213~217.

[12] Reichardt Y, Schönert K. Cross piston press for high pressure comminution of fine brittle materials [J]. International Journal of Mineral Processing, 2004, 74 (S): S249~S254.

2 粉碎试验方案的制定

粉碎试验方案是为合理有效地开展粉碎试验，对粉碎试验内容和顺序进行的计划和安排。试验方案的制定有两个步骤：选择确定试验方法和进行试验设计。试验方案或简或繁，随试验的方法、规模和内容简繁程度而不同。

2.1 粉碎试验方法的选择确定

2.1.1 粉碎试验的分类

粉碎试验可以按照多种方法分类，最主要、也是最常见的分类方法是按照粉碎试验的规模分类，可分为试验室试验、半工业试验和工业试验。除此之外，还可以按照以下方法分类：

按照粉碎试验的目的，可分为标准（化）试验、对比试验、优化试验和验证试验。标准（化）试验是采用标准（化）的试验设备和样品，通过标准（化）的试验方法和步骤，使用标准（化）的数据处理方法，以获得预定结果为目的的试验，如 Bond 功指数试验。对比试验是以对比两种及以上粉碎设备或工艺流程技术指标的优劣或相互关系为目的的试验，如相对可磨性试验。优化试验是以确定粉碎设备或工艺流程的最佳设备或工艺参数为目的的试验。验证试验是指对粉碎设备或工艺流程有了一定了解，并形成了一定认识或得出了某种结论，为验证这种认识或结论是否正确而进行的试验。

按照粉碎试验的流程结构，可分为全流程试验、局部流程试验和单机试验。

按照粉碎试验过程的连续性，可分为分批试验和连续试验。

按照粉碎试验的阶段，可分为条件试验和稳定试验。条件试验是针对选定的粉碎设备或工艺参数进行的优化试验。稳定试验是确认条件试验结果的验证试验。

2.1.1.1 试验室试验

试验室粉碎试验是在试验室规模和粉碎设备条件下，针对有工业意义的物料类型、粉碎设备和粉碎工艺方法进行的小型粉碎试验，是应用最多的粉碎试验。

A 试验室试验的特点

试验室粉碎试验的特点有：

（1）试验规模小、试验设备规格小，矿样需要量少、试验时间短、消耗人力少；

（2）一般是分批试验，或用重复多次进行的分批试验模拟连续过程；

（3）有多种标准（化）试验方法可供选择，它们大多与工业粉碎过程相关联，可直接用于选择或评价工业粉碎设备，或者获得某个专门设计计算方法特有的中间参数。例如 Bond 功指数试验获得的 Bond 功指数可直接用于设计选择工业棒磨机和球磨机等；

（4）由于试验设备规格小，粉碎过程与工业设备差距较大，因此试验室粉碎试验数据一般不适于直接用于工业设备，而是用于建立数学模型，通过一定的计算或模拟间接为工业设备提供数据；

（5）近年来，试验室粉碎试验的新发展是将试验与计算机数学模型和数据库相结合，大幅度简化了试验工作。这方面的典型试验方法是多项现代自磨（半自磨）试验。

B　试验室试验的目的

试验室粉碎试验的目的有三种：

（1）试验结果直接用于选择计算或评价工业粉碎设备，如 Bond 功指数试验等；

（2）初步判断某种粉碎工艺和设备用于工业的可能性，为半工业试验提供依据，如自磨介质适应性试验；

（3）获得某设计计算方法特有的中间参数，为进一步用数学模型进行模拟计算创造条件，如一些现代自磨（半自磨）试验方法。

2.1.1.2　半工业试验

半工业试验是在专门的半工业试验厂，采用小、中型工业设备进行的小、中规模连续工业试验，半工业试验厂规模一般为 10~100t/d。半工业试验是对工业试验的模拟，是按比例缩小的工业试验。半工业试验可以是全流程试验、局部流程试验或单机试验。

A　半工业试验的特点

半工业粉碎试验的特点有：

（1）由于半工业试验采用较小规格的工业设备，粉碎过程与工业设备比较接近，因此试验数据可以直接用于工业设备的选择计算或评价；

（2）由于半工业试验设备规格较小，能够比较方便地更换设备或改变设备之间的连接而形成不同的工艺流程，因此适于进行多种不同工艺流程和设备的对比试验；

（3）由于半工业试验用矿量较少，因此适于进行多个工艺和设备参数的优化试验；

（4）随着试验室粉碎试验方法的发展和丰富，半工业粉碎试验逐渐被取代而日益减少。

B 半工业试验的目的

半工业粉碎试验的目的有：

（1）试验确定在一定物料条件下的最优粉碎工艺流程和设备，为设计提供依据；

（2）为设计计算提供充分的数据和资料。

以优化试验为目的的半工业试验可以按照条件试验和稳定试验的程序进行。条件试验的目的是对流程中主要工艺和设备参数进行对比，获得最佳工艺和设备参数条件。条件试验的连续运转时间一般为 8~16h，其中调整时间为 4~8h，其余为稳定运转时间。稳定试验的目的是对条件试验获得的最佳参数值进行较长运转时间的验证，以最终确定最佳工艺和设备参数，试验持续运转时间为 24~72h。

2.1.1.3 工业试验

工业试验规模一般在 100t/d 以上，可以在专门建设的工业试验厂进行，也可以用待建设矿山的矿石在现有选矿厂进行。建设专门的工业试验厂的原因是设计规模极大或矿床类型极其复杂，缺乏类似矿床类型和预期工艺流程的成熟生产实践以做参考。

工业试验可以是全流程试验、局部流程试验或单机试验。由于试验规模大，改变流程或设备较困难，因此试验期间一般不对流程或设备进行改变，或只做少量局部改变。

需要进行工业试验的情况有三种：

（1）由于设计规模大或矿床类型复杂，半工业试验不能满足设计要求，因此进行工业试验。对于粉碎来说，这种类型的试验极其少见；

（2）为新工艺或新设备的应用进行的试验和考察；

（3）为了解工艺流程和设备的运转情况进行的流程考察。

在第一种情况下，工业试验可以在专门建设的工业试验厂进行，也可以用待建设矿山的矿石在现有选矿厂进行；在后两种情况下，工业试验在生产现场进行。

2.1.2 试验方法的选择

2.1.2.1 选择试验方法的原则

选择试验方法须遵循以下原则：

（1）经济性原则。试验方法尽可能简单易行，存在不止一种试验方法可供选择的情况下，应选择消耗人力、物力、财力和时间最少的方法。

（2）可靠性原则。试验方法必须可靠地满足粉碎流程设计和设备选型的需要，存在不止一种试验方法可供选择的情况下，应选择对粉碎流程设计和设备选型最可靠的方法。

（3）先进性原则。试验方法应先进、科学、合理，存在不止一种试验方法可供选择的情况下，应选择最先进的方法。

2.1.2.2 试验方法的选择

由于试验室粉碎试验规模小、矿样需要量少、试验时间短、消耗人力少，因此，在所有试验工作中应首先考虑试验室试验。

随着粉碎设备开发与应用的发展和粉碎试验方法的发展，经过粉碎界多年的研究与开发，针对不同的粉碎设备和工艺流程，已经产生了多种标准（化）粉碎试验室试验方法。这些标准（化）试验方法技术成熟，目标明确，应用可靠，借助专门的试验结果和数据处理方法，可直接用于工业粉碎设备和工艺流程选择计算和评价的资料，而不需进行半工业试验和工业试验，从而节省大量的人力、物力、财力和时间。因此，在各种试验室试验中，应首先选择标准（化）试验。实际上，试验室进行的粉碎试验大多属于标准（化）试验。

在试验室试验结果不能满足设计要求的情况下，还须进行半工业试验。半工业试验规模虽大于试验室试验，但远小于工业试验，适合于进行多项不同工艺和设备参数的单项试验或对比试验，对各个工艺和设备参数进行充分的分析对比，以获得最佳工艺和设备条件。

在试验室试验和半工业试验都不能满足要求的情况下，才考虑工业试验。

20世纪50年代以来，工业棒磨机和球磨机的设计选型已可直接采用Bond功指数试验完成，而不再需要进行半工业试验，只有自磨（半自磨）流程设计和设备选型尚依赖半工业试验。20世纪90年代以来，随着现代自磨（半自磨）试验方法的发展，自磨（半自磨）半工业试验也迅速减少，目前已趋于消失。破碎试验由于需要的样品数量巨大而难以进行，一般只能采用试验室试验较粗略地预估，或根据生产数据或经验资料进行流程设计和设备选型。

2.2 粉碎试验设计

粉碎试验方法确定之后，还需要对试验进行科学的计划安排，合理地确定试验内容，也就是进行试验设计。一个粉碎系统由或多或少的粉碎阶段和粉碎设备组成，需要试验确定的工艺和设备参数不等，各参数间的相互关系不等，因此试验内容的简繁也不尽相同。只有精心地进行试验设计，才能用最少的工作量达到预期的试验目标。[1,2]

试验设计和数据处理是密不可分、相辅相成的两方面。适当的试验设计方法必须以适当的数据处理方法为保证，适当的数据处理方法也必须有适当的试验设计方法为依托。

2.2.1　试验设计的基本概念

2.2.1.1　试验设计的两个要素

进行试验设计之前，首先需要选取试验设计的两个要素，即试验条件和试验指标。试验条件是指试验因素及其水平，试验因素的量值称为其水平。试验条件是试验的对象，也就是试验中需要考察的变量，对粉碎试验来说就是影响粉碎效果的主要工艺和设备参数。试验指标是代表试验效果的主要工艺和设备参数，体现着试验的目标。

试验条件和试验指标有定量和定性的区别。定量是指可以由量值衡量、由一定仪器或工具测量；定性是指不能量化，只能用文字描述。

进行试验时，试验因素和试验指标要根据专业知识，突出重点，合理选取。

2.2.1.2　试验设计的三个原则

（1）重复试验原则。在相同条件下重复进行试验以减小试验误差的原则称为重复试验原则。试验重复次数越多，试验结果越准确，但消耗的人力、物力、财力和时间越多。

（2）随机试验原则。将各个试验条件组合随机排列进行试验以减小试验误差的原则称为随机试验原则。随机进行试验有利于避免系统误差。

（3）局部控制试验原则。按某个试验条件将试验分组进行以减小试验误差的原则称为局部控制试验原则。分组的原则是将差异较小的试验条件安排在同一组内。

2.2.2　试验设计方法

按照试验因素数量，试验设计方法可分为单因素试验设计和多因素试验设计。单因素试验是只有一个因素的试验，是对该因素的水平进行的优化试验，因此是水平试验，主要有均分法、平分法和黄金分割法。多因素试验是有两个及以上因素，每个因素又有若干水平的试验。多因素试验设计分为多因素逐项试验设计和多因素组合试验设计两类。后者又包括多种，主要有多因素全面组合试验设计、正交试验设计和均匀试验设计等。

2.2.2.1　单因素试验设计

单因素试验设计时，首先需根据专业知识或预先试验确定试验水平的范围，然后在试验水平范围内按照一定方法选取若干试验点。试验点的选取方法主要有三种：

（1）均分法。在试验水平范围内均匀安排试验点，对所有试验点进行试验并进行比较，以获得最优点。适用于目标函数不了解或了解不多的情况下。试验点越多试验准确性越高。

（2）平分法。又称均分法。试验点为水平范围的端点。将试验水平范围逐次平分，每次都将平分点作为下一轮试验水平范围的端点，从而逐渐缩小水平范围而获得最优点。适用于目标函数为单调函数，即最佳点始终位于平分点的同一侧时。平分次数越多试验准确性越高。

（3）黄金分割法。又称 0.618 法。在试验水平范围内，分别将距离两端点 0.618 倍试验水平范围处的两点作为试验点进行试验，将两点试验结果进行对比，舍弃结果较差的点到与之较近端点之间的水平范围，剩余水平范围作为下一轮试验的水平范围。按上述方法继续试验，直至获得最优点。每后一轮两试验点中有一点为前一轮的试验点。分割次数越多试验准确性越高。

2.2.2.2 多因素逐项试验设计

多因素逐项试验设计又称为一次一因素法或多次单因素法，是使用最多的试验方法，经常被自然而然地采用。方法是每次只对多个因素中的一个因素进行不同水平的试验以获得其最优水平，而将其他因素设定在某一水平上。如此逐项进行所有因素的试验，最终获得所有因素的最优水平。其优点是设计方法简单，试验次数少，试验因素和水平数越多，这一优点越明显。通过直观分析（直接对比试验指标）即可确定最优因素和水平，结果分析方法简单。其缺点是无法试验获得各因素间的交互作用，试验可靠性差。该试验设计适用于预先试验，初步确定试验范围和因素及水平，也可在各因素不存在交互作用的情况下用于优化试验。

2.2.2.3 多因素全面组合试验设计

将所有因素的各个水平进行全面组合，对所有组合进行试验以获得最优结果。其试验结果需要采用方差分析方法处理，并按照方差分析需要进行必要的重复试验。随机安排试验顺序也很重要。该试验设计的优点是设计方法简单，可获得各因素间的交互作用，试验结果全面可靠。缺点是试验工作量大，当试验中有 m 个因素，每个因素有 n 个水平时，需进行 n^m 项试验。当试验超过三因素三水平时，由于试验量过大而难以进行。

2.2.2.4 正交试验设计

A 正交试验设计及其适用场合

正交试验设计是利用正交表科学、合理地安排和分析多因素多水平试验的方法。该设计方法从所有因素及其各个水平的全部组合中选取少数有代表性的组合进行试验，通过对少数试验结果的分析，获得全面的试验情况。

在需要进行多因素多水平试验的情况下，采用正交试验设计进行试验，与采用多因素全面组合试验设计等设计方法相比，可以大大减少试验次数，而且方法简单易行、经济高效，结果全面可靠。当试验中每个因素有 n 个水平时，需进行

n^2 项试验。当试验因素和水平数少于或等于 4 时，适宜采用正交试验设计进行试验。

B 正交表

正交表是一套专门设计的表格，可以用代号 $L_k(n^m)$ 表示，其中：L 为正交表；k 为正交表的行数，也就是试验的次数；n 为因素的水平数；m 为正交表的列数，也就是能够安排的最多因素个数。正交表的特点表现在其正交性，即：

（1）均匀分散性：任意一列中不同数字出现的次数相同，表示每个因素的各水平出现的次数相同。

（2）整齐可比性：任意两列中，把同行的两个数字看作有序数对时，所有可能的数对出现的次数相同，表示任意两因素的各种水平组合出现的次数相同。

由上述特点可见，正交试验从全部因素来看是部分试验，但从其中的任意两个因素来看则是重复的全面试验。

C 正交试验设计的步骤

（1）确定试验因素、各因素的水平、试验指标以及各因素间存在的交互作用。列出试验因素水平表。

（2）根据因素数、水平数选择合适的正交设计表（从有关专业书籍中查找），安排因素和水平，设计表头（表头指正交表中填写试验因素的第一行）。将各因素及其交互作用项按规定顺序填写在表中。

（3）实施试验。试验顺序应随机安排，并考虑必要的重复试验。记录试验过程和结果。

（4）通过极差分析、方差分析和直观分析，检验因素和交互作用的显著性，确定可获得最优或较优试验结果的因素水平组合。

（5）优化条件的试验验证。对计算得出的优化试验条件进行验证试验。

2.2.2.5 均匀试验设计

A 均匀试验设计及其适用场合

均匀试验设计是利用均匀设计表科学、合理地安排和分析多因素多水平试验的方法。按照均匀试验设计，试验点在整个试验范围内均匀分布，具有均匀分散性，每个因素的每个水平做一次且仅做一次试验，以求通过最少的试验来获得必要的信息。当试验因素最多有 n 个水平时，需进行 n 项试验，明显地少于正交试验设计。

均匀试验设计特别适合于试验因素和水平数多于或等于 5 时，这时其试验过程较正交试验设计更加经济快捷。但均匀试验设计不具有整齐可比性，试验精度低、可靠性较差，因而多用于预先试验或广泛的试验探索。其数据分析必须采用回归分析方法。也可以将正交试验设计和均匀试验设计结合起来使用。

B 均匀设计表

均匀设计表是一套专门设计的表格，可以用代号 $U_k(n^m)$ 表示，其中：U 为均匀设计表；k 为表的行数，也就是试验的次数；n 为因素的水平数；m 为表的列数，也就是能够安排的最多因素个数。该表具有均匀分散性，而不具有整齐可比性。每个均匀设计表都附有一个使用表，说明如何使用均匀设计表安排因素和水平。

C 均匀试验设计的步骤

(1) 根据专业知识和实际经验选择试验因素，确定因素水平和试验指标。

(2) 根据因素数和水平数选择合适的均匀设计表（从有关专业书籍中查找)，按照其使用表安排因素和水平。

(3) 实施试验。试验顺序应随机安排，并考虑必要的重复试验。记录试验过程和结果。

(4) 试验结果分析。一般需采用回归分析获得优化试验结果的因素水平组合，结果比较直观时也可采用直观分析取得优化因素水平组合而不再进行数据的分析处理。

(5) 优化条件的试验验证。通过回归分析方法计算得出的优化试验条件一般需要进行验证试验。

2.2.3 粉碎试验的试验设计

2.2.3.1 标准（化）试验、对比试验和验证试验的试验设计

标准（化）试验的试验方法、试验因素和试验指标都已确定，不允许变动。对比试验是对已经优化或条件确定的两个及以上流程或设备进行试验对比。验证试验是验证经过条件优化的流程或设备的工作状况。因此，这三类试验的设计只需遵循重复试验原则，根据实际情况进行重复试验。这类粉碎试验包括：

(1) 标准（化）试验室粉碎试验，这类试验占试验室试验的大多数；

(2) 与工业生产粉碎过程相拟合的试验室对比试验；

(3) 粉碎半工业试验中，在条件优化试验完成后，对获得的最优条件组合进行的验证试验；

(4) 为粉碎新工艺或新设备的应用进行的工业对比试验。

2.2.3.2 优化试验的试验设计

优化试验的目的是确定粉碎设备或粉碎流程的最佳设备或工艺参数，在一项试验中经常有多个因素和水平，各因素也经常存在交互作用，如果进行全面的试验，可能面临数量众多的试验。因此，对于优化试验来说，试验设计非常重要。这类试验主要是粉碎半工业试验中的条件优化试验，也有少数工业试验中需对个

别因素进行优化，可区分不同情况处理[3]：

（1）只有一个因素时，采用单因素试验设计；

（2）多因素多水平，各因素间不存在交互作用时，采用多因素逐项试验设计；

（3）多因素多水平，因素间存在交互作用，因素和水平数均少于 3，或试验非常重要时，采用多因素全面组合试验设计；

（4）多因素多水平，因素间存在交互作用，因素和水平数少于或等于 4 时，采用正交试验设计；

（5）多因素多水平，因素和水平数多于或等于 5 时，进行预先试验，采用均匀试验设计对试验条件进行筛查。缩小条件范围后，再根据因素的主次和交互作用情况采用其他试验设计方法进一步试验。

在进行以上试验设计的同时，要注意随机安排试验顺序和安排必要的重复试验。

参 考 文 献

[1] 刘炯天，樊民强，杨小生，等. 试验研究方法 [M]. 徐州：中国矿业大学出版社，2011.

[2] 茆诗松，周纪芗. 试验设计 [M]. 2 版. 北京：中国统计出版社，2012.

[3] 李志西，杜双奎. 试验优化设计与统计分析 [M]. 北京：科学出版社，2010.

3 物料主要特性参数的测定

3.1 物料的颗粒粒度及其测定方法

物料以数量和尺寸不等的颗粒群形式存在。颗粒粒度（即颗粒的大小或尺寸）是物料的特性参数之一，在粉碎研究和生产中具有重要作用。粉碎作业都以一定的产品粒度为主要目标，粒度是分析物料粉碎程度和判断粉碎效果的重要指标。因此有必要对物料的颗粒粒度进行专门论述。

3.1.1 颗粒粒度的表示方法

颗粒粒度的表示方法存在单颗粒粒度和颗粒群粒度两个不同范畴。

3.1.1.1 单颗粒粒度的表示方法

单颗粒粒度的主要表示方法见表 3-1。表中假设做颗粒的最小外接立方体，其长度为 l，宽度为 w，厚度为 h（$l>w>h$），然后用公式表示颗粒粒度 d。物料的性质形形色色，其质地、组成和内部缺陷各不相同，因此粉碎后的颗粒形状千差万别，如有球形、立方体形、片形、长条形、凹形和各种不规则形等。这使得从不同的角度观察、用不同的方法测定颗粒的粒度会获得不同的粒度值，由同一种测定方法测得的同一颗粒的数据，有时也可获得用数种方法表示的不同粒度值。

表 3-1 单颗粒粒度的主要表示方法

序号	粒度表示方法	公 式	定 义
1	长轴粒度	$d=l$	颗粒三维尺寸中的最大值
2	中轴粒度	$d=w$	颗粒三维尺寸中的中间值
3	两轴平均粒度	$d=\dfrac{l+h}{2}$	颗粒三维尺寸中最大值与最小值的平均值
4	三轴平均粒度	$d=\dfrac{l+w+h}{2}$	颗粒三维尺寸的平均值
5	调和平均粒度	$d=\dfrac{3}{\dfrac{1}{l}+\dfrac{1}{w}+\dfrac{1}{h}}$ 或 $d=\dfrac{3lwh}{lw+wh+lh}$	与颗粒的外接长方体比表面积相同的球体直径
6	表面积等效正方体粒度	$d=\sqrt{\dfrac{lw+wh+lh}{3}}$	与颗粒的外接长方体表面积相同的正方体的边长
7	体积等效正方体粒度	$d=\sqrt[3]{lwh}$	与颗粒的外接长方体体积相同的正方体的边长

序号	粒度表示方法	公　式	定　义
8	断面积等效正方形粒度	$d=\sqrt{wh}$	与颗粒的外接长方体横断面面积相同的正方形的边长
9	方孔筛分粒度	$d=b$	颗粒恰好能通过的方孔筛筛孔宽度为 b，即颗粒横断面上长边最小的外接矩形的长边尺寸为 b
10	圆孔筛分粒度	$d=d'$	颗粒恰好能通过的圆孔筛筛孔直径为 d'，即颗粒横断面上对角线最小的外接矩形的对角线尺寸为 d'
11	投影面积等效正方形粒度	$d=\sqrt{A}$	与颗粒的投影面积 A 相同的正方形的边长
12	投影面积等效圆形粒度	$d=\sqrt{\dfrac{4A}{\pi}}$	与颗粒的投影面积 A 相同的圆的直径
13	Martin 粒度	$d=l$	沿一定方向将颗粒的投影面积等分为两份的等分线长度 l
14	Feret 粒度	$d=l$	在一定方向上颗粒的两端点间的距离 l
15	当量正方体粒度	$d=\sqrt[3]{V}$	与颗粒的实际体积 V 相同的正方体的边长
16	当量球体粒度	$d=\sqrt[3]{\dfrac{6V}{\pi}}=1.24\sqrt[3]{\dfrac{M}{\rho}}$	与颗粒的实际体积 V 相同的球体的直径
17	Stokes 粒度	$d=0.134\sqrt{\dfrac{\mu\cdot v}{(\rho_s-\rho_t)\cdot g}}$	在黏度为 μ、密度为 ρ_t 的介质中，密度为 ρ_s、粒度为 d 的颗粒的沉降末速为 v，g 为重力加速度
18	Newton 粒度	$d=\dfrac{v^2\rho}{K(\rho-\rho')}$	在密度为 ρ' 的介质中，密度为 ρ、粒度为 d 的颗粒的沉降末速为 v，K 为常数
19	离心沉降粒度	$d=\dfrac{0.134}{v_t}\cdot\sqrt{\dfrac{\mu\cdot r\cdot v}{\rho_s-\rho_t}}$	在黏度为 μ、密度为 ρ_t 的介质中，密度为 ρ_s、粒度为 d 的颗粒以切向速度 v_t 和半径 r 作离心运动，其径向沉降末速为 v

3.1.1.2 颗粒群粒度的表示方法

实际中绝大多数情况下所遇到的不是单颗粒粒度，而是颗粒群粒度。颗粒群是由许多不同粒度的单颗粒组成的，其表示方法须反映整个颗粒群的粒度情况，因此较单颗粒粒度的表示方法复杂得多。在表示颗粒群粒度时经常用到"产率"这一术语，它表示一定粒级的颗粒质量占全部颗粒质量的百分比。颗粒群粒度的表示方法也有多种，主要的有以下几种。

A 典型特性参数表示法

这一方法是用颗粒群的一个典型特性参数的数值表示整个颗粒群的粒度，是颗粒群粒度表示方法中最简单、常用的一种方法。有以下几种表示方法：

a 指定质量分数下的通过粒度值表示法

矿物加工工业中主要有用颗粒群中质量占95%的颗粒通过的粒度 d_{95} 表示和用颗粒群中质量占80%的颗粒通过的粒度 d_{80} 表示两种方法。

用 d_{95} 表示颗粒群是前苏联和我国80年代以前矿物加工工业中通常使用的方法。这一方法实质上是最大粒度法。因实际中往往难以准确确定颗粒群的最大粒度，因此用可以准确确定的 d_{95} 作为最大粒度。

用 d_{80} 表示颗粒群是 Bond 第三理论使用的方法，欧美矿物加工工业中应用较普遍，目前我国矿物加工工业中也逐渐采用了这一方法。

在工业矿物超细物料加工中，则常用 d_{97} 作为最大粒度。

b 通过指定粒度的质量分数表示法

这是矿物加工工业中经常使用的颗粒群粒度表示方法，这里的指定粒度一般是某个作业阶段的控制粒度。例如粉磨作业产品中，$-75\mu m$（-200 目）质量分数对矿物加工产品的精矿品位和回收率有重要的意义，因此对于这一作业阶段常用 $-75\mu m$ 质量分数表示粉磨作业产品的粒度。$-75\mu m$ 质量分数与 d_{95} 之间存在表3-2的大致关系[1]，对于不同物料表中的关系有所不同。指定粒度值根据实际要求确定，随着作业阶段的不同以及粉碎控制粒度要求的不同而不同。

表 3-2 $-75\mu m$ 质量分数与 d_{95} 之间的大致关系

$-75\mu m$ 质量分数/%	45~50	55~60	70~75	85~90	≥95
d_{95}/mm	0.3	0.2	0.15	0.10	0.075

c 平均粒度表示法

用所有单颗粒粒度的平均值表示颗粒群粒度的方法。由于单颗粒粒度的表示方法很多，颗粒群的平均粒度也有很多表示方法。实际上，很难一一测定颗粒群中所有颗粒的粒度，因此通常都是先测定颗粒群的粒度分布，然后按粒级近似计算出颗粒群的平均粒度。设某一颗粒群分为若干粒级，任一粒级的颗粒个数或颗

粒产率为 n，平均粒度为 d，颗粒质量或质量产率为 m，颗粒群平均粒度 $\bar{d}$ 的几种主要表示方法见表 3-3。平均粒度没有以上几种粒度表示方法应用普遍。

表 3-3　颗粒群平均粒度的几种主要表示方法

名　称	计算公式	名　称	计算公式
算术平均粒度	$\bar{d}=\dfrac{\sum(nd)}{\sum n}=\dfrac{\sum(m/d^2)}{\sum(m/d^3)}$	平均面积平均粒度	$\bar{d}=\sqrt{\dfrac{\sum(nd^2)}{\sum n}}=\sqrt{\dfrac{\sum(m/d)}{\sum(m/d^3)}}$
调和平均粒度	$\bar{d}=\dfrac{\sum n}{\sum(n/d)}=\dfrac{\sum(m/d^3)}{\sum(m/d^4)}$	平均体积平均粒度	$\bar{d}=\sqrt[3]{\dfrac{\sum(nd^3)}{\sum n}}=\sqrt[3]{\dfrac{\sum m}{\sum(m/d^3)}}$
长度平均粒度	$\bar{d}=\dfrac{\sum(nd^2)}{\sum(nd)}=\dfrac{\sum(m/d)}{\sum(m/d^2)}$	体积长度平均粒度	$\bar{d}=\sqrt{\dfrac{\sum(nd^3)}{\sum(nd)}}=\sqrt{\dfrac{\sum m}{\sum(m/d^2)}}$
面积平均粒度	$\bar{d}=\dfrac{\sum(nd^3)}{\sum(nd^2)}=\dfrac{\sum m}{\sum(m/d)}$	重量矩平均粒度	$\bar{d}=\sqrt[4]{\dfrac{\sum(nd^4)}{\sum n}}=\sqrt[4]{\dfrac{\sum(md)}{\sum(m/d^3)}}$
体积平均粒度	$\bar{d}=\dfrac{\sum(nd^4)}{\sum(nd^3)}=\dfrac{\sum(md)}{\sum m}$	几何平均粒度	$\bar{d}=\sqrt{\sum\sqrt[n]{\prod d^n}}=\sqrt{\sum\sqrt[m]{\prod d^m}}$

d　比表面积法

比表面积法是超细物料粒度的常用表示方法之一。比表面积系指单位质量或单位体积固体颗粒群所具有的表面积，分别称为质量比表面积和体积比表面积，可用专用的比表面积测定仪测得。颗粒群的比表面积与颗粒尺寸之间存在一定的关系，颗粒尺寸越小，比表面积越大。由于颗粒形状的影响，不同物料或不同粒级颗粒群的比表面积与颗粒尺寸之间没有确定的比值。

B　粒度特性（又称粒度分布、粒度组成）表示法

这一类粒度表示方法是将颗粒群分为若干粒级，测定出各粒级颗粒的质量分数，所获得的数据称为该颗粒群的粒度特性。粒级划分得越窄，所表示的粒度特性的精确性越高。粒度特性可表示为累积分布和频率分布。累积分布表示大于（正累积）或小于（负累积）某个粒度值的颗粒质量占颗粒群总质量的质量分数。对于筛分分析来说，正累积分布又称筛上累积分布，负累积分布又称筛下累积分布。频率分布表示各个粒级颗粒的质量占颗粒群总质量的质量分数。粒度特性可以最准确地反映颗粒群的粒度，并可以得出其他方法表示的粒度，但表示方法较复杂。筛分分析、沉降分析和激光分析等粒度测定方法都可以获得颗粒群的粒度分布。表示粒度特性的具体形式有以下几种。

a　列表法

列表法是将颗粒群的粒度测定和计算数据记录在表格上，是最简单、准确的

粒度特性表达方式。粒度特性测定和计算表实例见表 3-4。表 3-4 第 1 列各行表明测定中划分的粒级范围，"-"号表示小于，"+"号表示大于。第 2 列各行为实际测定获得的各粒级固体颗粒质量。第 3 列各行为计算获得的各粒级在全部样品中的产率。第 4 列各行为计算获得的正累积产率，相应粒级由第 1 列中带"+"号的数字表明。第 5 列中各行为计算获得的负累积产率，相应粒级由第 1 列中带"-"号的数字表明。以第 4 行为例，第 1 列的"-2.0 +1.4"表明该行右边各列数据为粒度小于 2mm、大于 1.4mm 的颗粒的数据；第 2 列的"46.0"为实际测定获得的-2.0mm +1.4mm 粒级固体颗粒质量（g）；第 3 列的"23.00"为计算获得的-2.0mm +1.4mm 粒级固体颗粒在全部 200.00g 样品中的产率；第 4 列的"38.95"为计算获得的样品中+1.4mm 颗粒的累积产率；第 5 列的"84.05"为计算获得的样品中-2.0mm 颗粒的累积产率。

表 3-4 粒度特性测定数据和计算表实例

粒级/mm	质量/g	产率/%	正累积产率/%	负累积产率/%
+2.5	0.0	0.00		
-2.5 +2.24	11.7	5.85	5.85	100.00
-2.24 +2.0	20.2	10.10	15.95	94.15
-2.0 +1.4	46.0	23.00	38.95	84.05
-1.4 +0.9	32.2	16.10	55.05	61.05
-0.9 +0.63	28.9	14.45	69.50	44.95
-0.63 +0.45	13.1	6.55	76.05	30.50
-0.45 +0.28	13.9	6.95	83.00	23.95
-0.28 +0.15	10.9	5.45	88.45	17.00
-0.15 +0.100	5.7	2.85	91.30	11.55
-0.100 +0.075	4.4	2.20	93.50	8.70
-0.075 +0.045	4.4	2.20	95.70	6.50
-0.045	8.6	4.30	100.00	4.30
合 计	200.0	100.00		—

b 解析法

用解析法将颗粒群的粒度特性归纳为粒度特性方程式，可以更简捷地表示颗粒群的粒度特性。粉碎技术中应用的主要粒度特性方程式见表 3-5。

表 3-5 主要的粒度特性方程式

名 称	粒度特性方程式	符号说明	适用范围
Gaudin-Андреев-Schuhman 粒度特性方程式	$Y(d) = 100\left(\dfrac{d}{d_{\max}}\right)^m$	$Y(d)$——负累积产率； d——颗粒粒度； $d_{\max}$——颗粒群最大粒度； m——与物料性质有关的系数，常为 0.7，球磨产品为 0.7~1.0	颚式破碎机、圆锥破碎机、对辊破碎机、棒磨机和球磨机等产品
Rosin–Rammler 粒度特性方程式	$R(d) = 100\exp(-bd^n)$	$R(d)$——正累积产率，$R(d) = 1 - Y(d)$； b,n——与物料均匀性有关的参数	各种破碎机、筒式磨机和分级机等产品
对数正态分布粒度特性方程式	$Y(d) = \dfrac{100}{\sqrt{2\pi}}\displaystyle\int_0^h \exp\left(-\dfrac{h^2}{2}\right)\mathrm{d}h$ $h = \dfrac{\ln d - \ln d_{50}}{\ln\sigma_g}$ $\sigma_g = \dfrac{d_{84.13}}{d_{50}}$	d_{50}——颗粒群中质量占 50% 的颗粒通过的粒度； σ_g——几何标准差； $d_{84.13}$——颗粒群中质量占 84.13% 的颗粒通过的粒度	细磨和超细磨产品

c 图示法

用颗粒群的粒度特性数据或根据粒度特性方程式绘制曲线图，可以更直观地表示粒度与产率的关系。常用的粒度特性曲线有正累积（筛上累积）粒度特性曲线和负累积（筛下累积）粒度特性曲线，前者指以大于某一筛孔尺寸的各粒级产率绘制的曲线，后者指以小于某一筛孔尺寸的各粒级产率绘制的曲线。曲线图常以横坐标表示粒度，纵坐标表示累积产率。为了使粉碎产品的粒度特性曲线尽可能接近直线，经常采用单对数坐标系或双对数坐标系，前者仅粒度以对数值表示，后者粒度和累积产率均以对数值表示。根据表 3-4 数据绘制于单对数坐标系中的粒度特性曲线实例见图 3-1。

3.1.2 颗粒粒度的试验室测定方法

颗粒粒度的测定大多是从待测物料中取样后在试验室进行的。颗粒粒度的测定方法与其表示方法有密切的联系。颗粒粒度的测定方法有直接测定法和间接测定法两个类型，测定对象也存在单颗粒和颗粒群两个范围。颗粒粒度的常见测定方法和仪器见表 3-6。

直接测定法是指用长度测量工具或仪器如尺、筛子或显微镜等直接观察和测定颗粒的尺寸，常用于 20μm 以上的粒度范围，并适用于单颗粒粒度和颗粒群粒度的情况。

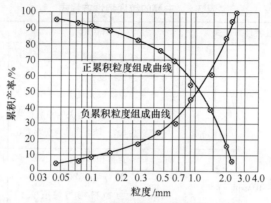

图 3-1 粒度特性曲线实例

表 3-6 颗粒粒度的常用测定方法和仪器

测定类型	测定方法	测定仪器	测定对象	粒度表示方法①	测定原理	测定粒度范围
直接	筛分分析	试验筛	单颗粒颗粒群	9、10	利用试验筛手工或筛分机筛分	20μm～数十毫米
	计数法	尺		1～8	尺量	数十毫米以上
		光学显微镜		11～14	利用显微镜读取颗粒尺寸和计数	0.8～150μm
		电子显微镜		11～14	利用显微镜读取颗粒尺寸和计数	0.001～10μm
间接	排水法		单颗粒	15、16	根据排水量确定颗粒体积	数十毫米以上
	称重法			15、16	根据颗粒质量和密度换算体积	数十毫米以上
	重力沉降法		颗粒群	17、18	根据颗粒的沉降末速确定其粒度	0.1～1000μm
	离心沉降法	旋流粒度分析仪		19		75μm 以下
		离心沉降粒度分析仪		19		0.01～30μm
	激光衍射散射法	激光粒度分析仪		体积	根据散射光强度确定颗粒体积	0.5～1000μm
	电阻法	Coulter 计数器		体积	根据颗粒通过小孔时介质电阻的变化确定颗粒体积	0.5～200μm
	图像处理法	颗粒图像处理仪		投影面积	基于计算机的图像处理方法	2～2000μm
	比表面积法	透过法比表面积测定仪		比表面积	根据流体通过颗粒层的透过性测定比表面积	0.01～100μm
		BET 吸附法比表面积测定仪		比表面积	根据吸附剂在颗粒表面的吸附量确定比表面积	0.01～1000m²/g

①表 3-1 中该序号的表示方法。

间接测定法是指测定颗粒的其他物理参数如体积、沉降速度等，然后换算为颗粒的尺寸。间接测定法常用于粒度过大或过小的场合。粒度过大时常用的间接测定方法有排水法和称重法等。当颗粒粒度小到大约 38μm 以下时，筛分的难度大大增加，这样的颗粒称为亚筛颗粒[2]54。亚筛颗粒采用的粒度分析方法称为亚筛技术[3]97，一般为间接测定法。现代亚筛技术已逐渐改变了早期的手工、低效、落后、耗时的分析方法，采用了先进、高效、快速的现代分析仪器，例如旋流粒度分析仪、光透式沉降粒度分析仪、激光衍射散射粒度分析仪、Coulter 颗粒计数器、颗粒图像分析法和比表面积测定仪等。对同一种物料来说，这些方法的测定值有所不同，应选用何种方法测定，须根据测定精度要求、测定过程是否便利以及相关行业的惯例或统一规定。例如矿物加工行业常采用筛分分析和沉降分析方法，高岭土粒度测定常采用光透射离心沉降粒度分析仪，碳酸钙粒度测定常采用激光粒度分析仪，碳化硅粒度测定常采用 Coulter 计数器，水泥粒度测定常采用比表面积测定仪等。采用现代分析测定仪器的测定方法包括仪器的调整、操作和样品制备等过程，一般由专业操作人员完成。

3.1.2.1 筛分分析法

在直接测定法中，应用最多的是筛分分析法。筛分分析是指用一套（至少 1 个）由粗到细的数个试验筛将样品分为一系列粒级的方法。筛分分析法可用于测定单颗粒和颗粒群的粒度，在 100 多毫米到 25μm 之间的粒度范围内，一般都尽可能采用筛分分析法。

A 标准试验筛

筛分分析法使用的筛子称为试验筛，有一系列不同筛孔尺寸的筛网，相邻筛网筛孔尺寸的比例称为筛比。我国国家标准《试验筛 金属丝编织网、穿孔板和电成型薄板 筛孔的基本尺寸》[4]（GB/T 6005—2008）（参照国际标准 ISO565：1990[5]）规定以 $R20/3$（筛比 $10^{3/20}$）为主要尺寸，以 $R20$（筛比 $10^{1/20}$）和 $R40/3$（筛比 $10^{3/40}$）为补充尺寸组成试验筛筛孔尺寸系列。试验筛筛孔尺寸还可以用网目，即每英寸或每 25.4mm 长度的筛孔数表示。国家标准（同国际标准）试验筛筛孔尺寸见表 3-7。筛孔可以是方孔或圆孔，方孔筛的筛孔尺寸为孔宽度，圆孔筛的筛孔尺寸为孔直径。标准规定应尽量按主要尺寸选择筛孔，如果某两个相邻主要尺寸的间隔过大，可以从相应附加尺寸筛孔中选择一个（只能选择一个）尺寸作补充。

试验筛的筛面有三种：金属丝编织网[6]、金属穿孔板[7]和电成型薄板[8]。金属丝编织网的筛孔为方孔，尺寸范围为 125mm～20μm，所有筛孔尺寸的筛网均可采用平纹编织，63μm 及以下筛孔尺寸的筛网也可采用斜纹编织，见图 3-2。金属穿孔板筛孔为方孔或圆孔，尺寸范围方孔为 125～4mm，圆孔为 125～1mm，孔的排列方式见图 3-3。电成型薄板的筛孔为方孔或圆孔，尺寸范围为 500～

5μm，孔的排列方式见图 3-3。

表 3-7 国家标准（同国际标准）试验筛筛孔尺寸（mm/μm）系列

主要尺寸	补充尺寸		相当目数①	主要尺寸	补充尺寸		相当目数①	主要尺寸	补充尺寸		相当目数①
R20/3	R20	R40/3	目/25.4mm	R20/3	R20	R40/3	目/25.4mm	R20/3	R20	R40/3	目/25.4mm
以下单位为 mm					10		2.032			850	18.815
125	125	125	0.191			9.5	2.164		800		20.320
	112		0.212		9		2.260	710	710	710	21.897
		106	0.226	8	8	8	2.540		630		24.660
	100		0.239		7.1		2.854			600	25.400
90	90	90	0.264			6.7	2.988		560		27.760
	80		0.294		6.3		3.136	500	500	500	31.166
		75	0.312	5.6	5.6	5.6	3.528		450		34.795
	71		0.332		5		3.875			425	36.028
63	63	63	0.370			4.75	4.000		400		39.077
	56		0.416		4.5		4.305	355	355	355	43.869
		53	0.438	4	4	4	4.704		315		49.320
	50		0.462		3.55		5.292			300	50.800
45	45	45	0.513			3.35	5.522		280		55.217
	40		0.571		3.15		5.773	250	250	250	61.951
		37.5	0.605	2.8	2.8	2.8	6.480		224		66.146
	35.5		0.643		2.5		7.257			212	72.159
31.5	31.5	31.5	0.715			2.36	7.560		200		74.706
	28		0.805		2.24		8.089	180	180	180	83.279
		26.5	0.845	2	2	2	8.759		160		93.382
	25		0.890		1.8		9.769			150	101.600
22.4	22.4	22.4	0.979			1.7	10.160		140		105.833
	20		1.097		1.6		10.583	125	125	125	118.140
		19	1.147	1.4	1.4	1.4	12.038		112		132.292
	18		1.201		1.25		13.511			106	144.503
16	16	16	1.326			1.18	14.033		100		148.538
	14		1.512		1.12		15.119	90	90	90	166.013
		13.2	1.588	1	1	1	16.282		80		186.765
	12.5		1.693	以下单位为 μm						75	203.200
11.2	11.2	11.2	1.854		900		18.143		71		209.917

续表 3-7

主要尺寸	补充尺寸		相当目数①	主要尺寸	补充尺寸		相当目数①	主要尺寸	补充尺寸		相当目数①
R20/3	R20	R40/3	目/25.4mm	R20/3	R20	R40/3	目/25.4mm	R20/3	R20	R40/3	目/25.4mm
63	63	63	235.185		40		352.778	25			508.000
	56		264.583			38	373.529	20			635.000
		53	285.393		36		384.848	16			
	50		295.349	R10				10			
45	45	45	329.870	32			423.333	5			

①金属丝编织网的参数。

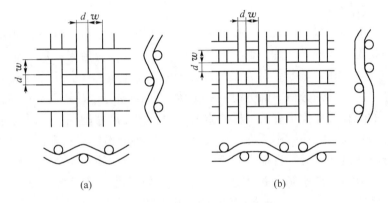

图 3-2　金属丝编织筛网的结构

（a）平纹编织网；（b）斜纹编织网

d—金属丝直径；w—筛孔尺寸

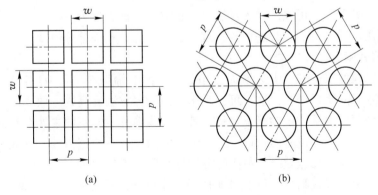

图 3-3　金属穿孔板和电成型薄板孔的排列方式

（a）方孔；（b）圆孔

w—筛孔尺寸；p—筛孔间距

以相同量值表示的圆孔筛粒度只有方孔筛粒度的 60%~80%，随颗粒形状的不同而不同。在检测样品粒度的筛分中应使用筛孔形状相同的筛子，而不宜将方孔筛和圆孔筛混用，否则将造成数据的混乱。本书中未特别说明的情况下，粒度值都采用方孔筛筛分粒度表示。

B 筛分分析操作

为了快速高效地进行筛分分析，应尽可能使用试验筛筛分机和成套筛网筛分。一般来说，适于试验筛筛分机的粒度范围为 6mm~5μm，其中 6mm~25μm 适于选择干式筛分，25~5μm 宜采用湿式筛分或其他方法。

筛分分析需要的总样品质量应根据样品代表性要求，按照最大颗粒粒度确定。

a 干式筛分

干式筛分前应将样品烘干，烘干中若产生结块还需松散。将一套试验筛从上到下按由粗到细的顺序装好，最下层是筛底。为保证筛分效果，每次筛分的样品质量不应超过 250g。将样品放在最上层筛子内，将整套筛子置于筛分机上，盖上顶盖，紧固后启动筛分机。筛分时间一般为 15~60min，与筛子上的样品质量多少和筛子的筛孔尺寸大小有关，样品质量越大、筛孔尺寸越细，需要的筛分时间越长。如果较长时间还筛不干净，则需将筛上物料倒出，清扫筛网后继续筛分。每个筛分时间段结束后，将筛子从筛分机上卸下，依次检测各个筛子是否到达筛分终点。筛分终点是指筛分过程达到必要的筛分精度而可以结束筛分分析的时刻。其判断方法是：经 1min 的手工筛分，筛下物料量小于筛上物料量的 1%。所有筛子到达筛分终点后，筛分结束。

当颗粒的粒度较大，例如 100~2mm 的范围内，可以选择手工方式，每次使用一个筛子逐一筛分。当颗粒的粒度过大，例如达到数百毫米的情况下，实际上已无成品试验筛网，可以用金属丝制作成正方形的框，作为一个筛孔的筛网手工筛分，或用尺手工测定颗粒的中轴粒度，近似作为方孔筛筛分粒度。

b 湿式筛分

亚筛颗粒的筛分难度大大增加，5μm 以上的亚筛颗粒仍可使用试验筛筛分，但所需筛分时间明显增长，这时可以采用湿式筛分方法提高筛分效率。成套筛网的湿式筛分可使用湿式试验筛筛分机，其与干式筛分机的不同之处在于顶盖上设有进水口，筛底下部设有出水口，各个筛子之间装有橡胶密封圈。湿式筛分时水量应足够。为保证筛分效果，每次筛分的样品质量不应超过 50g。

若采用手工湿式筛分，每次只能使用一个筛子，还需有一个盛放水的容器。筛分方法是使筛网和筛中的物料没入水中，而筛框上部露在水面之上进行筛分。筛分过程中需要定时更换清水，以保持良好的筛分效果。筛孔尺寸越小，筛分的难度越大，因此 20μm 以下的筛分只用于特殊用途。实际上，亚筛颗粒，尤其是

10μm 以下的超细颗粒的粒度分析更多地采用间接测定法及亚筛技术。

c 干湿结合筛分法

当样品中含有较多细粒，干式筛分时间过长时，可采用干湿结合筛分法。这一方法是先将样品放在一个较细（例如 75μm）的筛子上湿式筛分，筛净细粒后将筛上样品烘干，再用套筛在筛分机上进行干式筛分。

d 快速筛分法（一）

在湿式粉磨试验中，特别是半工业或工业试验的调试阶段中，需要在最短的时间内得到流程或设备关键点的单一粒度值，以便对流程进行及时调整，尽量缩短调试时间。这时往往等不及正常的筛分操作，可以采用一种简单易行的快速筛分法[9]。工具是一个预定粒度孔径的标准试验筛网和一个浓度壶。方法步骤如下：

（1）用浓度壶接满被测料浆，测定出被测料浆的质量浓度 C_{w1}。用天平测定装有被测料浆的浓度壶的质量，减去浓度壶质量，得到被测料浆的质量 m_1；

（2）将浓度壶中的全部料浆用预定粒度的筛子进行湿式筛分；

（3）将筛上固体颗粒装入干净的空浓度壶内，加满水。测定出筛上固体颗粒和清水组成的料浆的质量浓度 C_{w2}。用天平测定装有筛上固体颗粒和清水的浓度壶的质量，减去浓度壶的质量，得到筛上料浆的质量 m_2；

（4）被测料浆中小于预定粒度的固体颗粒质量分数 β 为

$$\beta = \left(1 - \frac{m_2 C_{w2}}{m_1 C_{w1}}\right) \times 100\% \qquad (3-1)$$

这个方法还可进一步简化。在步骤（3）中，当筛上固体颗粒在浓度壶中所占容积很小时，可将其忽略，近似认为浓度壶的容积都被清水充满。用装有筛上固体颗粒和清水的浓度壶的质量，减去只装有清水的浓度壶的质量，得到筛上固体颗粒的质量 w_2。被测料浆中小于预定粒度的固体颗粒质量分数 β 为

$$\beta = \left(1 - \frac{w_2}{m_1 C_{w1}}\right) \times 100\% \qquad (3-2)$$

e 快速筛分法（二）

快速筛分法还可进一步简化[10]。使用任意容器，其质量为 $m(g)$，容积为 $V(mL)$。

（1）将容器注满被测料浆，在天平上测得质量为 $M_0(g)$。设被测料浆中固体颗粒密度为 $\delta(g/cm^3)$，水的密度 $\delta_0 = 1g/cm^3$，装满被测料浆的容器中固体颗粒质量为 $m_0(g)$，水的质量为

$$M_0 - m - m_0 = \left(V - \frac{m_0}{\delta}\right)\delta_0 \qquad (3-3)$$

$$m_0 = \frac{M_0 - m - V}{1 - \dfrac{1}{\delta}} \tag{3-4}$$

（2）将容器内全部料浆用预定粒度的筛子进行湿式筛分，设筛上固体颗粒质量为 $m_1(g)$；

（3）将筛上固体颗粒装入干净的空容器内，加满水，在天平上测得质量为 $M_1(g)$，水的质量为

$$M_1 - m - m_1 = \left(V - \frac{m_1}{\delta}\right)\delta_0 \tag{3-5}$$

$$m_1 = \frac{M_1 - m - V}{1 - \dfrac{1}{\delta}} \tag{3-6}$$

（4）被测料浆中小于预定粒度的固体颗粒质量分数 β 为

$$\beta = \frac{m_1}{m_0} \times 100\% = \frac{M_1 - m - V}{M_0 - m - V} \times 100\% \tag{3-7}$$

C 影响筛分分析准确性的因素

筛分过程受很多因素的影响，影响筛分准确性的因素主要有：

（1）筛孔尺寸误差的影响。筛分分析使用的筛子的筛孔尺寸会存在一定制造误差。国家标准分别规定了三种试验筛筛面的筛孔尺寸公差，不同种类以及同一种类不同筛孔尺寸的筛网筛孔尺寸公差都不相同，分别见国家标准《试验筛技术要求和检验 第 1 部分：金属丝编织网试验筛》（GB/T 6003.1—2012）、《金属穿孔板试验筛》（GB/T 6003.2—1997）和《电成型薄板试验筛》（GB/T 6003.3—1999）。筛子磨损后其筛孔尺寸增大，误差增加，因此应及时更换筛网。试验筛筛网较工业筛筛网成本昂贵，实际应用中存在用工业筛筛网代替试验筛筛网的现象。工业筛筛网筛孔尺寸误差大于试验筛筛网，这也增加了筛分分析的误差。因此应避免用工业筛筛网代替试验筛筛网。

（2）物料性质的影响。包括物料分散性和"难粒"数量的影响。要想获得良好的筛分效果，物料必须充分分散，避免团聚。在干式筛分的情况下，物料应充分干燥。在湿式筛分的情况下，应保持足够的水量，使物料颗粒被水充分浸润。但当物料颗粒非常细时，干式筛分存在静电的影响和颗粒间的相互作用，即使物料非常干燥，也会出现团聚现象；湿式筛分存在颗粒间的相互作用，即使物料被水充分浸润，也会出现团聚现象。这时就需要添加适当数量的分散剂。

当物料中"难粒"数量较多时，筛孔将会严重堵塞，导致筛网有效面积大量减少，也将影响颗粒的通过而增加筛分误差。因此，应注意及时清理筛网。

（3）筛分操作的影响。包括取样、筛上物料层厚度和筛分时间。筛分分析

是以少量物料样品代表整批物料进行试验筛分，理想情况下物料样品的粒度特性应与整批物料完全相同，但实际上两者之间必然存在一定差异。这就要求在取样过程中严格操作，使两者尽可能接近。

筛分分析过程是小于筛孔的物料颗粒首先通过其与筛网之间的物料层，然后通过筛孔的过程。小于筛孔的物料颗粒要想顺利地通过物料层到达筛网，物料层厚度就应该尽可能薄，最厚不宜大于最大颗粒粒度的 2 倍。小于筛孔的物料颗粒到达筛网后，其通过筛孔的过程是个随机过程，需经过或多或少的弹跳或往复运动，在恰与筛孔吻合时才能通过。上述两个过程都需要消耗一定的筛分时间，要想保证必要的筛分精度，必须保证适当的总筛分时间，总筛分时间须比小于筛孔的物料颗粒通过物料层和筛孔的时间总和大。

3.1.2.2 沉降分析法

A 沉降分析法原理

沉降分析法利用不同粒度的物料颗粒在流体媒介中的沉降速度不同而分离的原理进行粒度分析。沉降分析法可以借助重力沉降运动或离心沉降运动实现。在重力沉降条件下，根据 Stokes 公式，固体颗粒在流体中的沉降末速 $v(\text{m/s})$ 为

$$v = \frac{55.6(\rho_s - \rho_t)g}{\mu} \cdot d^2 \tag{3-8}$$

式中　ρ_s——固体颗粒密度，t/m^3；

ρ_t——流体密度，t/m^3；

g——重力加速度，9.81m/s^2；

d——固体颗粒粒度，mm；

μ——流体黏度，Pa·s。

如果知道颗粒的沉降末速，就可获得粒度值 d

$$d = 0.134\sqrt{\frac{\mu v}{(\rho_s - \rho_t)g}} \tag{3-9}$$

固体颗粒粒度过小时，其重力沉降速度显著减小，沉降时间大幅度延长，将严重影响测定效率。尤其当粒度小到 μm 级范围时，会受到布朗运动的影响而无法测定。这些情况下就需要采用离心沉降法。在离心沉降条件下，颗粒的径向沉降末速 v 为

$$v = \frac{55.6(\rho_s - \rho_t)v_t^2}{\mu r} \cdot d^2 \tag{3-10}$$

式中　r——颗粒离心运动的半径，m；

v_t——颗粒离心运动的切向速度，m/s。

获得的粒度值 d 为

$$d = \frac{0.134}{v_t} \cdot \sqrt{\frac{\mu r v}{\rho_s - \rho_t}}$$ (3-11)

以上获得的粒度值为沉降速度与待测颗粒相等的球体的直径，称为当量直径或等值直径。Stokes 公式的适用条件是雷诺数 $Re < 0.2$。

由上面公式可见，颗粒密度对分析结果也有影响，因此沉降分析法原则上只适用于均质物料颗粒的粒度分析。事实上，被分析的物料颗粒的密度往往存在一定程度的差异，因此其粒度分析结果会产生一定误差。然而，由于在细粒物料粒度分析中的便利之处，这些方法在 $75 \sim 8\mu m$ 的粒度分析中得到了一定的应用。

传统的基于重力沉降原理的淘析器、重力连续水析器等仪器分析时间长、工作量大、工作效率低，应用已经较少。近些年来出现的基于离心沉降原理的旋流粒度分析仪和光透式沉降粒度分析仪技术先进，分析时间短，操作简单，工作效率高，获得了较多的应用。

B　旋流粒度分析仪

旋流粒度分析仪最初由英国 Warman 公司开发，用于 $75\mu m$ 以下物料的粒度分析，在国内外矿物加工试验室获得了广泛的应用。

（1）仪器结构。该分析仪主要由 $5 \sim 6$ 个倒置的水力旋流器、样品容器、流量控制阀、水泵和水箱等零部件组成。每个旋流器的上端沉砂口处设有排料阀和产品容器。各水力旋流器串联连接，前一个旋流器溢流口连接到后一个旋流器的给料口。沿着料浆的流动方向，各个旋流器的给料口和溢流口直径依此减小。旋流粒度分析仪结构原理见图 3-4。

（2）粒度分析方法和原理。最多取 100g 有代表性的样品，密度小于 $4.0g/cm^3$ 的物料粒度须小于 $75\mu m$，密度大于 $4.0g/cm^3$ 的物料粒度须小于 $43\mu m$。与水混匀制成总量不多于 100mL 的矿浆，装入样品容器内。将水箱注满水，启动水泵，使水流依次通过并充满所有旋流器。开启给料控制阀，使样品容器内的矿浆样品给入测定回路，调节流量控制阀，使水流达到要求的压力和流量值。物料颗粒随水流在旋流器内做高速离心沉降运动，粗、重颗粒运动到旋流器内壁处，沿锥体内壁向上运动到顶部的产品容器内并驻留，细、轻颗粒运动到旋流器中轴线附近进入溢流管，然后流向下一个旋流器。由于各个旋流器的给料口和溢流口直径依此减小，从而矿浆颗粒离心沉降运动的速度和离心加速度依次增加，分离粒度依次减小。经过预设的时间（$5 \sim 30min$），分析完成，最终获得 $6 \sim 7$ 个粒级的产品。

（3）结果分析和数据处理。打开各个旋流器的排料阀，收集产品容器内的产品，烘干、称重，计算获得各粒级产率，绘制粒度分布曲线。

以上分析结果的标准分析条件为：水温 18℃、样品固体密度 $2.65g/cm^3$、流量 11.7L/min、水析时间 20min。在标准分析条件下，沿水流方向各个旋流器分

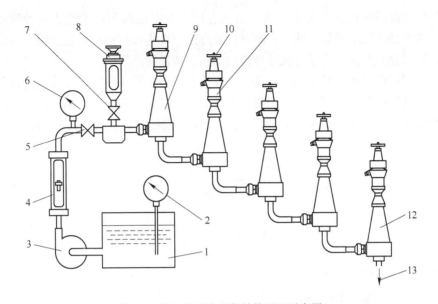

图 3-4　旋流粒度分析仪结构原理示意图

1—水箱；2—温度计；3—水泵；4—转子流量计；5—流量控制阀；6—压力表；7—给料控制阀；

8—给料容器；9—第一段旋流器；10—排料阀；11—产品容器；12—末段旋流器；

13—末段溢流产品（最细粒级）

离的产品粒度分别为 $-75 \sim 53 \mu m$、$-53 \sim 41 \mu m$、$-41 \sim 30 \mu m$、$-30 \sim 20 \mu m$、$-20 \sim 10 \mu m$、$-10 \mu m$（或 $-10 \sim 8 \mu m$ 和 $-8 \mu m$）。如果实际分析条件有差异，则须将各个粒级的粒度值乘以水温、样品固体密度、流量和水析时间四个修正系数。旋流粒度分析仪的使用说明书内附有四个修正系数的曲线图。[11]

C　光透式沉降粒度分析仪

光透式沉降粒度分析仪是将沉降分析法和光透射原理相结合的粒度分析仪。根据沉降原理获得颗粒粒度值，根据光透射原理测定一定粒度颗粒的质量，从而获得物料样品的粒度分布[12]289,[13]26,[14]312。

光透式沉降粒度分析仪有多种类型。按照沉降原理，可分为重力沉降、离心沉降和两种沉降原理相结合的仪器。重力沉降粒度分析仪的测量粒度上限约为 $60 \sim 70 \mu m$，下限约为 $2 \sim 3 \mu m$。离心沉降粒度分析仪的测量粒度上限约为 $10 \mu m$ 左右，下限可达 $0.5 \mu m$ 甚至更低。光源可以采用可见光、激光或 X 射线。按照样品给入方式，可分为线始法（铺层法）和均匀悬浮法。线始法是使样品从沉降区的起始界面处呈薄层状开始沉降，重力沉降和离心沉降两种沉降原理的仪器都有采用；均匀悬浮法是先使样品均匀悬浮在整个沉降区内再开始沉降，多用于重力沉降原理的仪器。按照数据采集方式，有增量法和累积法两种方法，前者测定颗粒浓度或密度随时间或沉降深度的变化率，后者测定某一沉降深度以上或以下颗粒浓度或密度的变化率。增量法又有固定时间法和固定深度法两种测量方式，前者是在沉降开始后的某一时刻沿沉降区深度进行扫描并测量，测量速度较快；后者是在沉降区的某一深度处进行测量，所需样品较少。

粒度的测量虽然基于 Stokes 沉降末速公式，但仪器往往并不直接测量沉降末速，而是测量其他与沉降末速相关，而且更容易测量的物理量。例如，对于固定时间法和固定深度法，重力沉降和离心沉降的粒度计算式（3-9）和式（3-11）可分别写为

$$d = 0.134 \sqrt{\frac{\mu h}{(\rho_s - \rho_t) g t}} \tag{3-12}$$

和

$$d = \frac{0.134}{v_t} \cdot \sqrt{\frac{\mu r h}{(\rho_s - \rho_t) t}} \tag{3-13}$$

式中 h ——沉降深度，m；

　　　　t ——沉降时间，s。

各粒级颗粒质量的测量则利用光透射原理，又称浊度法或消光法。光源产生的平行光束从沉降区的一侧垂直于沉降方向穿过测量区内的颗粒群，固体颗粒的消光作用使光线的强度发生衰减，颗粒群含有的颗粒数量越多（浓度越高），透射光的强度越弱。信号接收和转换系统接收不同时刻的不同透射光强度的信号并转换为数字信号输送到计算机，计算获得被测物料样品的粒度分布等分析结果。

典型的光透式重力沉降粒度分析仪结构原理见图 3-5。沉降元件为透光（玻璃等）的沉降槽。在沉降槽内加入一定量的沉降液（如水等），其量由需要的沉降深度决定。分析时，光源产生的平行光束从沉降槽的一侧，在一定的深度 h 处，垂直于沉降方向穿过沉降区，不同粒度的颗粒由于沉降速度不同，在不同的时间通过光学系统测量位置所在的深度而完成测量。或者在沉降槽上安装一个升降电动机，分析时，电动机带动沉降槽沿沉降方向快速移动，使光学系统快速扫描沉降区而完成测量。

典型的光透式离心沉降粒度分析仪结构原理见图 3-6。沉降元件为透光（玻璃等）的空心圆盘，其内半径约为 150～200mm，宽度约为 10～20mm。分析时，在空心圆盘内加入一定量的沉降液（如水等），其量由需要的沉降深度决定。空心圆盘在电动机驱动下以 2000～8000r/min 的转速旋转，光源产生的平行光束从空心圆盘的一侧，在一定的半径处，垂直于离心沉降方向穿过空心圆盘内的颗粒群。被测物料样品制成的料浆从空心圆盘中心位置给入盘内，样品颗粒在沉降液内沿空心圆盘的半径方向产生沉降运动，不同粒度的颗粒由于沉降速度不同，在不同的时间通过光学系统测量位置所在的半径，从而完成测量。

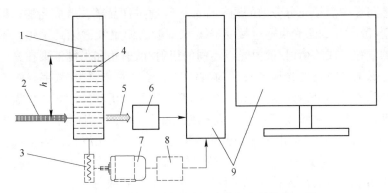

图 3-5 光透式重力沉降粒度分析仪结构原理图

1—沉降槽；2—平行光束；3—升降装置；4—沉降区；5—透射光；6—信号
接收、处理和转换系统；7—电动机；8—电动机控制器；9—计算机

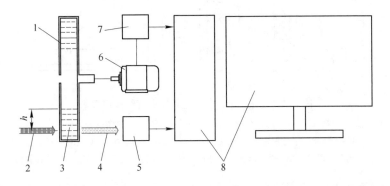

图 3-6 光透式离心沉降粒度分析仪结构原理图

1—空心圆盘；2—平行光束；3—沉降区；4—透射光；5—信号接收、
处理和转换系统；6—电动机；7—电动机控制器；8—计算机

3.1.2.3 激光衍射散射法

激光衍射散射法[12]447,[13]31,[14]65,[15]是利用光的衍射或散射原理测定颗粒粒度的一类方法。光在传播过程中绕过障碍物偏离直线传播的现象称为光的衍射。光通过不均匀或含有其他物质微粒的传播媒介时部分光偏离原方向传播的现象称为光的散射。不同粒度和数量的固体颗粒对光造成不同的衍射/散射光强/光能的空间分布、透射光强度衰减和散射光的偏振度等，由此可以测得颗粒的粒度分布。采用这一类方法的仪器包括激光衍射粒度测定仪、激光散射粒度测定仪和动态光散射纳米颗粒粒度测定仪。

激光衍射/散射粒度测定仪的结构和工作原理见图 3-7。由激光发生器（一般为 He-Ne 激光器或半导体激光器）产生的激光束，经针孔滤波器和扩束器（由显微物镜和准直镜组成）形成直径为 5~10mm 的平行单色光。样品槽位于激光束的传播路径中。经充分分散的物料样品循环通过样品槽，造成光的衍射/散射。含有衍射/散射光的激光束通过接受透镜（一般为傅里叶透镜）聚焦，不同粒度和数量的颗粒形成的衍射/散射光以不同的衍射/散射角和强度汇聚在光电探测器上，光电探测器将这些光信号转换为电信号，经放大和模拟/数字（A/D）转换器转换后输入计算机，计算机采用专用的激光粒度分析软件计算获得需要的粒度测定结果。激光衍射粒度测定仪主要根据 Fraunhoofer 衍射原理工作，该原理是 Mie 散射理论的近似，适用条件是颗粒粒度远大于入射光波长，测量粒度范围为 $2 \sim 1000\mu m$。激光散射粒度测定仪一般根据 Mie 散射理论工作，测量粒度范围为 $0.05 \sim 1000\mu m$。也有激光粒度测定仪同时采用衍射和散射原理。

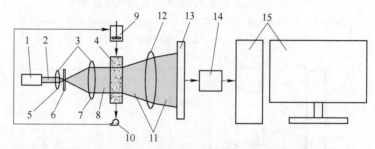

图 3-7　激光衍射/散射粒度分析仪结构原理图

1—激光发生器；2—激光束；3—扩束器；4—样品槽；5—显微物镜；6—针孔滤波器；
7—准直镜；8—平行单色光；9—超声搅拌器；10—循环泵；11—衍射/散射光；
12—傅里叶透镜；13—光电探测器；14—信号放大和 A/D 转换系统；15—计算机

当固体颗粒尺寸达到纳米级别，小于光波波长时，散射光相对强度的角分布与颗粒粒度无关，因而不能再利用上面的静态光散射原理测定颗粒粒度，而需要采用动态光散射原理。传播媒介中微小颗粒的位置和取向受布朗运动影响随时间快速波动，造成散射光的位相和偏振的快速变化，也就是涨落，这称为动态光散射现象。散射光的涨落中包含着颗粒粒度及其分布的信息。动态光散射原理多用于纳米粒度测量，称为动态光散射纳米颗粒粒度测定仪，测量粒度范围大约在 $5\mu m \sim 1nm$。其测定方法一般采用光子相关光谱法（PCS），原理是：激光器发出的激光经透镜聚焦并照射到样品池内的样品颗粒上产生散射光；在一定的散射角方向上设置光探测器（通常为光电倍增管）探测散射光；探测器输出的光信号经放大和甄别后成为等幅的串行脉冲，经数字相关器求出光强的自相关函数，然后由计算机根据其中包含的信息计算出颗粒粒度分布。

3.1.2.4　电阻法（Coulter 颗粒计数器）

电阻法[12]421,[14]275是利用小孔电阻原理测定颗粒粒度的方法，采用这一方法的仪器为 Coulter 颗粒计数器，其结构和工作原理是：带有小孔的玻璃管置于容器内，玻璃管中盛有电解液以及阳电极，容器内盛有含被测颗粒的料浆以及阴电极。测定时，以一定方法使被测颗粒逐个通过小孔。颗粒通过时，引起小孔两端电极间的电阻按照颗粒体积正比变化，从而导致两电极间产生不同幅值的电压脉冲信号。电压脉冲信号经主放大器放大后输入阈值鉴别器，按幅值（代表粒度）大小分别输送到不同的通道计数，再经脉冲放大器放大显示在示波器上。由此测得各个颗粒粒度和相应粒度的颗粒个数。其测量范围大约在 $0.5 \sim 1200 \mu m$。

一种典型 Coulter 颗粒计数器的结构和工作原理见图 3-8。该仪器采用盛有水银的 U 形管使被测颗粒通过小孔。测定时，开启阀门，玻璃管和 U 形管与负压连通，导致水银面上升。然后关闭阀门，在重力作用下水银面下降并吸取玻璃管中的电解液，使容器内的颗粒随料浆逐个通过小孔进入玻璃管，当 U 形管中的水银到达接通触点处时，触发计数驱动器使计数器计数开始测定。随着 U 形管中的水银面继续下降，水银到达断开触点处，再次触发计数驱动器使计数器停止计数完成测定。计数器有多个断开触点，计数开关设置在不同断开触点时通过小孔的料浆容积不同。除此之外，还有其他使被测颗粒通过小孔的方法。

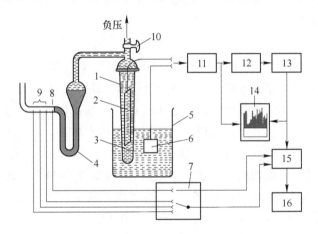

图 3-8　Coulter 颗粒计数器结构和工作原理[3]104

1—玻璃管；2—阳电极；3—小孔；4—U 形管；5—容器；6—阴电极；7—计数开关；8—接通触点；
9—断开触点；10—阀门；11—主放大器；12—阈值鉴别器；13—脉冲放大器；
14—示波器；15—计数驱动器；16—计数器

3.1.2.5　颗粒图像分析法

显微镜分析方法是在显微镜下用肉眼逐一测量微小固体颗粒粒度，然后统计计算其粒度分布的方法。该法消耗人力多、时间长，还容易出现差错。颗粒图像分析法[14]291是显微镜分析方法的现代发展，不但大幅度提高了分析效率和精度，还提高了分析结果的质量。其测量原理是：将被测样品颗粒均匀分散于载玻片上，经光学或电子显微镜成像和 CCD 摄像机摄取光学图像并转换为模拟信号，传递给图像采集卡进行分析和数字化处理，然后送往计算机用专用颗粒图像处理与分析软件进行计算处理，获得颗粒群的粒度分布和形状等颗粒特性数据，打印或在显示器上显示输出。测量范围大约在 1nm～3000μm。粒度在大约 200μm 以上时可直接由 CCD 摄像机摄取光学图像；粒度在大约 1～200μm 时需先经光学显微镜成像，再由 CCD 摄像机摄取光学图像；粒度在大约 1nm～10μm 时需先经透射电子显微镜成像，再由 CCD 摄像机摄取光学图像。数字图像的类型可以是真彩色、索引色、灰度或二值图像，可以存储在计算机存储器中，并通过显示器显示。颗粒图像处理与分析软件的功能包括图像的灰度化处理、二值化、图像去噪处理、图像背景光照不均匀校正、图像增强、图像边缘检测、图像目标区域分割、粘连颗粒分割和特征参数提取等，获得所有颗粒的面积和等效粒度等参数，进而计算出粒度分布和平均粒度等结果，并存储和输出。

3.1.2.6 比表面积法

比表面积的测定对象一般为细粒物料，不但颗粒粒度细，而且颗粒表面形状复杂，无法直接测量其表面积，只能采用间接测量方法。主要测量方法有气体透过法和气体吸附法。

A 气体透过法

透过法利用流体通过不同粒度组成的颗粒层时，由于阻力不同而具有不同的流速测定比表面积。随流体种类不同分为气体透过法和液体透过法两类。气体透过法测定过程方便快捷，应用较多。由于气体只能通过颗粒外表面形成的空隙，因此测得的表面积仅仅是外表面积。典型测定方法有 Blaine（勃氏）法和 Fisher（费氏）法等[12]468,[13]12。Blaine 测定法在水泥工业应用较多，我国已经制定了国家标准《水泥比表面积测定方法（勃氏法）》（GB/T 8074—2008）。

Blaine 法测定仪器为 Blaine（勃氏）透气仪，其主要结构包括透气圆筒、U 形压力计和微型电磁泵（抽气装置）等，见图 3-9。测定过程包括：将 -0.9mm 被测样品在（110±5）℃的温度下烘干，测定样品的密度 ρ（g/cm^3）；将透气圆筒的阳锥部插入 U 形压力计的阴锥部，将微型电磁泵与 U 形压力计的抽气管口连接，检查确认无漏气；在透气圆筒中装入规定质量的样品，用捣器捣实，形成样品层，其空隙率为 ε；启动微型电磁泵抽气，U 形压力计中液面上升到扩大部下端时关闭阀门。液面（凹面）下降到第一条刻线时开始计时，下降到第二条刻线时计时停止。计时期间测定温度。测定的质量比表面积 S_m（cm^2/g）由下式计算获得

$$S_m = \frac{\rho_s}{\rho} \cdot \frac{1 - \varepsilon_s}{1 - \varepsilon} \cdot \sqrt{\frac{t \eta_s \varepsilon^3}{t_s \eta \varepsilon}} \cdot S_s \tag{3-14}$$

式中 t ——试验时的液面下降时间，s；

η ——试验时的空气黏度，Pa·s；

ρ_s——标准样品的密度，g/cm³；

ε_s——标准样品层的空隙率；

t_s——标准样品试验时的液面下降时间，s；

η_s——标准样品试验时的空气黏度，Pa·s；

S_s——标准样品的质量比表面积，cm²/g。

当被测样品与标准样品试验时的温度差的绝对值小于3℃时，不需考虑空气黏度的影响。

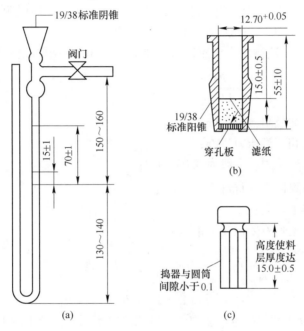

图 3-9　Blaine（勃氏）透气仪结构原理[16]（单位：mm）

（a）"U"形压力计；（b）透气圆筒；（c）捣器

B　气体吸附法

气体吸附法[12]508,[13]47利用细粒物料具有高表面能而易于吸附气体的特性测定比表面积。1938 年，Brunauer、Emmett 和 Teller 建立了多分子层吸附理论，由此创立了气体吸附法（BET）比表面积测定方法。吸附过程分为物理吸附和化学吸附。物理吸附又称范德华吸附，吸附过程由分子间作用力引起，吸附在颗粒上的气体很容易通过抽真空除去。化学吸附是化学过程，伴随化学变化，一般不可逆。因此测定比表面积宜采用物理吸附方式。气体吸附法测定比表面积时，需经历吸附、吸附平衡和解吸过程，耗时较长。气体不仅吸附在颗粒外表面上，而且渗透到裂缝和孔隙内部并吸附在内表面上，因此测得的表面积是外表面积和内表面积的总和。吸附量的测定方法有容量法、质量法和气相色谱法三种。容量法通过测量一定容积内气体压力的变化，获得气体体积的变化，从而计算出吸附的气体量。质量法通过直接测量吸附前后样品颗粒的质量，从而计算出吸附的气体量。气相色谱法又称流动法，是使由吸附气体（通常是氮）和载气（通常是氦或氢）组成的混合气体通过样品颗粒层，在吸附未达到饱和之前，出口只有载气，吸附平衡之后，出口和进口的气体成分就完全相同了。通过绘制吸附色谱图和进行相应计算获得吸附的气体量。无论何种方法，为避免化学吸附，一般采取低温氮吸附过程，并且吸附量的计算都基于 BET 吸附公式。吸附法测定过程复杂，计算繁琐，应用较少。我国已经制定了国家标准《气体吸附 BET 法测定固态物质比表面积方法》（GB/T 19587—2004）[17]。

气体吸附 BET 法测定比表面积的原理是基于 BET 吸附等温方程式

$$\frac{p/p_0}{V(1-p/p_0)} = \frac{C-1}{V_m C} \cdot \frac{p}{p_0} + \frac{1}{V_m C} \tag{3-15}$$

式中　p——平衡吸附压力，Pa；

　　p_0——饱和蒸汽压力，Pa；

　　p/p_0——相对压力，一般为 $0.05 \sim 0.3$；

　　V——吸附体积（标准态），cm^3；

　　C——BET 常数；

　　V_m——单层吸附体积（标准态），cm^3。

令 $\frac{p}{p_0}$ 为 X，$\frac{p/p_0}{V(1-p/p_0)}$ 为 Y，$\frac{C-1}{V_m C}$ 为 A，$\frac{1}{V_m C}$ 为 B，则有

$$Y = AX + B \tag{3-16}$$

用容量法、质量法和气相色谱法中任一方法测定不同 p/p_0 值下的 V 值，可以由公式 (3-16) 计算出 A 和 B 值，进而推导出 C 和 V_m 值。样品的表面积 $S(m^2)$ 由下式计算

$$S = \frac{\sigma N V_m}{V_0} = 2.687 \times 10^{19} \sigma V_m \tag{3-17}$$

式中　σ——吸附质分子横断面积，m^2；在 77°K 的吸附温度下，氮分子 $\sigma = 1.62 \times 10^{-19} m^2$，氩分子 $\sigma = 1.66 \times 10^{-19} m^2$，氪分子 $\sigma = 2.02 \times 10^{-19} m^2$；

　　N——Avogadro 常数，$6.022 \times 10^{23} mol^{-1}$；

　　V_0——单位吸附质的体积（标准态），$22410 cm^3/mol$。

样品的质量比表面积 $S_m(m^2/g)$ 和体积比表面积 $S_V(m^2/cm^3)$ 分别为

$$S_m = \frac{4.35 V_m}{m} \tag{3-18}$$

$$S_V = \rho S_m \tag{3-19}$$

式中 m ——样品质量，g；

ρ ——样品密度，g/cm^3。

3.1.3 连续湿式粉磨过程中矿浆颗粒粒度的在线测定方法

连续湿式粉磨过程中矿浆颗粒粒度的在线测定方法主要有以下几种[18]。

3.1.3.1 直接测定法

这是芬兰 Outotec 公司 PSI-200 粒度分析仪采用的方法。该方法基于矿浆中固体颗粒的粒度分布满足正态分布规律。仪器的测量原理是：测量槽内有一安装有陶瓷夹片的柱塞在凸轮机构驱动下相对于另一固定陶瓷夹片以 2 次/s 的频率往复运动。一次取样器按一定时间间隔从矿浆流中截取 70～170L/min 的有代表性的样品流，随后在稳流装置中分离出 10～15L/min 的稳定样品流通过测量槽，其中的固体颗粒受到柱塞陶瓷夹片的撞击，颗粒大小不同柱塞的最终位置也不同，测量柱塞的位置就可计算出颗粒粒度。仪器每分钟采集 120 个数据，取平均值作为一次测定结果。仪器测量范围为 30～600μm。

3.1.3.2 激光衍射法

这是芬兰 Outotec 公司和英国 Malvern 仪器公司共同开发的 PSI-500 粒度分析仪采用的方法。该仪器与试验室型激光衍射散射粒度测定仪的区别在于取样部分。一次取样器从矿浆流中截取 50～170L/min 的有代表性样品，二次取样器又从一次样品中截取出 0.01～0.03L 的样品，用水稀释到 3%～5% 的浓度，流经样品室进行测定。采取一定时间范围的数据，取平均值作为测定结果。该仪器测量范围为 1～500μm。

3.1.3.3 超声波测定法

研究表明，超声波通过矿浆时，其衰减系数是声波频率、矿浆中颗粒粒度分布和矿浆浓度的函数。只要适当地选取声波频率，就可以测量出矿浆的浓度和粒度。超声波粒度分析仪由取样装置、空气清除器、传感器、电子处理装置和显示仪表等几部分组成。取样装置从矿浆流中取样后，送到空气清除器去除样品中的气泡，随后通过传感器。传感器由两组超声波发生器和接收器组成，一组频率为300～500kHz，用于检测矿浆浓度；另一组频率在兆赫兹数量级，主要检测矿浆粒度。检测后的样品返回流程中。超声波接收器获得经矿浆衰减的频率信号，由电子处理装置转换为直流标准信号输出，在显示仪表中显示。

3.2 物料的物理性质及其测定方法

3.2.1 密度

密度是单位体积物料的质量，反映了物料的致密性。密度的测定方法如下所述。

3.2.1.1 块状物料密度的测定方法

A 直接测定法

测定仪器和器具：天平（精度不小于 0.01g）、恒温干燥箱、量筒等。

样品：数量足够的有代表性的块状物料，清洗并除去黏附的细粒和泥，在 105~110℃的温度下烘干。物料物理性质的测定中经常涉及物料含有的液体，多数情况下是水。物料中含有的水有两种：一种是游离水，即附着在物料固体颗粒外表面上和渗透到固体颗粒孔隙和裂缝中的水；另一种是结晶水，即结合在化合物中的水分子，并不是液态水。本书述及物料含有的水是指游离水。

测定方法：测量块状物料的质量 $m(g)$。在清洁的量筒内注入足够量的清水，测量水的体积 $V_0(cm^3)$。将块状物料浸没在水中，测量块状物料和水的总体积 $V(cm^3)$。按下式计算块状物料的密度 $\rho_0(g/cm^3)$

$$\rho_0 = \frac{m}{V - V_0} \tag{3-20}$$

如果一次不能测量完全部样品，可以多次测量，取加权平均值。这一方法的缺点是水的体积不易测量准确。

B 排水法

测定仪器和器具：杠杆式双盘等臂天平（精度不小于 0.01g）、适当材料制作的桥型支架、金属丝笼子、恒温干燥箱、容器等。测定装置见图 3-10。

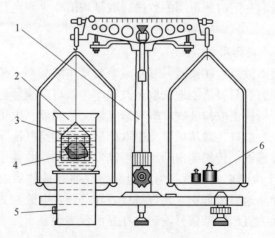

图 3-10 排水法密度测定装置

1—天平；2—容器；3—金属丝笼子；4—块状物料；5—桥型支架；6—砝码

样品：数量足够的有代表性的块状物料，清洗并除去黏附的细粒和泥，在 105~110℃的温度下烘干。

测定方法：根据阿基米德原理，块状物料浸没于液体中时，其所受重力的减少等于被其排开的液体所受的重力，由此计算获得块状物料的体积。测量笼子的质量 $m_1(g)$、块状物料与笼子的总质量 $m_2(g)$。将桥型支架跨越放置于左侧的盘上方，在其上放置一个清洁的容器，支架和容器不得与天平的任何部分接触。在容器内注入足够量的清洁液体（例如水）。将金属丝笼子悬挂在左侧的悬臂下，笼子浸没在容器内的液体中而不得与容器接触，测量笼子浸没在液体中的质量 $m_3(g)$。将块状物料放入笼子内与笼子一起浸没在液体中，测量二者总质量 $m_4(g)$。按下式计算块状物料的密度 $\rho_0(g/cm^3)$

$$\rho_0 = \frac{\rho_w(m_2 - m_1)}{(m_2 - m_1) - (m_4 - m_3)} \tag{3-21}$$

式中 ρ_w——液体的密度，g/cm^3。

注意：如果一次不能测量完全部样品，可以多次测量，取加权平均值。如果有专用的密度天平，则可以直接读出测定结果而不需计算。如果没有合适的天平，也可以使用其他测量质量的衡器，按上述原理测定。

3.2.1.2 散状物料密度的测定方法

测定仪器和器具：密度瓶（容积 $50 \sim 100mL$）、天平（精度 $0.001g$）、恒温干燥箱等。密度瓶（旧称比重瓶），是专门用于测量密度的玻璃瓶，其上端瓶口为磨口，装有磨口瓶塞，瓶塞中央制有用于排水的毛细孔，见图3-11。

样品：粒度为 $0 \sim 0.2mm$、足够量的有代表性物料，粒度大于要求时应预先粉碎。在 $105 \sim 110℃$ 的温度下烘干。

测定方法：缩分出 $15 \sim 20g$ 样品，测定其质量 $m_1(g)$。准备足够量、不与样品反应、便于操作的液体（如蒸馏水）。用清水和清洗剂清洗密度瓶并烘干，注满经排气的液体，测量密度瓶和液体的总质量 $m_2(g)$。排空密度瓶并烘干，装入样品至其容积不超过密度瓶的 $1/3$，注入液体至密度瓶容积的 $1/2$。使样品被液体充分浸润，排气。加满经排气的液体，测量密度瓶、样品和液体的总质量 m_3。样品的密度 $\rho_0(g/cm^3)$ 为

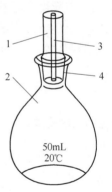

图 3-11 密度瓶
1—瓶塞；2—瓶体；
3—毛细孔；4—磨口

$$\rho_0 = \frac{\rho_w m_1}{m_1 + m_2 - m_3} \tag{3-22}$$

式中 ρ_w——液体密度，g/cm^3。

应按以上方法测定 $2 \sim 3$ 次，任两次测定结果之差不得大于 $0.02g/cm^3$，取平均值作为最终结果。

需要注意的是，测定中排气很重要。其方法有三，一是抽真空法，将排气对

象置于抽真空装置的真空缸（罐）内，在缸（罐）内压力不大于 2.66kPa 的条件下抽气 1h 以上；二是加热法，将排气对象加热至沸腾 20min；三是将前两者结合。另外，用蒸馏水注满密度瓶的操作方法是：用蒸馏水注入密度瓶至将满，逐渐塞入瓶塞，使多余的蒸馏水从瓶塞的毛细管溢出，直至瓶塞塞严，然后将密度瓶外部清理干净。

3.2.2　容积密度

容积密度又称松散密度或堆密度，是单位体积散状物料的质量。容积密度不仅与密度有密切关系，同时与组成物料的颗粒粒度有关，粒度分布越窄，容积密度越小。

测定仪器和器具：天平（精度不小于 0.01g）、恒温干燥箱、容器、刮板等。容器的容积应能够容纳与物料粒度相关的有代表性的样品量。

样品：足够量的有代表性的物料，在 105~110℃ 的温度下烘干。

测定方法是：测定容器的容积 $V(cm^3)$ 和质量 $m_1(g)$。将物料装入容器，注意其颗粒粒度在容器各处必须均匀分布。轻微振荡和摇动容器，使物料密实。使物料按上述方法充满容器的已知容积 V，凸出于容器外的物料需用刮板刮除。测定容器和物料的总质量 m_2（g）。容积密度 $\rho_V(g/cm^3)$ 为

$$\rho_V = \frac{m_2 - m_1}{V} \qquad (3-23)$$

3.2.3　矿浆密度

矿浆密度是单位体积矿浆的质量，与组成矿浆的固体物料密度、液体密度和矿浆浓度有关。

3.2.3.1　试验室测定

测定仪器和器具：天平（精度不小于 0.01g）、容器等。容器的容积应能够容纳必要的样品量。生产现场经常使用浓度壶作为测量容器测量矿浆浓度，但实际上浓度壶测量的并非矿浆浓度而是矿浆密度，需要经换算才能得到矿浆浓度。浓度壶是薄金属板制造的、具有一定形状的容器，上部为狭窄的壶颈，接近顶部壶口处设有溢流口，溢流口下部具有一定的已知容积。图 3-12 中是两种常用的浓度壶。

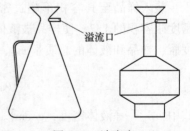

图 3-12　浓度壶

样品：足够量的有代表性的矿浆样品。

其测定方法是：测定容器的容积 $V(\mathrm{cm}^3)$ 和质量 $m_1(\mathrm{g})$。将矿浆装满容器。测定容器和矿浆的总质量 $m_2(\mathrm{g})$。矿浆密度 $\rho_{\mathrm{p}}(\mathrm{g/cm}^3)$ 为

$$\rho_{\mathrm{p}} = \frac{m_2 - m_1}{V} \tag{3-24}$$

3.2.3.2 连续湿式过程中矿浆密度的在线测定

用专用密度计测定。常用的有放射性同位素（γ射线）密度计、超声波密度计和重力式密度计[19]。

A 放射性同位素（γ射线）密度计

放射性同位素是具有放射性的不稳定元素，会释放 γ 射线等射线而衰变。γ射线是波长极短的电磁波，具有很强的穿透能力。利用 γ 射线穿透能力强，且穿过物质时会随物质密度的不同产生强度不等的衰减的特点，可以测定矿浆密度。γ射线源常用的放射性同位素是 $^{60}\mathrm{Co}$ 和 $^{137}\mathrm{Cs}$。放射性同位素密度计，又称 γ 射线密度计的工作原理是：在矿浆流过的管道两侧，一侧装有 γ 射线源，另一侧装有辐射探测器。穿过矿浆而衰减的 γ 射线被辐射探测器接收，转换为电脉冲信号，再经放大、整形、分频，转换为数字信号输入计算机分析计算出矿浆密度值，在显示打印设备上输出。

B 超声波密度计

根据超声波通过矿浆时，其衰减与矿浆密度相关的原理测定矿浆密度。超声波密度测定常伴随粒度和浓度测定，参见超声波粒度测定法。

C 质量测定法

采用与试验室测定矿浆浓度的类似方法，测定矿浆的体积和质量，计算获得矿浆密度。测定装置为一段金属管，两端用软管连接。金属管轴线的形状可以是直线、U 形或螺旋形。矿浆通过金属管时，测力传感器测定出金属管内通过的矿浆质量，转换为电信号，经前置放大器传送到可编程逻辑控制器，根据一定的数学模型分析计算获得矿浆密度值。

3.2.4 矿浆浓度

矿浆浓度有三种表示法：质量浓度、固体含量和液固比。

3.2.4.1 质量浓度

质量浓度是指一定质量的矿浆中含有的固体矿物质量的百分比。这一浓度概念在粉碎试验技术中应用最多，粉碎试验技术中提及的浓度一般指这一浓度。

测定仪器和器具：天平（精度不小于 0.01g）、恒温干燥箱、容器等。

样品：足够量的有代表性的矿浆样品。

测定方法：测定容器质量 $m_1(\mathrm{g})$；将一定量的矿浆样品注入容器中，测定容

器和矿浆样品的总质量 $m_2(g)$；将盛有矿浆样品的容器置于恒温干燥箱内，在 105~110℃的温度下将矿浆样品烘干；冷却后测定容器和干矿的总质量 $m_3(g)$。矿浆的质量浓度 C_m 为

$$C_m = \frac{m_3 - m_1}{m_2 - m_1} \times 100\% \qquad (3\text{-}25)$$

3.2.4.2 固体含量

固体含量是指每升体积的矿浆中含有的固体物料质量（g）。

测定仪器和器具：天平（精度不小于 0.01g）、恒温干燥箱、容器等。

样品：足够量的有代表性矿浆样品。

测定方法：测定容器的容积 $V(L)$ 和质量 $m_1(g)$；将矿浆样品注入容器，使之正好充满容器的容积 V；将盛有矿浆样品的容器置于恒温干燥箱内，在 105~110℃的温度下将矿浆样品烘干；冷却后测定容器和干矿的总质量 $m_2(g)$。固体含量 $q(g/L)$ 为

$$q = \frac{m_2 - m_1}{V} \qquad (3\text{-}26)$$

3.2.4.3 液固比

液固比是指一定量的矿浆中含有的液体体积（cm^3）与固体物料质量（g）之比。

测定仪器和器具：天平（精度不小于 0.01g）、恒温干燥箱、容器等。

样品：足够量的有代表性的矿浆样品。

测定方法：测定容器的质量 $m_1(g)$；将一定量矿浆样品注入容器，测定二者的总质量 $m_2(g)$；将盛有矿浆样品的容器置于恒温干燥箱内，在 105~110℃的温度下将矿浆样品烘干，冷却后测定容器和干矿的总质量 $m_3(g)$。液固比 $R(cm^3/g)$ 为

$$R = \frac{m_2 - m_3}{\rho_w(m_3 - m_1)} \qquad (3\text{-}27)$$

3.2.4.4 矿浆密度、质量浓度、固体含量和液固比的换算

已知矿浆中固体物料密度、液体密度和矿浆密度，可以按下面公式计算矿浆质量浓度、固体含量和液固比

$$C_m = \frac{\rho_0(\rho_p - \rho_w)}{\rho_p(\rho_0 - \rho_w)} \times 100\% \qquad (3\text{-}28)$$

$$q = \frac{\rho_0(\rho_p - \rho_w)}{\rho_0 - \rho_w} \times 1000 \qquad (3\text{-}29)$$

$$R = \frac{\rho_0 - \rho_p}{\rho_0(\rho_p - \rho_w)} \qquad (3\text{-}30)$$

生产现场常用浓度壶测出矿浆密度，然后按照式（3-22）计算获得矿浆质量浓度。

已知矿浆中固体物料密度、液体密度和矿浆质量浓度，可以按下面公式计算矿浆密度、固体含量和液固比

$$\rho_p = \frac{\rho_w}{1 - C_m\left(1 - \dfrac{\rho_w}{\rho_0}\right)} \tag{3-31}$$

$$q = \frac{1000\rho_w}{\dfrac{1}{C_m} + \dfrac{\rho_w}{\rho_0} - 1} \tag{3-32}$$

$$R = \frac{1}{\rho_w}\left(\frac{1}{C_m} - 1\right) \tag{3-33}$$

已知矿浆密度和质量浓度，可以按下面公式计算固体含量

$$q = 10\rho_p C_m \tag{3-34}$$

已知矿浆中液体密度和液固比，可以按下面公式计算矿浆质量浓度

$$C_m = \frac{1}{\rho_w R + 1} \tag{3-35}$$

已知矿浆中固体物料密度和固体含量，可以按下面公式计算矿浆的液固比

$$R = \frac{1000}{q} - \frac{1}{\rho_0} \tag{3-36}$$

3.2.4.5 连续湿式过程中矿浆浓度的在线测定

连续湿式过程中矿浆浓度的在线测定，一般是先测定出矿浆密度，再换算为浓度，因此其测定方法与矿浆密度的测定方法基本相同，主要采用放射性同位素（γ射线）浓度计、超声波浓度计和质量测定法的浓度计。超声波浓度测定方法还常伴随粒度测定，参见粒度和密度测定方法中连续湿式过程中的在线测定部分。

3.2.5 含水率

含水率是指物料中含有的水的质量百分比。

测定仪器和器具：天平（精度不小于 0.01g）、恒温干燥箱、容器等。

样品：足够量的有代表性的物料样品。

测定方法：测定容器质量 $m_1(g)$。将一定量的物料样品放入容器中，测定容器和物料样品的总质量 $m_2(g)$。将盛有物料样品的容器置于恒温干燥箱内，在 105~110℃的温度下将物料样品烘干。冷却后测定容器和物料的总质量 $m_3(g)$。物料样品的含水率 W_m 为：

$$W_{\mathrm{m}} = \frac{m_2 - m_3}{m_2 - m_1} \times 100\% \tag{3-37}$$

3.2.6　自然堆角、摩擦角和排放角

这是一组与散状物料存放和输送有关的参数。

自然堆角又称静止堆放安息角,是散状物料在堆放达到稳定状态时自然形成的料堆母线与水平面间的最大角度,继续堆加这种物料就会自然滑下,料堆只会在增高的同时加大底面面积,而这个角度不会进一步增加。自然堆角与物料的种类、颗粒粒度、颗粒形状和含水量等因素有关。同一种物料,颗粒粒度越小,自然堆角越大;颗粒表面越光滑、形状越接近球形,自然堆角越小;物料含水量越大,自然堆角越大。

摩擦角有两种:外摩擦角和内摩擦角。外摩擦角是散状物料能够沿某种固体材料表面滑动时,固体材料表面的倾角。内摩擦角是一部分散状物料沿另一部分散状物料滑动时,两部分间交界面的倾角。

排放角又称为排放安息角,是料堆下部排放物料时,上部表面形成的倾角。

自然堆角、内摩擦角和排放角可以利用料箱流动试验测定。

测定仪器和器具:料箱流动试验装置、外摩擦角测定装置、角度测量仪器等。料箱流动试验装置是一个上部敞开的立方体形料箱,如图 3-13 所示,其中一个侧板用透明材料(如玻璃)制作,用一个水平隔板从中间分隔为上、下两部分,水平隔板的中部有一条供物料通过的缝隙,缝隙下有一条挡板(图中未示出)。外摩擦角测定装置是一个上部敞开的立方体形料箱,如图 3-14 所示,其中一个侧板用透明材料(如玻璃)制作,上部从一侧铰接着一块待试材料制作的倾板,倾板上与铰接端相对的一侧用一根绳索悬挂着。

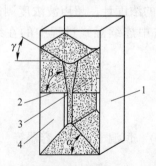　　　　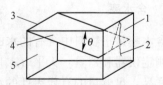

图 3-13　料箱流动试验装置示意图　　　　图 3-14　外摩擦角测定装置示意图

1—料箱;2—水平隔板;3—缝隙;　　　　1—料箱;2—绳索;3—铰接端;4—倾板;

4—透明侧板;α—自然堆角;　　　　5—透明侧板;θ—外摩擦角

β—内摩擦角;γ—排放角

样品：足够量的有代表性的散状物料样品。

料箱流动试验方法：用挡板挡住缝隙，将物料样品放入料箱上部箱体内混匀，撤除挡板，物料通过缝隙下落，逐渐在下部箱体内形成一个锥形料堆。料堆表面斜面与水平面间的夹角 α 为自然堆角；上部箱体内静止物料和下滑物料间分界线与水平面间的夹角 β 为内摩擦角；上部箱体内物料的上表面因物料流失形成的与水平面间的夹角 γ 为排放角。

外摩擦角测量方法：拉动绳索使倾板处于水平位置，将物料样品均匀堆放在倾板上，然后缓慢地放松绳索，使倾板绕铰接端旋转下倾，直至物料开始沿倾板表面滑动。滑动开始时倾板与水平面间的夹角 θ 为外摩擦角。

3.2.7　矿浆黏度

流体受外力作用移动时，其分子间的阻力也就是内部摩擦力称为黏度。设一块面积为 $1cm^2$ 的平板相对于另一固定平板以 $1cm/s$ 的速度平行移动，两板相距 $1cm$，两板之间充满液体。当移动所需的力是 $10^{-4}N$ 时，则液体的黏度是 $1Pa \cdot s$。

矿浆黏度的试验室测定采用专用的黏度计进行，主要有转子式和双筒式旋转黏度计等[18]353。

A　转子式旋转黏度计

同步电机从上方通过游丝与下方垂直安放的转子轴相连，电机轴和转子轴上各装有一个片状光电传感器，并处于同一相位。测定时，转子浸没在矿浆中，电机通过游丝带动转子旋转。由于液体的黏性，转子受到一个与黏度相关的转矩，导致游丝产生一定扭转，从而两传感器偏离初始位置。光电测量系统测出两传感器的位置变化，转变为数字信号输送给计算机，经一定程序计算处理，输出显示为黏度值。也可用扭矩传感器取代游丝。

B　双筒式旋转黏度计

有内外两个竖直的圆筒，其间充满被测矿浆。存在两种结构形式：一种是外筒下部装有驱动轴，由同步电机驱动旋转，由于液体的黏度导致内筒上部的轴产生扭矩或一定转角。另一种是外筒不动，内筒由同步电机通过其上部的轴驱动旋转，由于液体的黏度导致该轴产生扭矩或一定转角。测定轴的扭矩或转角，换算为矿浆的黏度。

3.3　物料的粉碎特性及其测定方法

在与粉碎有关的物料性质中，最重要的就是关于物料粉碎难易程度的一类性质，其表示方法也很多，有根据物料强度表示的，有根据物料硬度表示的，有根据物料的粉碎现象归纳分类的，也有根据物料粉碎能耗确定的。

3.3.1 物料的机械特性和普氏系数

物料的机械特性包括压缩强度、拉伸强度、弯曲强度、剪切强度、弹性模量、泊松比等。这些特性参数用材料试验的方法测定。机械强度测定结果表明,同种物料的压缩强度>剪切强度>弯曲强度>拉伸强度。根据这一规律,粉碎机械应尽可能采用物料易于破坏的施力方式。由于同种物料的压缩强度最大,因此在设计或选择粉碎机械时多以压缩强度作参考,压缩强度是应用最多的机械性能参数,其测定方法如下:

测定仪器:压力试验机。

样品:足够数量和尺寸的、有代表性的开采块状物料或钻探岩芯,加工成边长为 20~100mm 的正方体形样品,或直径和高度相等,均为 20~80mm 的圆柱形样品。加工完成的样品不得存在缺损,正方体形样品的每两个相对平面必须平行,圆柱形样品的相对两个平面必须平行。测量和计算样品的体积、质量和密度。

测定方法:将样品逐个置于压力试验机的两压板之间,样品的加压表面与压板良好接触,样品四周加防护罩以防飞溅。启动压力试验机缓慢加压直至破碎,记录破碎时的压力值（N）。用压力除以断面积（m^2）即得样品的压缩强度（N/m^2）。每种物料应选 10~20 块样品测定,纹理明显的样品数量还需增加,每个纹理方向应选数块样品测定。最后对所有样品的测定结果取（加权）平均值作为该种物料的测定结果。

1907 年,前苏联的 M. M. Протодьяконов 提出用物料压缩强度表示岩石的坚固性,称为普氏系数 f [10]50。普氏系数数值为以 kg/cm² 为单位的压缩强度值的 1%,或以 MPa 为单位的压缩强度值的 1/10。按普氏系数可将岩石分为 10 个不同的坚固性级别,但分类过于繁琐,不便应用,因此经常简化为 5 个、4 个或 3 个级别。例如有的分为超难粉碎、极难粉碎、难粉碎、中等粉碎性、易粉碎和极易粉碎的 6 个级别,有的分为极硬、较硬、中硬、较软和软的 5 个级别,也有的分为硬、中硬和软的 3 个级别。

3.3.2 物料的硬度

物料的硬度对其承受粉碎的难易程度有直接影响,硬度越高越难粉碎。物料的硬度主要有两种,莫氏（F. Mohs,德国,1812）硬度和显微硬度。

莫氏硬度用划痕法定性地表示岩石矿物抵抗表面局部断裂的相对能力。该法取 10 种岩石矿物作为参照,按硬度递增顺序分别为 1—滑石、2—石膏、3—方解石、4—萤石、5—磷灰石、6—正长石、7—石英、8—黄玉、9—刚玉、10—金刚石,对被测岩石矿物进行划痕比较确定其硬度级别。

显微硬度使用显微硬度计测定，该硬度计采用两对面夹角为136°、底面投影为正方形的正四棱锥金刚石压头，以压入法定量地表示物料的硬度，测定的硬度值为维氏（Vickere）硬度。

3.3.3 金属材料的硬度

粉碎机械中与物料直接接触实施粉碎的零部件多为金属材料，其硬度对其耐磨性和工作寿命有直接影响，一般来说硬度越高耐磨性越好，工作寿命越长。金属材料的硬度包括布氏（J. A. Brinell，瑞典，1900）硬度、洛氏（S. P. Rosivl，美国）硬度、维氏（Vickere）硬度和肖氏（A. F. Shore）硬度，用相应的硬度计测定。布氏硬度HB、洛氏硬度HR和维氏硬度HV用压入法定量地表示材料的硬度，区别是压头不同。肖氏硬度HS用弹子回跳法定量地表示材料的硬度。这些硬度都需使用相应的专用硬度计测定。

3.3.4 相对可碎性（可磨性）系数

这是矿物工程中以一种生产中粉碎工艺条件（设备参数、处理量、给料粒度和产品粒度等）已知的物料为参照，在除比较指标外其他工艺条件都相同的情况下，确定待测物料的比较指标相对比值的方法。比较指标一般为处理量，对于试验室分批作业设备为粉碎时间。所获得的相对比值对于破碎作业称为可碎性系数，对粉磨作业称为可磨性系数[10]50。

$$可碎性（可磨性）系数 = \frac{粉碎待测物料的处理量（或时间）}{粉碎参照物料的处理量（或时间）} \tag{3-38}$$

在难以获得参照物料的情况下，一般以中硬物料为参照。矿物工程中一般以石英或石灰石代表中硬物料，其可碎性系数或可磨性系数为1。

3.3.5 Bond 功指数

用粉碎能耗表示脆性物料粉碎难易程度的方法，由原美国 Allis Chalmers 公司的 F. C. Bond 于50年代初提出，在国际上获得了广泛的应用。最初定义是将单位质量的均质物料从理论上不限定的给料粒度减小到$-100\mu m$占80%（-200目大约67%）时所消耗的功。实际应用中分为 Bond 冲击破碎功指数、Bond 棒磨功指数和 Bond 球磨功指数。Bond 冲击破碎功指数试验又称为 Bond 可碎性试验，Bond 棒磨功指数试验和 Bond 球磨功指数试验又称为 Bond 可磨性试验。经试验测定出物料的 Bond 功指数后，分别用于破碎机、棒磨机和球磨机的选择计算，通过一定的计算方法可以计算出粉碎单位功耗。Bond 功指数单位为 $kW \cdot h/t$，其值越大表示粉碎功耗越大，物料越难粉碎。Bond 棒磨功指数和 Bond 球磨功指数与目标产品粒度有关，前者粒度范围为 0.212~3.35mm（65~6目），后者为

30~560μm（500~28 目），产品粒度越细，Bond 功指数越大。

3.3.6 颗粒粒度对粉碎难易程度的影响

物料颗粒在外力下粉碎的原因是其自身存在的微裂缝的扩展。物料颗粒粒度越大，其内部含有的微裂缝越多，其强度越低，粉碎越容易。相反，物料颗粒粒度越小，粉碎越困难。这一现象称为"尺寸效应"[2]111。粉碎试验和生产实践都证实了这一点。

3.4 物料的磨蚀性

物料在粉碎机械中被粉碎的同时，也对粉碎机械的粉碎元件产生磨蚀。物料的磨蚀性与其硬度有很大关系，一般硬度越高磨蚀性越强。但二者没有必然的关系，有些硬度高的物料不一定磨蚀性强。

金属磨损指数是表示脆性物料对金属的磨蚀性的技术指标，被测物料按一定工艺条件在金属磨损指数试验机中运转，标准叶片产生的磨损量（g）即为该物料的金属磨损指数，详见"5.7 金属磨损指数试验"一节。

3.5 物料的颗粒形状

3.5.1 粉碎产生的颗粒形状

颗粒形状有外观形状和表面形状两个方面。外观形状是指颗粒的轮廓形象，表面形状是指颗粒表面的光滑或粗糙程度。粉碎产生的颗粒外观形状千差万别，有立方体形、片形、棒形、球形、针形、截锥形、棱锥形、楔形和各种各样的不规则形状。颗粒形状受物料内部组织结构和粉碎方式两方面因素的影响。例如冲击式破碎易产生棱角分明的立方体形颗粒，球磨和自磨（半自磨）易产生圆滑颗粒和球形颗粒。

3.5.2 颗粒形状对物料性质的作用和影响

颗粒形状会影响物料的许多性质，如粉碎特性、磨蚀性、流动性、粒度值、比表面积和化学活性等。片状颗粒和长条状颗粒比立方体形颗粒更易粉碎而磨蚀性较弱；具有较多棱角的颗粒比圆滑的颗粒有更强的磨蚀性；球形或近似球形的颗粒比非球形颗粒有更好的流动性；表面光滑的颗粒比表面粗糙的颗粒有更好的流动性和更强的磨蚀性；同样质量或体积的颗粒，不规则形状的比规则形状的可测得更大的粒度值和比表面积。颗粒形状对物料的作用也有一定影响，例如对物料的包装、输送等工艺性能有较明显的影响，对含有物料颗粒的产品强度有较重要的影响。有些应用中明确提出对颗粒形状的要求，例如筑路筑坝石料和人工砂就要求颗粒形状为棱角尖锐的立方体形，涂料、颜料和化妆品要求片状颗粒，磨料要求棱角突出的颗粒等，炸药引爆物要求球形颗粒等。

3.5.3 颗粒形状的表示方法

颗粒形状有多种表示方法，这里仅介绍其中几种。

（1）球形度[2]4：反映颗粒接近球形的程度。定义是与颗粒体积相等的球体表面积与颗粒的实际表面积之比。由于颗粒的实际表面积经常难以测定，也可以用其投影粒度 d_p（表 1-1 中序号 12）与其投影的最小外接圆直径之比表示。

（2）形状系数[2]4：包括体积形状系数 Φ_V 和面积形状系数 Φ_S。

$$\Phi_V = V/d_p^3 \tag{3-39}$$

$$\Phi_S = S/d_p^3 \tag{3-40}$$

式中　V——颗粒体积；

　　　S——颗粒表面积。

（3）Heywood 比值[13]3：用颗粒的三维尺寸比值表示其形状。设颗粒的三维尺寸为 l，w 和 h（$l>w>h$），则长宽比为 $n=l/w$，扁平比为 $m=w/h$。当 n 和 m 接近于 1 时称为立方体形颗粒，当 $n>1.5$ 时称为针形颗粒，当 $m>2$ 时称为楔形颗粒。

参 考 文 献

[1] 选矿手册编辑委员会. 选矿手册（第二卷第一分册）[M]. 北京：冶金工业出版社，1993.

[2] 李启衡. 粉碎理论概要 [M]. 北京：冶金工业出版社，1993.

[3] Wills B A, Napier-Munn T. Wills' Mineral Processing Technology [M]. 7th Edition. Oxford: Elsevier Science & Technology Books, 2006.

[4] 中机生产力促进中心，新乡市巴山精密滤材有限公司. GB/T 6005—2008，试验筛　金属丝编织网、穿孔板和电成型薄板　筛孔的基本尺寸 [S]. 北京：中国标准出版社，2008.

[5] Technical Committee ISO/TC24, Sieves, sieving and other sizing methods. ISO 565：1990. Test sieves-Metal wire cloth, perforated metal plate and electroformed sheet-Nominal sizes of openings [S]. Geneve：International Organization for Standardization, 1990.

[6] 中机生产力促进中心，新乡市巴山精密滤材有限公司，河南新乡新航丝网滤器有限公司. GB/T 6003.1—2012，试验筛　技术要求和检验　第 1 部分：金属丝编织网试验筛 [S]. 北京：中国标准出版社，2012.

[7] 机械工业部机械科学研究院，国营五四零厂，国营九六九九厂. GB/T 6003.2—1997，金属穿孔板试验筛 [S]. 北京：中国标准出版社，1997.

[8] 机械科学研究院. GB/T 6003.3—1999，电成型薄板试验筛 [S]. 北京：中国标准出版社，1999.

[9] 苏成德，李永聪，汪睛珠. 选矿操作技术解疑 [M]. 石家庄：河北科学技术出版社，1999.

[10] 李启衡. 碎矿与磨矿 [M]. 北京：冶金工业出版社，1980.

[11] 李开公. LXF-Ⅵ型旋流粒度分析仪及分离参数 [J]. 有色金属（选矿），1999（2）：27~31.

[12] T. 艾伦. 颗粒大小测定 [M]. 喇华璞，童三多，施娟英，译. 北京：中国建筑工业出版社，1984.

[13] 廖寄乔. 粉体材料科学与工程实验技术原理及应用 [M]. 长沙：中南大学出版社，2001.

[14] 蔡小舒，苏明旭，沈建琪. 颗粒粒度测量技术及应用 [M]. 北京：化学工业出版社，2010.

[15] 刘炯天，樊民强，杨小生，等. 试验研究方法 [M]. 徐州：中国矿业大学出版社，2011.

[16] 中国建筑材料科学研究院. GB/T 8074—2008，水泥比表面积测定方法（勃氏法）[S]. 北京：中国标准出版社，2008.

[17] 钢铁研究总院. GB/T 19587—2004，气体吸附 BET 法测定固态物质比表面积 [S]. 北京：中国标准出版社，2004.

[18] 曾云南. 现代选矿过程粒度在线分析仪的研究进展 [J]. 有色设备，2008（2）：5~9，18.

[19] 选矿手册编辑委员会. 选矿手册（第五卷、第六卷）[M]. 北京：冶金工业出版社，1993.

4 粉碎试验操作技术

4.1 取样

取样是粉碎试验工作的重要环节，是获得必要的试验数据和结果的基础。由于工作量的限制，无论进行粉碎试验还是对试验过程进行考察，都不可能对全体物料进行，也不能随意地使用一些物料进行，只能使用通过取样获得的少量物料样品。

取样就是采用科学的方法，在规定的操作误差范围内，从物料群体中采集出一部分具有充分代表性的物料样品的过程。取样包括采样和制样两个步骤。

4.1.1 物料样品

4.1.1.1 物料样品及其种类

物料样品是从矿床或某一矿物加工生产阶段的物料群体中提取出的，能够代表物料群体特性的一部分物料。按照用途，物料样品有两种：试验样品和检测样品。粉碎试验样品是用于进行粉碎试验的物料样品，由于试验的规模所限，试验只能针对少量的试验样品进行。检测样品是在粉碎试验过程中，为检测处于一定试验工艺流程或设备位置处的物料特性（含水率、粒度、粒度分布、矿浆浓度等）而提取的物料样品，其用量由检测需要决定，远少于试验样品量。

4.1.1.2 物料样品的代表性

代表性是对物料样品最主要的要求。试验样品和检测样品代表性不足将影响试验的可靠性，甚至导致错误的试验结果，从而可能造成错误的选矿厂设计、设备选用或工艺流程的确定，造成或多或少的经济损失。代表性即物料样品除了数量以外被试验或检测性质（物料种类、矿物组成、有用矿物嵌布粒度和特性、粒度、密度、硬度、强度、可碎性、可磨性和磨蚀性等）的比例和分布与其代表的物料群体完全相同，能够完全代表该物料群体的性质。物料样品的代表性由正确的取样方法保证。粉碎是为矿物加工服务的，粉碎试验或检测常常与矿物加工试验或检测相联系，这时样品的代表性还需考虑矿物加工特性。

4.1.1.3 物料样品的粒度

对于粉碎试验来说，粒度的重要性在于该指标是粉碎程度的标志和粉碎量的度量。粉碎试验样品的最大粒度和粒度分布应尽量与其代表的物料群体相同。对于粉磨部分的试验和测定来说，由于涉及的粒度较小，这个要求比较容易达到。

但对于破碎部分的试验和测定来说，由于涉及的粒度较大，达到这个要求存在一定困难。

标准（化）试验室粉碎试验——无论破碎试验还是粉磨试验，试验方法本身已经考虑了样品粒度对试验结果的影响，即使试验方法规定使用的样品粒度较小，也能获得需要的试验结果。

试验室对比试验一般在同样的试验设备中或用同样粒度的样品进行试验，只要满足对比条件，就能得到预期的结果。

半工业试验具有小型工业规模，样品粒度也能够达到小型工业生产的数值。

4.1.1.4 物料样品的质量

物料样品的质量必须同时满足以下两方面的要求：

（1）样品在一定的粒度下，必须达到一定的质量，才能保证其代表性。这个问题的实质是物料的均匀性问题。物料粒度越大，越不容易均匀，如果取样质量偏少，样品性质偏离物料群体的可能性就会增大，样品代表性就难以保证。样品中最大颗粒粒度为 d（mm）时，必须达到的最少样品质量 Q（kg）由下式确定：

$$Q = kd^2 \tag{4-1}$$

式中 k——物料性质系数，与物料的矿物组成、有用矿物质量分数、嵌布粒度、密度和分布均匀性等因素有关，由试验确定或按表 4-1 中的经验数值 选取[1]5。

表 4-1 式（4-1）中的 k 值

物料类型	k 值	物料类型	k 值
铁矿石（分布极均匀）	0.05	镍矿石（硅酸盐），铝土矿（均一的）	0.1~0.3
石灰石，白云石，菱镁矿	0.05~0.1	铜矿石，钼矿石，钨矿石	0.1~0.5
自然硫	0.05~0.3	铅、锌矿石，锡矿石，稀土矿，钽、铌矿，锆、铪、锂、铍、铯、铷、钪等矿，硼矿石，明矾矿，砷矿石，石膏矿，长石	0.2
重晶石	0.1		
铁矿石，锰矿石，磷矿石，硫矿石，萤石矿，黏土矿，高岭土矿，滑石矿，石墨矿，石英，蛇纹石，石棉矿，盐类矿石	0.1~0.2	镍矿石（硫化矿），钴矿石，重晶石（非均一的）	0.2~0.5
		铬矿石	<0.25~0.3
锑矿石，汞矿石	>0.1~0.2	铝土矿（非均一的）	0.3~0.5

注：矿物组成越复杂、有用矿物质量分数越低、嵌布粒度越粗、密度越大、分布越不均匀，k 越应取大值，反之亦然。

（2）样品质量必须满足试验或检测工作用量的需要。标准（化）试验室粉碎试验一般都对试验样品质量提出了具体要求。其他类型的试验室试验一般都是分批试验，样品质量比较容易计算。需要注意的是准备样品时要考虑到必要的重复试验样品用量。

半工业和工业试验的样品质量应当按照试验设备或试验流程中处理能力最大的设备的处理能力计算，将条件试验和稳定试验的样品量都考虑在内，并考虑一定的重复试验和补充试验样品量。

4.1.2 采样

采样前，试验单位应协同地质、生产和设计单位共同确定物料样品的种类、数量、代表性要求和采样原则，进行采样设计。采样的同时编制采样说明书。采集的样品包装后连同采样说明书提交给试验单位。

4.1.2.1 采样点

采样点的合理分布是保证物料样品代表性的关键。物料样品应按照试验或检测的目的和要求，采集自矿床、选矿厂或半工业试验厂，包含的矿石类型及比例须与矿床或选矿厂生产中的一致，采样点须按矿石类型及比例选择。工业和半工业试验样品一般采自矿床，试验室试验样品可以采自矿床，也可以采自矿物加工生产阶段。

矿床中的采样由地质部门实施，为保证样品的代表性，采样方案应与矿山实际生产的开采方案一致。采样点应尽可能设置在矿床的不同部位，代表不同种类和品级的矿石及其储量，然后将各样点采集的样品按储量比例混合使用。对于半工业和工业试验样品，还应按照采矿生产中可能混入矿石物料中的围岩、夹石的比例采集岩石样品，与矿石样品混合后用于粉碎试验。矿山生产前期（有色金属矿山投产后的前3~5年，黑色金属矿山投产后的前5~10年）与后期物料性质差别较大时，应分别采样。试验室试验、半工业试验和工业试验等不同性质的试验，采样时还需考虑各自对样品的不同要求。

在选矿厂或半工业试验厂中采集的样品主要是为获得试验室试验样品或工业、半工业试验检测样品。试验室试验样品采样点位置必须符合试验目标所处的粉碎阶段或在该阶段之前。半工业和工业试验检测样品需要在半工业试验厂或选矿厂工艺流程的适当位置采集。在半工业试验厂或选矿厂采样时，采样点可位于移动物料或静置物料中。移动物料包括输送皮带上的物料和矿浆。静置物料包括堆积在料场的物料、矿车中的物料、料仓中的物料以及尾矿库（池）中的尾矿。为获得有代表性的物料样品，应确认采样点处的物料满足样品代表性要求，并应避免在粒度较大位置处采样。

4.1.2.2 采样方法

在矿床中采样时，对于试验室试验样品，可用刻槽法或剥层法采样，也可用全巷法或局部爆破法采样，经现场缩分后提交使用。对于样品用量很少的试验室试验，还可使用钻探岩芯样品。对于半工业和工业试验样品，则需要采用全巷法或局部爆破法采样，甚至使用生产开采的矿石作为试验样品。

在选矿厂或半工业试验厂的静置物料中采样时，只适宜在粒度较小的静置物料中采样，宜采用挖取法或探管法。这两种方法要在静置物料堆表面划出一系列与料堆底面平行的纵线和横线，纵线和横线互相垂直，各纵线和各横线之间为距离相等的 0.5~2m。纵线和横线的交点为采样点。挖取法用铁铲在采样点处挖出深 0.5m 的坑，在坑底采样，采样质量应正比于坑底到料堆底面的距离。探管法是将探管自采样点处垂直于料堆底面插入料堆，直至料堆底面，探管中即填满物料，拔出探管倒出物料作为样品。这两种方法还需将从各个采样点采集的样品合并混匀，才能作为最终的采集样品。

在选矿厂或半工业试验厂的移动物料中采样时，常用横向断流截取法，即垂直于物料流的运动方向，截取少量物料作为样品。在输送皮带上截取时，应将截取长度范围内的物料完全刮取干净。如果输送皮带的运行影响截取，可以暂时停止输送皮带的运行，截取完毕再恢复运行。截取矿浆样品时，应从矿浆流的整个横断面截取一定的时间。采样壶和采样盒是常用的人工采样工具，都是带有狭长开口的容器，其开口长度需大于矿浆断面直径，开口宽度须大于矿浆中最大颗粒粒度的 3 倍，有效容积须满足要求的采样量。常用的两种人工采样工具见图 4-1。采样时，手持采样工具，在矿浆流垂直下落的途径中，使采样工具开口平面垂直于矿浆流动方向，沿宽度方向扫过矿浆横断面以接取矿浆。如果一次接取的样品较少，可以反复接取几次。如果物料流量过大妨碍截取，可以采取分流措施，这时须注意避免物料偏析。实际上，皮带输送的物料无论在宽度方向还是厚度方向都很容易出现偏析，因此分流措施多针对矿浆。无论在皮带上采样还是采集矿浆样品，为减少通过采样点处物料性质波动对样品代表性的影响，应间隔适当时间多次采样，合并混匀后使用。

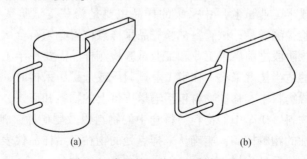

(a)   (b)

图 4-1 常用的两种人工采样工具

(a) 采样壶；(b) 采样盒

4.1.3 制样

采集的样品如果因粒度较大、质量较多或含水率较高等原因不能满足使用，还需经过进一步加工制备，也就是制样。制样包括配样、干燥、粉碎、混匀和缩分等操作。

4.1.3.1 配样

配样是将初步采集的不同矿物结构、粉碎特性和粒度特性的物料样品按比例进行配制和混匀的操作。这项操作对于粉碎半工业和工业试验，特别是自磨（半自磨）半工业和工业试验尤其重要，它是保证试验给料均匀恒定，从而试验过程稳定正常，能以最少的试验工作量获得可靠的数据和结果的重要手段。

配样的比例应使样品的矿物结构、粉碎特性和粒度特性与矿物加工设计或预期的生产物料特性基本一致。一般来说矿物加工设计是以有用矿物的品位为标准的，粉碎试验样品也应与之相符。但与矿物加工不同的是，粉碎特性和粒度特性对于粉碎来说是更重要的因素，粉碎试验样品的配制中应给予特别注意。

配样在专门选定的场地上进行。配样可以形成不同形状的料堆，对于粉碎试验来说宜采取长形料堆。一般需要至少两个料堆，一个进行配样，一个取料使用，两个交替使用。堆料方式有人字形堆料、三菱形堆料和人字—三菱形等堆料方式，以使料堆的任一断面上含有所有不同类型的物料，而沿其长度方向物料组成完全相同。使用样品时，逐次从料堆一端截取一定长度的样品混匀使用。堆料和取料可以使用专门的堆料机和取料机。也有现场采取更简单的方法，将不同种类的物料样品分别堆放，逐次按比例从各个料堆提取一定量的样品混匀使用。

4.1.3.2 干燥

试验室粉碎试验和检测往往要求样品含水率保持在一定的较低范围内，不仅矿浆样品不能直接用于试验或检测，即使来自散状物料的样品也往往因含水率较高而不能满足试验或检测要求。这就需要进行干燥。干燥方法有两种——过滤和烘干。对于含有一定水分的散状物料，直接烘干即可。对于矿浆，则需要先过滤到较高浓度，然后烘干。为了防止干燥中温度过高造成样品物理性质和粉碎特性的改变，必须严格控制干燥温度，使之在干燥过程中始终保持在110℃以内。

4.1.3.3 粉碎

如果采集的物料样品粒度较大，不能满足试验或检测的要求，则需要进行粉碎。粉碎试验样品的方法应与试验目标对应的生产粉碎方法相一致，一般可采用颚式破碎机破碎，如果试验要求的粒度较细，可以进一步用球磨机粉磨。粉碎前须将粉碎设备的工作元件清扫干净，防止样品中混入设备中原来残留的其他物料。须注意，粒度测定样品不得粉碎。

4.1.3.4 混匀

有两种常用的混匀方法[1]43：

（1）堆锥法：这是将全部物料样品以规定方法堆成圆锥形料堆而混匀的方

法。选取足够面积的平整清洁的地面，以其一点为中心，用制样铲或簸箕围绕料堆从底部逐次铲取物料，在中心点上方卸下。卸料的方法是先将装有物料的制样铲或簸箕移至中心点上方，然后将其快速向后移动一小段距离，使一部分物料由于惯性脱离制样铲或簸箕而落下。这样反复数次卸完一铲。不得将制样铲或簸箕倾斜，使物料沿倾斜面下滑。如此直至将全部物料堆成圆锥形料堆。然后在相距一定距离处另选一中心点，按照前面方法将料堆移至新的中心点处。如此反复操作 3~5 次，即完成混匀。

（2）环-锥法：这是将全部物料样品以规定方法反复堆成圆锥形料堆和圆环形料堆而混匀的方法。选取足够面积的平整清洁的地面，以其一点为中心，用与堆锥法相同的方法将全部物料样品堆成圆锥形料堆。用制样板（薄钢板）将混匀的圆锥形料堆逐步压成截锥形和圆盘形，厚度尽量小。用刮板围绕圆盘形料堆，沿半径向外圆周方向刮料，每次刮料量尽可能少，直至刮成一个环形料堆，即完成一个混匀循环。然后再围绕环形料堆铲料，逐渐将物料样品堆成圆锥形料堆。如此反复进行 3~5 个混匀循环，即完成混匀，见图 4-2。

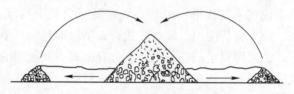

图 4-2　环-锥法混匀示意图

4.1.3.5　缩分

缩分的目的[1]44 主要有两个：（1）采集的样品量过大，只需要从中分出一部分使用；（2）需要将全部样品分成若干份使用。无论上面何种情况，都要求分出的一部分或任何一份与其余部分或其余各份除质量外其他特性完全相同，这就需要通过缩分来保证。散状物料的缩分又有人工缩分和使用二分器缩分两种常用方法。

A　人工缩分方法

有三种常用的人工缩分方法：四分法、环堆法和和点取法（方格法）。

（1）四分法。用制样板（薄钢板）将混匀的圆锥形料堆逐步压成截锥形和圆盘形，厚度尽量小。用制样板将料堆分为四份，将对角的两份合成一份，从而得到两份样品完全相同的样品。如果只需使用一部分样品，可以任选一份使用。如果一份样品数量还多，可以任选一份进一步按照前述混匀-分割的步骤操作，从而获得原始样品数量的 1/4，并可进一步混匀-分割。如果要将原始样品分成多份，可以分别对两份样品继续按照前述混匀-分割的步骤重复操作，直至分为需要的份数。四分法缩分步骤示意图见图 4-3。

（2）环堆法。本法适用于逐次使用少量原始样品的情况。用与四分法同样的方法将混匀的圆锥形料堆压成薄圆盘形。用刮板围绕圆盘形料堆，沿半径向外圆周方向刮料，每次刮料量尽可能少。直至将整个料堆刮成一个环形料堆。圆环宽度尽可能窄，直径尽可能大。使用样品时，按照样品用量，每次从环形料堆上成中心对称的两个相对位置处各截取质量相等的一段样品,混匀作为一个样品使用。环堆法缩分示意图见图 4-4。

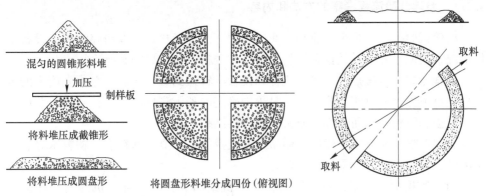

图 4-3　四分法缩分步骤示意图　　　　　图 4-4　环堆法缩分示意图

（3）点取法（方格法）。本法适用于从较多细粒物料样品中取得少量样品的情况。用与四分法同样的方法将混匀的圆锥形料堆压成薄圆盘形,在其表面划出间距相同、互相垂直的许多直线,从而分成许多小方格,见图 4-5。用小勺等工具在每个方格中心挖取少量样品,要挖到底,在每个方格中挖取的样品数量要相同。将所有挖取的样品混合均匀使用。

B　二分器缩分方法

二分器是将细粒物料样品分为两份的缩分工具,由许多紧密连接的上、下开口的扁形容器组成,上方开口方向垂直向上,形状狭长。下部开口方向水平向外,尺寸较小,并且相邻的两个容器方向相反。其结构见图 4-6。缩分时,在二分器两个方向的下部开口下方分别放置两个长形容器,将物料样品从上方均匀地给入二分器,使每个扁形容器都通过同样数量的物料样品。物料样品被扁形容器分别引导到两个方向,从两个方向的下部开口分别排放到两个长形容器中,从而分为两份完全相同的样品。

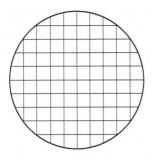

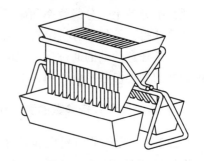

图 4-5　点取法缩分示意图　　　　　图 4-6　二分器结构图

4.2 粉碎试验流程考察

4.2.1 粉碎试验流程考察的方法和内容

粉碎试验，尤其是半工业和工业试验中，流程考察是掌握粉碎流程和设备工作情况、获取粉碎试验数据和资料、计算和分析试验结果的必要途径。

流程考察的方法是整个粉碎流程和设备运转达到最佳化后，在预先确定的若干采样点采样并进行相应测定，并对预先确定的若干测量参数进行测量，获取必要的数据和资料，从而计算和分析获得考察结果。

流程考察中需要采样然后对样品测定获得的参数值包括粒度、物料水分、矿浆浓度、品位等参数，采样点位置为：

(1) 粒度分析样采样点：原料，破碎机给料和排料，筛分机给料、筛上和筛下，磨机给料和排料，分级机给料、细产品（溢流）和粗产品（沉砂或返砂）；

(2) 物料水分和矿浆浓度测定样采样点：原料，破碎机给料和排料，筛分机给料、筛上和筛下，磨机给料和排料，分级机给料、细产品（溢流）和粗产品（沉砂或返砂）；

(3) 品位样采样点：原料，各分选设备的给料、精矿和尾矿。

这些采样点中有些是重复的，例如闭路粉磨流程的磨机排料和分级给料实际是一个样点，两段连续粉磨流程的第一段粉磨产品与第二段粉磨的给料实际是一个样点。有些样点的数据可以根据其他相关样点的数据计算获得，例如在筛分机给料、筛上和筛下中及分级机给料、细产品和粗产品中，测定了任意两个样点的粒度分布，就可以计算出剩余的一个样点的粒度分布。

流程考察中需要测量获得的参数值包括处理量和通过量，试验运转时间，磨机耗电量，磨机电压、电流和功率因数，自磨（半自磨）充填率，半自磨加球量，棒磨/球磨介质充填率，磨机静功率，介质消耗和衬板消耗等参数。

需要计算获得的参数值包括单位静功耗，单位电耗，单位介质消耗，单位衬板消耗，筛分效率，分级效率和循环负荷等。有些测量参数也可以根据相关测量数据计算获得，例如筛分机给料、筛上和筛下中及分级机给料、细产品和粗产品中，测定了任意两处的通过量，就可以计算出剩余的一处的通过量。有些不同流程位置处的同类参数量值相同，例如磨机给料量和排料量。

4.2.2 粉碎流程和设备参数的测定和计算

4.2.2.1 物料量的测定和计算

物料量是表示一个粉碎流程或设备通过固体物料的能力，对于某一流程或设备来说常称为处理量或生产能力,对于流程中某个支路来说则称为通过量。物料量的单位一般为 t/h。

粉碎流程中通过的物料有固体物料和矿浆,分别采用不同的方法测定和计算。

(1) 固体物料量的测定:一般在输送皮带上测定,测定仪器是各种皮带秤。同时应从物料中取样测定含水率,从皮带秤测定的物料量中扣除水分。

(2) 矿浆中物料量的测定:在管道内用各种流量计测定矿浆流量,并测定矿浆密度,换算为固体物料量。同时可以获得水量。也可在测定矿浆流量的同时从矿浆中取样测定含水量,换算为固体物料量。

4.2.2.2 水量的测定和计算

粉碎流程中的粉磨流程多为湿式作业,这通过在流程中的适当位置加水实现。加水量的测量采用各种流量计,水量的单位通常为 m^3/h 或 t/h。

矿浆中的水量通过测定矿浆流量和矿浆密度,计算出水量,同时可以计算出固体物料量。

4.2.2.3 筛分效率的计算

筛分效率是评价筛分设备工作优劣的主要指标,其含义是要求通过筛分筛出的细粒级的回收率。对于非概率式筛分机,细粒级的最大粒度为筛孔尺寸或略小于筛孔尺寸,对于概率式筛分机则为分离粒度。筛分效率 E_s 由下式计算

$$E_s = \frac{\beta Q_x}{\alpha Q_f} \times 100\% = \frac{\beta(\alpha - \theta)}{\alpha(\beta - \theta)} \times 100\% \tag{4-2}$$

式中 Q_f,Q_x——分别为筛分给料和细产品的通过量,t/h;

α,β,θ——分别为筛分的细粒级在给料、细产品和粗产品中的产率。

对于非概率式筛分机,在筛网完好的情况下,$\beta = 100\%$,筛分效率则为

$$E_s = \frac{Q_x}{\alpha Q_f} \times 100\% = \frac{\alpha - \theta}{\alpha(1 - \theta)} \times 100\% \tag{4-3}$$

4.2.2.4 分级效率的计算和评价

分级效率是评价分级设备工作优劣的主要指标,含义是分级给料中小于分离粒度的粒级在细产品中的回收情况。分离粒度的含义有两个:(1) 按照分级作业的要求确定的粒度;(2) 进入粗产品和细产品中各 50% 的粒度。分级效率的评价方法也有两个:公式计算法和粒度分配曲线评价法。

A 公式计算法

本方法按照分级作业的要求确定分离粒度,然后利用公式计算获得分级量效率和/或分级质效率,从而定量地评价分级效率。

(1) 分级量效率 E_m。分级量效率 E_m 仅考虑分级给料中小于分离粒度的细粒

级在细产品中的回收率，由下式计算：

$$E_m = \frac{\beta Q_x}{\alpha Q_f} \times 100\% = \frac{\beta(\alpha - \theta)}{\alpha(\beta - \theta)} \times 100\% \tag{4-4}$$

式中 Q_f, Q_x——分别为分级给料和细产品的通过量，t/h；

α, β, θ——分别为小于分离粒度的细粒级在给料、细产品和粗产品中的产率。

（2）分级质效率 E_q。理想的分级过程是细产品中不含粗粒级，粗产品中不含细粒级。而实际分级过程是细产品中含有一定量的粗粒级，粗产品中也含有一定量的细粒级。为更全面地反映分级的质量，应将细产品中含有的粗粒级扣除，从而得到分级质效率 E_q。分级给料中的粗粒级在细产品中的回收率 E_c 为

$$E_c = \frac{(1 - \beta)[(1 - \alpha) - (1 - \theta)]}{(1 - \alpha)[(1 - \beta) - (1 - \theta)]} \times 100\% \tag{4-5}$$

分级质效率 E_q 则为

$$E_q = E_m - E_c = \frac{(\alpha - \theta)(\beta - \alpha)}{\alpha(\beta - \theta)(1 - \alpha)} \times 100\% \tag{4-6}$$

E_c 也称为粗粒级在细产品中的混杂率

$$E_c = E_m - E_q \tag{4-7}$$

B   粒度分配曲线评价法

粒度分配曲线是评价分级效率的另一个重要方法，更加直观和形象。本方法通过绘制粒度分配曲线获得分离粒度，进而对分级效率做出评价。在分级过程中，给料中某个窄粒级进入粗产品和细产品中的产率称为粒级分配率，该窄粒级在粗产品和细产品中的粒级分配率之和为100%。在粗产品和细产品中分配率均为50%的粒度值称为分离粒度（或切点粒度）d_{50}。给料中各粒级分配到粗产品和细产品中的分配率与粒度的关系曲线称为粒度分配曲线[2]5。粒级分配率的计算以表4-2为例如下：

（1）绘制表格，共9列，其中第①列为粒度级别的划分，第②列为各个粒级的平均粒度；

（2）以分级给料产率为100%，测定粗产品和细产品的产率，分别记录在表中第⑤、⑥列与"合计"行的相交格中；

（3）从粗产品和细产品中采取有代表性的样品，以尽可能窄的粒级进行筛析，获得各自的粒度组成（即粗产品和细产品中各个粒级占本产品的产率），分别记录在表中的第③、④列；

（4）将粗产品和细产品中各个粒级占本产品的产率（第③、④列）分别乘以粗产品和细产品对给料的产率（第⑤、⑥列与"合计"行的相交格中），获得各个粒级对给料的产率，分别记录在表中第⑤、⑥列。取各个粒级中粗产品和细

产品对给料的产率之和，即得各个粒级对给料的产率，记录在表中第⑦列；

表4-2 分级产品粒级分配率计算实例

粒度级别 /mm	平均粒度 /mm	占本产品产率/%		占给料产率/%			粒级分配率/%	
		粗产品	细产品	粗产品	细产品	给料	粗产品	细产品
①	②	③	④	⑤	⑥	⑦	⑧	⑨
−3.327 +2.5	2.9135	16.16	0.30	10.17	0.11	10.28	98.93	1.07
−2.5 +2.0	2.25	8.63	0.15	5.43	0.06	5.49	98.91	1.09
−2.0 +1.4	1.715	19.20	0.45	12.08	0.17	12.25	98.61	1.39
−1.4 +0.9	1.165	17.04	0.45	10.72	0.17	10.89	98.44	1.56
−0.9 +0.63	0.765	19.82	0.15	12.47	0.06	12.53	99.52	0.48
−0.63 +0.45	0.54	9.11	2.10	5.73	0.78	6.51	88.02	11.98
−0.45 +0.28	0.365	7.31	7.42	4.60	2.75	7.35	62.59	37.41
−0.28 +0.18	0.23	1.54	9.60	0.97	3.56	4.53	21.41	78.59
−0.18 +0.150	0.165	0.18	3.15	0.11	1.17	1.28	8.59	91.41
−0.15 +0.100	0.125	0.18	8.32	0.11	3.09	3.20	3.44	96.56
−0.1 +0.075	0.0875	0.09	11.54	0.06	4.27	4.33	1.39	98.61
−0.075 +0.055	0.065	0.04	10.34	0.03	3.83	3.86	0.78	99.22
−0.055 +0.045	0.050	0.09	8.32	0.06	3.08	3.14	1.91	98.09
−0.045 +0.038	0.0415	0.09	7.95	0.03	2.94	2.97	1.01	98.99
−0.038 +0.032	0.035	0.04	7.12	0.03	2.63	2.66	1.13	98.87
−0.032	0.0154	0.53	22.64	0.33	8.40	8.73	3.78	96.22
合 计		100.00	100.00	62.93	37.07	100.00		

（5）将每个粒级中粗产品和细产品对于给料的产率（第⑤、⑥列）分别除以该粒级对于给料的产率（第⑦列），得到该粒级在粗产品和细产品中的分配率，分别记录在表中第⑧、⑨列；

（6）绘制粒度分配曲线（见图4-7）。绘制单对数直角坐标系，横坐标以对数值表示各个粒级的平均粒度。左侧和右侧的纵坐标分别以算术值表示细产品和粗产品的粒级分配率。细产品的分配率从上到下由0增加到100%；粗产品的分配率从上到下由100%减小到0。根据表4-2中第②列和第⑧或⑨列数值在图中作出一系列点，将各点连接成光滑的曲线，即为粒度分配曲线。该曲线上任一点表示了分级给料中的一个窄粒级分级后在粗产品和细产品中的分配率。在曲线上分配率为50%的点（两产品同）所对应的粒度值0.3208mm就是

分离粒度 d_{50}。

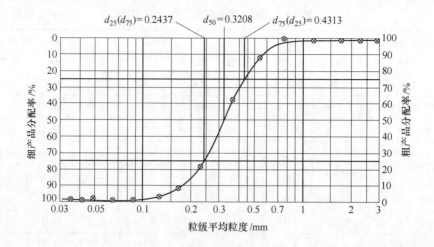

图 4-7 按表 4-2 数据绘制的粒度分配曲线

粒度分配曲线上，d_{50}点前后的一段曲线的斜率反映了分级效率的高低，该段曲线越陡，分级越精确，分级效率越高。理想情况下，d_{50}处该线段为垂线，其余部分则是与平均粒度坐标轴重合的水平线，这时，分级给料中的粗粒级完全进入粗产品，细粒级完全进入细产品。

这一评价方法也可定量地表示，称为平均概率偏差 E_p。E_p可以按照细产品或粗产品的25%和75%分配率对应的粒度计算。以25%分配率对应的粒度为 d_{25}、75%分配率对应的粒度为 d_{75}，按照细产品计算时，平均概率偏差 E_p 为

$$E_p = (d_{25} - d_{75})/2 \qquad (4\text{-}8)$$

按照粗产品计算则为

$$E_p = (d_{75} - d_{25})/2 \qquad (4\text{-}9)$$

E_p值越小，分级效率越高。在图 4-7 中，细产品的 $d_{25} = 0.4313$mm，$d_{75} = 0.2437$mm，由式（4-8）计算得 $E_p = 0.0938$mm。

（7）粒度分配曲线的修正[2]6。实际分级过程中，给料中的少量细粒级会进入粗产品，个别粗颗粒也会进入细产品，致使粒度分配曲线的两端与坐标接近平行，而偏离分级的实际情况。当这一现象较严重时，就需要按下式对分配率进行修正

$$R = \frac{R_0 - y_1}{100 - y_1 - y_2} \qquad (4\text{-}10)$$

式中　R——粗产品中各粒级分配率的修正值；

　　　R_0——粗产品中各粒级的实际分配率；

y_1，y_2——未分级粒级的分配率（见图4-8）。一般 $y_1 = 1\% \sim 3\%$，可忽略。

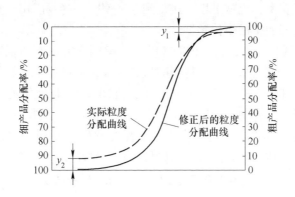

图4-8 粒度分配曲线的修正

评价分级效率应使用修正后的粒度分配曲线。

4.2.2.5 电动机功率的测定和计算

电动机实际消耗的运转功率有三种测定和计算方法。

（1）在电动机电路中安装功率计，直接测定瞬时运转功率；

（2）根据电耗和运转时间测定和计算。分别在测定起始时刻和终止时刻读取记录电动机电耗的有功电度表读数 $w_0(\mathrm{kW \cdot h})$ 和 $w_t(\mathrm{kW \cdot h})$，统计出这一期间的电动机实际运转时间 $t(\mathrm{h})$。电动机实际消耗的运转功率 $N(\mathrm{kW})$ 为

$$N = (w_t - w_0)/t \tag{4-11}$$

（3）测定电动机运转时的电流 $I(\mathrm{A})$、电压 $V(\mathrm{V})$ 和功率因数 Ψ，电动机实际消耗的运转功率 $N(\mathrm{kW})$ 为

$$N = \sqrt{3} \times 10^{-3} \cdot I \cdot V \cdot \Psi \tag{4-12}$$

由于电动机运转期间其工作电压、电流和功率因数往往存在一定波动，因此需多次测定取平均值。

4.2.2.6 粉碎设备净功率的测定和计算

筒式磨机半工业试验中经常需要获得磨机单位静功耗，这就需要首先测定出其净功率。净功率是除去电气和机械损失的磨机运转功率，通常用小齿轮轴的运转功率作为净功率。测定净功率有两种方法：

（1）使用扭矩测量仪测定：这是测定净功率的现代方法，也是最准确、方便的方法。该法在小齿轮轴上安装扭矩传感器，磨机工作时，利用扭矩测量仪测量出小齿轮轴的工作转矩 $T(\mathrm{N \cdot m})$，再通过下面公式计算出净功率 $N_j(\mathrm{kW})$

$$N_j = 1.047 \times 10^{-4} \cdot n \cdot T \tag{4-13}$$

式中 n——小齿轮轴转速，r/min。

市场上有多种扭矩测量仪产品可供选用，有的扭矩测量仪产品还可以同时测定出轴的转速和功率，也就可以直接得到净功率。一些专门用于粉磨试验的磨机已在小齿轮轴上安装了扭矩传感器。

（2）Prony 试验法：这是一种旧式的净功率测定方法，测定过程不方便，测定误差也较大。该方法采用一套特制的试验装置，包括一个钢制制动轮、一组木制制动瓦、一组螺栓、一台磅秤和杠杆等，见图 4-9。将磨机的小齿轮轴与筒体分开，拆下小齿轮，将制动轮安装在原小齿轮的位置上，制动瓦安装在制动轮周围，并安装其他零部件。测定时，将制动瓦的螺栓旋紧到一定程度，启动电动机，测定电动机运转功率，同时读取磅秤读数。制动功率 N_z 为

$$N_z = 1.027 \times 10^{-3} \cdot n \cdot L(P_g - P_0) \tag{4-14}$$

式中　n——制动轮转速，r/min；

　　　L——力臂长度，m；

　　　P_g——试验测定的磅秤读数，kg；

　　　P_0——空载磅秤读数，kg。

然后将螺栓旋紧少许，测定电动机运转功率并读取磅秤读数。如此测定多组数据，在直角坐标系中绘制成一条曲线，其横坐标为电动机运转功率 $N(kW)$，纵坐标为 Prony 试验测定的制动功率 $N_z(kW)$，这条曲线即为净功率曲线。试验完成后将磨机恢复原状。

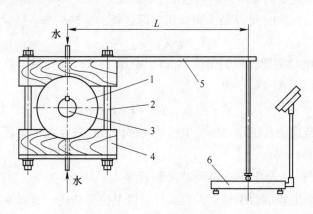

图 4-9　Prony 试验装置

1—制动轮；2—螺栓；3—小齿轮轴；4—制动瓦；5—杠杆；6—磅秤；L—力臂

Prony 试验实例：一台 $\phi1.2m \times 1.2m$ 球磨机的 Prony 试验记录见表 4-3。试验中用功率表测定电动机功率 N，空载功率为 2.4kW。力臂长度 $L = 1.48m$，空载磅秤读数 $P_0 = 29.0kg$。根据表 4-3 绘制的净功率曲线见图 4-10。

粉碎试验中，磨机运转时测定其电动机运转功率，从净功率曲线上查得相应

的制动功率 N_z，即为磨机净功率 N_j。

表 4-3　$\phi1.2m×1.2m$ 球磨机 Prony 试验记录

序号	N/kW	$n/$ $r \cdot min^{-1}$	P_g/kg	$(P_g-P_0)/kg$	N_z/kW	序号	N/kW	$n/$ $r \cdot min^{-1}$	P_g/kg	$(P_g-P_0)/kg$	N_z/kW
1	0	0	29.0	0	0	13	16.0	231	67.5	38.5	13.5
2	2.6	240	32.0	3.0	1.1	14	17.0	235	67.5	38.5	13.8
3	3.0	240	35.0	6.0	2.2	15	17.0	233	70.0	41.0	14.5
4	3.0	239	32.9	3.9	1.4	16	18.0	233	70.0	41.0	14.5
5	5.2	240	40.0	11.0	4.0	17	19.5	226	72.5	43.5	14.9
6	5.3	240	37.5	8.5	3.1	18	22.0	226	77.5	48.5	16.7
7	8.0	230	50.0	21.0	7.3	19	22.9	230	80.0	51.0	17.8
8	8.2	237	47.5	18.5	6.7	20	25.0	226	90.0	61.0	21.0
9	8.6	238	47.5	18.5	6.7	21	27.0	224	90.0	61.0	20.8
10	12.0	235	60.0	31.0	11.1	22	27.0	226	92.5	63.5	21.8
11	12.9	237	57.5	28.5	10.3	23	28.0	225	95.0	66.0	22.6
12	14.0	235	60.0	31.0	11.1						

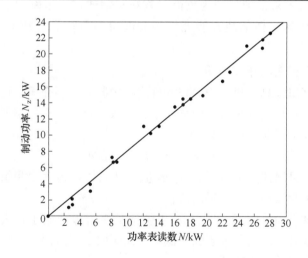

图 4-10　$\phi1.2m×1.2m$ 球磨机净功率曲线

4.2.2.7　粉碎单位电耗和单位净功耗的计算

粉碎单位电耗是按照粉碎设备电动机实际消耗的运转功率或电量计算的单位电耗，常用于生产统计资料。有两种计算方法：

（1）通过设备处理的物料量和该期间消耗的电量计算获得。分别在测定起始时刻和终止时刻读取记录设备主电动机电耗的有功电度表读数 $w_0(\mathrm{kW \cdot h})$ 和 $w_t(\mathrm{kW \cdot h})$，统计出这一期间的粉碎设备实际处理的物料量 $G(\mathrm{t})$。粉碎单位电耗 $W(\mathrm{kW \cdot h/t})$ 为

$$W = (w_t - w_0)/G \qquad (4\text{-}15)$$

（2）测定设备运转期间主电动机的运转功率 $N(\mathrm{kW})$ 和处理量 $Q(\mathrm{t/h})$，单位电耗 $W(\mathrm{kW \cdot h/t})$ 为

$$W = N/Q \qquad (4\text{-}16)$$

由于设备功率和处理量往往存在一定波动，因此须多次测定取平均值。

单位净功耗多用于粉磨过程，是按照粉磨设备的净功率计算的单位电耗，常用于根据半工业试验数据进行工业设备的选型计算。粉磨单位净功耗 W_j $(\mathrm{kW \cdot h/t})$ 为

$$W_j = (N_j - N_0)/Q \qquad (4\text{-}17)$$

式中　N_0——磨机的空载净功率，kW。

4.2.2.8　磨机充填率的测定和计算

筒式磨机的充填率是关系到磨机工作状态的重要参数，在磨机试验中必须严格检测和控制。筒式磨机的充填率对于棒磨机、球磨机、管磨机和砾磨机来说主要是粉磨介质（钢棒、钢球和砾石）充填率；对于自磨机来说是物料充填率；对于半自磨机来说则分别为负荷（物料和钢球）充填率和钢球充填率。充填率的测定和计算包括新装介质充填率和磨机内负荷和介质充填率的测定和计算。

A　新装介质充填率的计算

在空的棒磨机、球磨机、管磨机和砾磨机中装入粉磨介质，可先根据粉磨介质的容积密度计算出需要加入的介质质量，加入后再实测充填率并调整到要求范围。应加入介质的质量 $m(\mathrm{t})$ 为

$$m = \pi \cdot D^2 \cdot L \cdot \varphi \cdot \delta/4 \qquad (4\text{-}18)$$

式中　D——磨机筒体内部直径，m，D 值应从筒体衬板表面测量，如果衬板表面为波形，应取平均值；

L——磨机筒体内部长度，m，L 值应从端衬板或格子板表面测量，如果端衬板或格子板表面高低不平，应取平均值；

φ——要求的介质充填率；

δ——介质容积密度，$\mathrm{t/m^3}$。δ 值与介质尺寸配比有关，可以预先测定，也可采用如下经验数据：钢球 $\delta \approx 4.65\mathrm{t/m^3}$；钢棒 $\delta \approx 6.25\mathrm{t/m^3}$；砾石 $\delta \approx 1.60\mathrm{t/m^3}$。

介质加入磨机筒体后，慢速往复转动筒体若干转，使介质表面取平。然后停车测量磨机筒体断面中心到介质表面的距离 $h(\mathrm{m})$，如图 4-11 所示。图中 $R = D/$

2, 为磨机筒体内部半径（m）。如果 h 不便测量，可以测量介质表面到衬板表面的距离 H(m)，然后按式 $h = |H-R|$ 换算为 h。介质充填率 φ 为

$$\varphi = \frac{1}{180}\arccos\frac{h}{R} - \frac{h}{\pi R^2}\sqrt{R^2 - h^2} \tag{4-19}$$

如果介质表面高于筒体中心，则介质充填率 φ 为

$$\varphi = 1 - \frac{1}{180}\arccos\frac{h}{R} + \frac{h}{\pi R^2}\sqrt{R^2 - h^2} \tag{4-20}$$

如果实测介质充填率与要求不符，则需通过增减介质量加以调整。

B 磨机内负荷和介质充填率的测定和计算

磨机内已经存在的负荷或介质的充填率，可按照上面介绍的方法，参考图 4-11，测出磨机筒体断面中心到负荷或介质表面的距离 h(m)，利用式（4-19）或式（4-20）计算。需要注意的是，如果要测定的是介质充填率，则测定 h 之前，必须停止磨机给料后运转一段时间，将磨机内的物料排空，再停车进行测定。

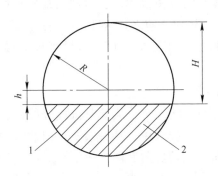

图 4-11 充填率计算示意图

1—磨机筒体断面；2—粉磨介质或磨机负荷

4.2.2.9 钢耗和单位钢耗的测定和计算

确定粉碎设备的钢耗和单位钢耗是粉碎试验的内容之一。粉碎设备的钢耗包括破碎机、磨机的衬板钢耗和磨机的介质钢耗。后者包括棒磨机的钢棒消耗以及球磨机和半自磨机的钢球消耗。

A 衬板钢耗的测定和计算

测定衬板质量 P_0(kg)，将衬板安装到相应粉碎设备上，经较长时间的运转后，将衬板拆下，清扫后测定质量 P_t(kg)。统计计算衬板使用期间处理的物料量 G(t)。这一期间衬板钢耗 H_c(kg) 为

$$H_c = P_t - P_0 \tag{4-21}$$

衬板单位钢耗 h_c(kg/t) 为

$$h_c = H_c/G = (P_t - P_0)/G \tag{4-22}$$

B 介质钢耗的测定和计算

测定预定要装入磨机的介质（钢棒或钢球）的质量 P_0（kg），将介质装入磨机筒体内，经较长时间的运转后，将介质卸出，清扫后测定质量 P_t（kg）。统计计算介质使用期间处理的物料量 G（t）和补加的介质量 P_j（kg）。这一期间介质钢耗 H_j（kg）为

$$H_j = P_t - P_0 + P_j \tag{4-23}$$

介质单位钢耗 h_j（kg/t）为

$$h_j = H_j/G = (P_t - P_0 + P_j)/G \tag{4-24}$$

4.2.2.10 破碎机排料口的测定

排料口尺寸是破碎机的重要工作参数，关系到破碎产品和粉磨入磨粒度是否适宜，对整个粉碎过程的优化有重要影响，在粉碎试验和考察中需要精心测定和控制。通常进行测定的排料口尺寸是圆锥破碎机和颚式破碎机的闭合边排料口尺寸，测定方法是用细线与铅块连接牢固，空载启动破碎机，达到稳定工作状态时，从破碎机给料口放下铅块，使之到达排料口处，并被挤压数次。然后将铅块取出，用游标卡尺测量被挤压处的厚度，该厚度即为破碎机的闭合边排料口尺寸。

4.2.2.11 循环负荷的计算

闭路粉碎流程处于稳定状态时，从筛分机或分级机返回粉碎机的粗产品称为循环负荷。对闭路粉磨流程来说，从分级机返回磨机的粗产品称为返砂，稳定的返砂称为循环负荷。循环负荷有两种表示方法：（1）用返回粉碎机的粗产品的通过量 S（t/h）表示。对闭路粉磨流程来说，通过量 S 又称返砂量；（2）用返回粉碎机的粗产品的通过量 S 与闭路粉碎给料量 Q（t/h）的比值 C 表示，即

$$C = (S/Q) \times 100\% \tag{4-25}$$

对闭路粉磨流程来说，这一比值 C 又称返砂比。

4.2.3 粉碎工艺流程的计算和粉碎工艺流程图

4.2.3.1 粉碎工艺流程的计算

粉碎工艺流程的计算是半工业和工业粉碎试验数据处理的重要内容，目的是计算获得流程各支路的物料量、产率、水量和粒度数据，计算方法是使流程各支路达到质量/产率平衡、粒级平衡和水量平衡。工艺流程计算时可以将整个流程划分为多个简单的计算单元，一个计算单元可以是一台设备，如破碎机、筛分机、磨机或分级机等；也可以是一个作业阶段，如一段破碎筛分作业或一段粉磨

分级作业；还可以是物料输送中形成一个交汇点的多个支路。

A 物料量/产率平衡计算

物料量是指单位时间内通过的干物料的质量，单位为 t/h。在物料给入流程处设有皮带秤，可以直接测定出物料量；有些矿浆通过的管路上设有流量计，可以根据矿浆流量换算出物料量。以这些测量值为基础，其他位置处的质量可以计算获得。计算的原则是：进入一个计算单元的物料量等于从该计算单元排出的物料量。

在工艺流程中，经常采用相对物料量表示法，称为产率。以原料的产率为100%，其他各处的产率为该处物料量与原料物料量的百分比。产率计算的原则是：进入一个计算单元的物料产率等于从该计算单元排出的物料产率。

B 水量平衡计算

水量是指单位时间内通过的水的质量或体积，单位为 t/h 或 m³/h。流程中一些供水管路上设有流量计，可以直接测定出水量；有些矿浆通过的管路上设有流量计，可以根据矿浆流量换算出水量；给入流程的固体物料中含有的水分也应作为进入流程中的水量。以这些测量值为基础，流程中其他位置处的水量计算获得。计算的原则是：进入一个计算单元的水量等于从该计算单元排出的水量。

C 粒级平衡计算

在粉碎工艺流程中，如果物料未经过粉碎设备，那么其中各个粒级的质量是平衡的，即进入一个计算单元的某粒级质量等于从该计算单元排出的某粒级质量。粒级平衡计算的基础是粒度分析结果。在存在三个支路的无粉碎设备计算单元中，必须对任意两个支路的物料粒度进行粒度分析，才能计算出另一个支路的物料粒度。对存在粉碎设备的支路，还必须对粉碎设备排料进行粒度分析。粒度的表示方法有用某一特定粒度（如 -75μm）下的物料质量分数表示法和用某一质量分数（如80%或95%）下的粒度表示法。

基本计算单元和主要计算公式见表 4-4[3]98。

4.2.3.2 粉碎数、质量和矿浆工艺流程图

将粉碎工艺流程计算结果填入粉碎工艺流程图即得到粉碎数、质量和矿浆工艺流程图。粉碎数、质量和矿浆工艺流程图是粉碎试验和流程考察的主要结果之一，它直观地表示了粉碎流程的主要数据和指标，对了解和分析粉碎流程及设备工作状况有重要作用。有时粉碎数、质量和矿浆工艺流程图中只有部分参数的数据，只有产率、粒度等数据时称为粉碎数、质量流程图，只有物料量、产率、水量和浓度等数据时称为矿浆流程图。

粉碎数、质量和矿浆工艺流程图的绘制类型有三种：线流程图、方框流程图和形象流程图[3]112。线流程图以圆圈代表破碎和粉磨作业或设备，以双横线代表

表 4-4 计算单元和计算公式

单元类型	计算单元（虚线框内）	基本公式	衍生公式
1进1出		$Q_1 = Q_2$ $\gamma_1 = \gamma_2$ $W_1 = W_2$ $\beta_1 \neq \beta_2$，均需测定得出	
1进2出		$Q_1 = Q_2 + Q_3$ $\gamma_1 = \gamma_2 + \gamma_3$ $W_1 = W_2 + W_3$ $Q_1 \cdot \beta_1 = Q_2 \cdot \beta_2 + Q_3 \cdot \beta_3$ $\gamma_1 \cdot \beta_1 = \gamma_2 \cdot \beta_2 + \gamma_3 \cdot \beta_3$	$Q_1 = Q_2\dfrac{\beta_2 - \beta_3}{\beta_1 - \beta_3} = Q_3\dfrac{\beta_3 - \beta_2}{\beta_1 - \beta_2}$ $Q_2 = Q_1\dfrac{\beta_2 - \beta_3}{\beta_2 - \beta_3} = Q_3\dfrac{\beta_3 - \beta_1}{\beta_2 - \beta_1}$ $Q_3 = Q_1\dfrac{\beta_2 - \beta_2}{\beta_3 - \beta_2} = Q_2\dfrac{\beta_3 - \beta_2}{\beta_3 - \beta_1}$ $\gamma_1 = \gamma_2\dfrac{\beta_2 - \beta_3}{\beta_1 - \beta_3} = \gamma_3\dfrac{\beta_3 - \beta_1}{\beta_1 - \beta_2}$ $\gamma_2 = \gamma_1\dfrac{\beta_2 - \beta_1}{\beta_2 - \beta_3} = \gamma_3\dfrac{\beta_2 - \beta_1}{\beta_2 - \beta_1}$ $\gamma_3 = \gamma_1\dfrac{\beta_2 - \beta_1}{\beta_3 - \beta_1} = \gamma_2\dfrac{\beta_2 - \beta_2}{\beta_3 - \beta_1}$ $\beta_1 = \dfrac{Q_2 \cdot \beta_2 + Q_3 \cdot \beta_3}{Q_2 + Q_3}$ $\beta_2 = \dfrac{Q_1 \cdot \beta_1 - Q_3 \cdot \beta_3}{Q_1 - Q_3}$ $\beta_3 = \dfrac{Q_1 \cdot \beta_1 - Q_2 \cdot \beta_2}{Q_1 - Q_2}$

续表4-4

单元类型	计算单元（虚线框内）	基本公式	衍生公式
一进一出	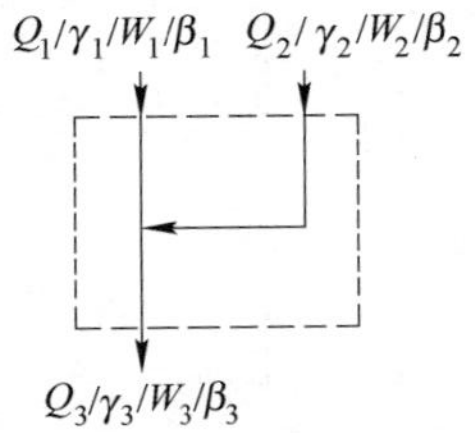 $Q_1/\gamma_1/W_1/\beta_1$ $\quad Q_2/\gamma_2/W_2/\beta_2$ $Q_3/\gamma_3/W_3/\beta_3$	$Q_1 + Q_2 = Q_3$ $\gamma_1 + \gamma_2 = \gamma_3$ $W_1 + W_2 = W_3$ $Q_1 \cdot \beta_1 + Q_2 \cdot \beta_2 = Q_3 \cdot \beta_3$ $\gamma_1 \cdot \beta_1 + \gamma_2 \cdot \beta_2 = \gamma_3 \cdot \beta_3$	$Q_1 = -Q_2\dfrac{\beta_2-\beta_3}{\beta_1-\beta_3} = -Q_3\dfrac{\beta_3-\beta_2}{\beta_1-\beta_2}$ $Q_2 = -Q_1\dfrac{\beta_1-\beta_3}{\beta_2-\beta_3} = -Q_3\dfrac{\beta_3-\beta_1}{\beta_2-\beta_1}$ $Q_3 = -Q_1\dfrac{\beta_1-\beta_2}{\beta_3-\beta_2} = -Q_2\dfrac{\beta_2-\beta_1}{\beta_3-\beta_1}$ $\gamma_1 = -\gamma_2\dfrac{\beta_2-\beta_3}{\beta_1-\beta_3} = -\gamma_3\dfrac{\beta_3-\beta_2}{\beta_1-\beta_2}$ $\gamma_2 = -\gamma_1\dfrac{\beta_1-\beta_3}{\beta_2-\beta_3} = -\gamma_3\dfrac{\beta_3-\beta_1}{\beta_2-\beta_1}$ $\gamma_3 = -\gamma_1\dfrac{\beta_1-\beta_2}{\beta_3-\beta_2} = -\gamma_2\dfrac{\beta_2-\beta_1}{\beta_3-\beta_1}$ $\beta_1 = \dfrac{Q_3\cdot\beta_3 - Q_2\cdot\beta_2}{Q_1} = \dfrac{Q_3\cdot\beta_3 - Q_2\cdot\beta_2}{Q_3-Q_2}$ $\beta_2 = \dfrac{Q_3\cdot\beta_3 - Q_1\cdot\beta_1}{Q_2} = \dfrac{Q_3\cdot\beta_3 - Q_1\cdot\beta_1}{Q_3-Q_1}$ $\beta_3 = \dfrac{Q_1\cdot\beta_1 + Q_2\cdot\beta_2}{Q_3} = \dfrac{Q_1\cdot\beta_1 + Q_2\cdot\beta_2}{Q_1+Q_2}$
备注			图中设备代号：C—破碎机；G—磨机；AG—自磨/半自磨机；S—筛分机；F—分级机。 图和公式中参数符号：Q—物料量，m³/h 或 t/h；γ—产率，%；W—水量，t/h；β—物料中小于计算粒级部分含量，%

筛分、分级和选别作业或设备，作业或设备名称标注在相应图形内或旁边。用直线连接代表各作业或设备的图形，表示物料流的流向，从该直线上的某个点引出水平短直线，在其上、下按规定的位置填写数字，即为短直线引出点处的流程参数数值。线流程图图形绘制和参数标注简单、直观、明了，因此应用最广泛，其实例见图4-12。

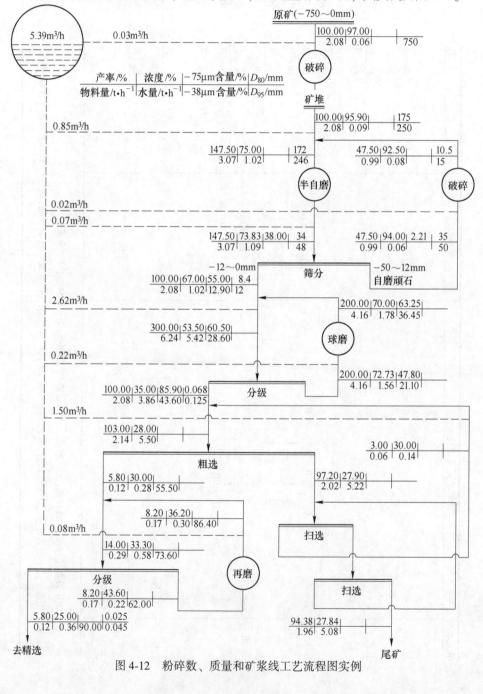

图 4-12　粉碎数、质量和矿浆线工艺流程图实例

方框流程图以方框代表作业或设备，作业或设备名称标注在相应方框里。用直线连接代表各作业或设备的方框，用箭头表示物料流的流向，在该直线上的某些点处按顺序在圆圈内标注数字，代表参数值的编号，同时用列表写明各序号处的参数值。方框流程图西方国家应用较多，其实例见图4-13，参数值见表4-5。

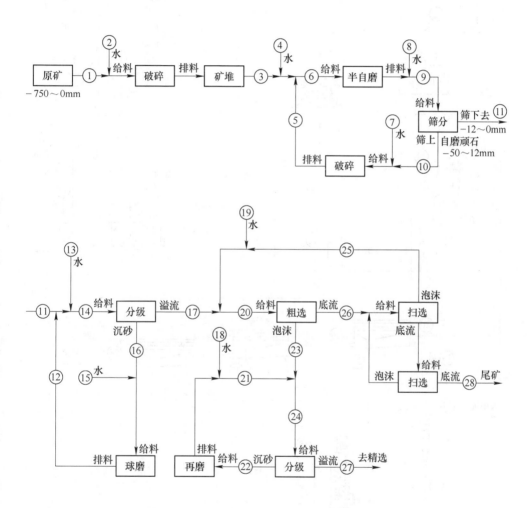

图 4-13　粉碎数、质量和矿浆方框工艺流程图实例

形象流程图以简单形象的设备图形代表作业或设备，作业或设备名称标注在图形旁。用直线连接代表各作业或设备的图形，用箭头表示物料流的流向，在该直线上的某些点处按顺序在圆圈内标注数字，代表参数值的编号，同时用列表写明各序号处的参数值，其实例见图4-14，参数值见表4-5。

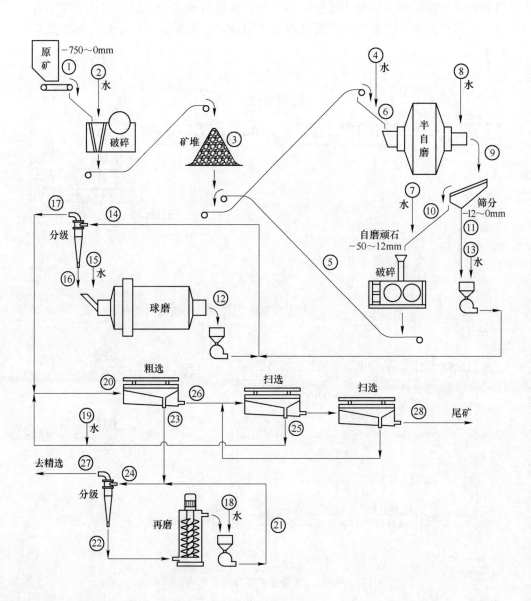

图 4-14 粉碎数、质量和矿浆形象工艺流程图实例

表 4-5　图 4-13 和图 4-14 中的参数值

编号	①	②	③	④	⑤	⑥	⑦	⑧	⑨	⑩	⑪	⑫	⑬	⑭
名称	原矿	冲洗水	原矿破碎产品	半自磨补加水	砾石破碎排料	半自磨给料	砾石破碎冲洗水	筛分冲洗水	筛分给料	筛分筛上	筛分筛下	球磨排料	球磨分级补加水	球磨分级给料
产率/%	100.00		100.00		47.50	147.50			147.50	47.50	100.00	200.00		300.00
物料量/t·h^{-1}	2.08		2.08		0.99	3.07			3.07	0.99	2.08	4.16		6.24
浓度/%	97.00		95.90		92.50	75.00			73.83	94.00	67.00	70.00		53.50
水量/m^3·h^{-1}	0.06	0.03	0.09	0.85	0.08	1.02	0.02	0.07	1.09	0.06	1.02	1.78	2.62	5.42
-75μm质量分数/%									38.00	2.21	55.00	63.25		60.50
-38μm质量分数/%											12.90	36.45		28.60
D_{80}/mm	750		175		10.5	172				35	8.4			
D_{95}/mm			250		15	246				50	12			

编号	⑮	⑯	⑰	⑱	⑲	⑳	㉑	㉒	㉓	㉔	㉕	㉖	㉗	㉘
名称	球磨补加水	球磨分级沉砂	球磨分级溢流	再磨排料冲洗水	扫选泡沫冲洗水	粗选给料	再磨排料	分级沉砂再磨给料	粗选泡沫	再磨分级给料	前段扫选泡沫	粗选底流	再磨分级溢流	后段扫选底流
产率/%		200.00	100.00			103.00	8.20	8.20	5.80	14.00	3.00	97.20	5.80	94.38
物料量/t·h^{-1}		4.16	2.08			2.14	0.17	0.17	0.12	0.29	0.06	2.02	0.12	1.96
质量浓度/%		72.73	35.00			28.00	36.20	43.60	30.00	33.30	30.00	27.90	25.00	27.84
水量/m^3·h^{-1}	0.22	1.56	3.86	0.08	1.50	5.50	0.30	0.22	0.28	0.58	0.14	5.22	0.36	5.08
-75μm质量分数/%		47.80	85.90				86.40	62.00	55.50	73.60			90.00	
-38μm质量分数/%		21.10	43.60											
D_{80}/mm			0.068										0.025	
D_{95}/mm			0.125										0.045	

4.3 粉碎试验数据处理

粉碎试验数据是粉碎试验的重要内容和结果之一，是粉碎试验过程和结果的定量表示。粉碎试验数据包括从在试验中直接测量或取样测量获得的原始数据和根据原始数据计算获得的间接数据。间接数据一般是试验结果，包括中间结果和最终结果。试验数据处理是指试验数据的记录、计算和表达。

4.3.1 粉碎试验数据和结果的表达

试验数据的记录、计算和表达方式一般有列表法、图示法和解析法三种。

4.3.1.1 列表法

列表法是在表格中记录原始数据和计算获得的间接数据，是粉碎试验数据记录、计算和结果表达的最基本、简单而准确的方式。试验数据表格一般由表名、表格和数据三部分组成。表名位于表格上方，由表格的序号和名称组成。有时表中内容存在特殊情况，还可在表下方加注说明。表格设计应力求科学、合理和简明，能够清晰地反映各个参数间的关系。表格的第一行或第一列作为表头，写明参数的名称、符号和计量单位。计量单位要符合国家标准和国际标准。表格中填写的数据要符合有效数字的位数。

4.3.1.2 图示法

图示法用试验数据绘制成图形，从而更直观地表示各参数间的变化关系。图形种类主要有曲线图、曲面图、散点图、折线图、柱形图、条形图、圆形图和直方图等。图示法多采用平面直角坐标系，坐标轴可以表示参数的数值，也可以表示参数的类型。坐标可以是算术坐标、单对数坐标或双对数坐标，使曲线尽可能是直线或接近直线。在坐标轴旁应标明其代表的参数名称、符号和单位，图的下方应有图名，图名由图的序号和名称组成。绘制曲线图时，需首先在坐标系中标出试验点，再将试验点连为圆滑的曲线。为使曲线越接近实际，试验点越多越好，试验点过少将造成较大误差。为使曲线圆滑，根据合理的分析，曲线可以不经过个别与大多数点连成的曲线偏离较多的点。

4.3.1.3 解析法

解析法将试验数据归纳为数学方程式，可以更简捷、科学地表示试验结果的规律性，也建立了试验变量间的数学模型。解析法最科学、准确的方法是采用回归分析方法。也可根据绘制的曲线图形，与已知函数关系的典型曲线进行对比，选择适当的函数关系式，用试验数据确定边界条件，从而确定数学方程式。为使获得的数学方程式尽可能接近实际，试验点越多越好，试验点过少将造成较大误差。

4.3.2 粉碎试验数据误差分析

粉碎试验的原始数据主要是由测量获得的。测量是使用一定的测量工具或仪器，根据以一定计量单位表示的标准量，定量地表示出被测量的量值。由于测量工具或仪器的精度、测量环境、测量者的观察力等因素的影响，测量值会存在或多或少的误差，从而影响其与真值之间的一致程度即精确度。试验数据的精确度可以通过试验误差分析[4]判断。

4.3.2.1 真值和平均值

真值 x_0 是被测物理量客观存在的准确量值，通常无法获得。当测量的次数非常多时，正负误差出现的次数几乎相同，在消除系统误差的情况下，其平均值非常接近于真值。常用的平均值有以下几种：

（1）算数平均值。这是最常用的一种平均值。设进行了 n 次测量，得到测量值 x_1、x_2、$\cdots$、x_n，测量值的算数平均值为

$$\overline{x} = \frac{\sum\limits_{i=1}^{n} x_i}{n} \tag{4-26}$$

（2）几何平均值。几何平均值为 n 个测量值 x_1、x_2、$\cdots$、x_n 的乘积的 n 次方根

$$\overline{x}_{jh} = \sqrt[n]{x_1 x_2 \cdots x_n} \tag{4-27}$$

（3）均方根平均值。均方根平均值为 n 个测量值 x_1、x_2、$\cdots$、x_n 的平方和的平均值的平方根

$$\overline{x}_{jfg} = \sqrt{\frac{\sum\limits_{i=1}^{n} x_i^2}{n}} \tag{4-28}$$

4.3.2.2 试验数据的误差

试验数据的误差是指试验数据的测量值与真值的偏离程度。

A 误差的分类

按照误差产生的原因，有三类误差：

（1）系统误差。由测量系统，包括测量工具或仪器、测量操作者、测量环境等因素造成的误差，可以采取一定的措施消除或减小。

（2）偶然误差。又称随机误差，由原因不明的偶然因素造成，无法校正。但测量次数越多，偶然误差的平均值越小。

（3）过失误差。又称疏忽误差或粗大误差，由测量错误或测量条件变化导致的过大误差，应注意避免，产生时应将相应测量值舍弃。

B　误差的表示方法

测量值的精确度常根据其误差判断，误差越小，测量值越精确。常用的误差表示方法有：

（1）绝对误差 δ_i。n 个测量值中任一测量值 x_i 的绝对误差为

$$\delta_i = x_i - x_0 \tag{4-29}$$

实际测量中常用算术平均值代替真值，所得结果称为偏差，又称残余误差。

（2）相对误差 E_i。n 个测量值中任一测量值 x_i 的相对误差为

$$E_i = \left| \frac{\delta_i}{x_0} \right| \times 100\% \tag{4-30}$$

实际测量中常用算术平均值代替真值，用偏差代替绝对误差，所得结果称为相对偏差。

（3）算数平均误差。为 n 个测量值的绝对误差 δ_1、δ_2、$\cdots$、δ_n 的绝对值的平均值

$$\bar{\delta} = \frac{\sum_{i=1}^{n} | \delta_i |}{n} \tag{4-31}$$

在一系列测量值中误差小的值往往占多数，因此算数平均误差往往偏小。

（4）标准误差 σ。又称为均方根误差，为 n 个测量值的绝对误差 δ_1、δ_2、$\cdots$、δ_n 的均方根平均值

$$\sigma = \sqrt{\frac{\sum_{i=1}^{n} \delta_i^2}{n-1}} \tag{4-32}$$

实际中常用偏差代替绝对误差，所得结果称为标准偏差。

标准误差能更充分地反映一系列测量值中误差较大的测量值的情况，从而更好地反映试验数据的精确度，因此应用更广泛。

在 n 个测量值中，当某次测量值的绝对误差 $\delta_i > 3\sigma$ 时，可以认为该误差由过失误差或测量时试验条件不正常造成，该测量值应作为可疑数据予以舍弃。这种判断可疑试验数据的方法称为 3σ 准则。

4.3.2.3　有效数字

A　有效数字

无论直接测量获得的还是间接计算获得的定量试验数据都是以近似数表示的，该近似数的位数不是任意的，其科学、合理构成的原则是：只有最末一位数字是存疑数字，其余各位数字都必须是准确数字。这样构成的近似数，从左侧第一位非 0 数字起，所有数字都称为有效数字。为了明确地表示出数值的精确度，

可采用科学计数法，即用一个小数和 10 的整数次方的乘积表示一个数值，该小数全部由有效数字组成，含有一位整数。

直接测量获得的试验数据的有效数字位数与测量工具或仪器的准确程度有关，测量时可读出测量工具或仪器最小刻度以后的一位数字，作为有效数字中的存疑数。

B 近似数的修约规则

试验中经常会遇到含有多位存疑数字的近似数，这就需要将其通过舍入变为由 n 位有效数字组成的近似数，这一处理过程称为近似数的修约。修约规则概括为"四舍六入五成双"，具体如下：

（1）若第 $n+1$ 位数字≤4，则舍弃。

（2）若第 $n+1$ 位数字≥6，则第 n 位数字加 1。

（3）第 $n+1$ 位数字=5 时。若第 $n+2$ 位数字为 0，第 n 位数字为偶数，则舍弃第 $n+1$ 位数字；第 n 位数字为奇数，则加 1。若第 $n+2$ 位数字不为 0，则第 n 位数字加 1。

（4）每个近似数只能进行一次修约，不能对多位存疑数字从后到前进行 2 次及以上的修约。

C 数字的运算规则

由计算获得间接试验数据涉及近似数的运算。参与运算的近似数必须是修约后的。为减小计算中的舍入误差，修约时各近似数的有效数字可比应取的多保留一位。运算结果的有效数字确定规则为：

（1）加、减运算：结果中小数点后的有效数字位数与参与运算的各个近似数中小数点后有效数字位数最少的近似数相同。

（2）乘、除、乘方、开方运算：结果的有效数字位数与参与运算的各个近似数中有效数字位数最少的相同。

（3）对数函数运算：对数的有效数字位数与真数的相同。

（4）指数函数运算：结果的有效数字位数与指数中小数点后的相同。

（5）三角函数运算：函数的有效数字位数与角度的相同。

（6）π、e、g 等数学或物理常数，以及 $\sqrt{2}$、1/3 等系数，有效数字可视为无限多，不影响计算结果的有效数字位数，计算中其有效数字可比位数最少的近似数多取一位。

自然数视为准确数，不影响计算结果的有效数字位数。

（7）首位数字为 8、9 的近似数，其有效数字的位数可以多算一位。

4.4 粉碎试验报告的编写

粉碎试验报告是粉碎试验的重要工作内容之一，是粉碎试验过程的全面记述和总结。粉碎试验报告的主要内容应包括：

（1）试验名称：须明确表示出试验的主要目的和性质，一般应含有至少一个最主要的关键词。

（2）试验概述：包括试验的背景、来源、目的、要求、原理和意义等。

（3）试验条件：包括试验样品、试验工艺流程和试验设备等。需对试验样品的矿物结构、主要物理性质、粉碎性质和粒度等进行叙述，并对其代表性作出评价。需给出试验工艺流程图或设备联系图，对流程和设备进行必要的说明，并提供试验流程的主要工艺参数和试验设备的主要技术性能参数。

（4）试验过程描述：包括试验方案和方法、试验内容、试验步骤、试验数据处理和试验分析等。试验数据处理是使用必要的粉碎理论、物理规律和数学方法，对试验产生的原始数据进行计算和统计，获得试验预期的粉碎工艺和设备数据及结果等资料的过程。试验数据和结果可以采用表格、图形或数学公式表示。试验数据须齐全、可靠，文字和图表须清晰、明确。试验分析是根据试验数据处理获得的数据和结果等资料，以及试验过程中观测到的现象，归纳出规律性和概括性的认识、解释和意见等结果的过程。试验分析须正确、科学、严谨。半工业和工业试验报告还需提供粉碎数、质量和矿浆工艺流程图，以及进行必要的技术经济分析。

（5）试验结论：简明扼要地列出试验的主要内容和数据，归纳出试验的主要分析结果，指出存在的问题，提出对策和建议，有时可以提出对试验水平的看法。试验结论须注重实事求是。

参 考 文 献

[1]《选矿手册》编辑委员会. 选矿手册（第五卷、第六卷）[M]. 北京：冶金工业出版社，1993.

[2]《选矿手册》编辑委员会. 选矿手册（第二卷第二分册）[M]. 北京：冶金工业出版社，1993.

[3]《选矿设计手册》编委会. 选矿设计手册[M]. 北京：冶金工业出版社，1988.

[4] 钱政，贾果欣，吉小军，等. 误差理论与数据处理 [M]. 北京：科学出版社，2013.

5 粉碎试验室试验技术

这一部分试验是最常用的、较成熟的试验室粉碎试验，其试验设备规格小、结构简单，试验方法简便易行，数据处理方便。这些试验大多属于标准化试验，有的已经形成国际或国家标准。多年来，这些试验在粉碎流程设计、设备选型和操作实践中发挥了巨大作用。

5.1 Bond（低能）冲击破碎功指数试验

Bond（低能）冲击破碎功指数试验[1]381,[2]264是一种单颗粒破碎试验方法，该试验方法和设备是原美国 Allis Chalmers 公司（简称 A-C 公司）的 F. C. Bond 发明的。试验获得的 Bond 冲击破碎功指数反映了块状物料在破碎机中受冲击而破碎的能耗指标，可用于计算选择破碎机（主要是旋回破碎机、颚式破碎机和圆锥破碎机），或评价已有破碎机的工作状况。

5.1.1 试验设备

试验设备是 Bond 冲击试验机。F. C. Bond 于 1934 年发明了双摆球冲击试验机，1945 年对冲击元件进行改进，形成了现在的双摆锤冲击试验机。该机的工作元件是两个摆锤，摆锤尺寸约为711.2mm×50mm×50mm，质量约为 13.62 kg，两摆锤相近端面的间距为 50.8mm。摆锤通过木板与摆轮连接，摆轮用 26 英寸自行车轮圈制成，其半径为 279.4mm。摆锤质心到摆轮中心的距离为412.75mm。摆轮可以绕轮轴旋转，两摆轮远离的一端用绳索相连。两摆锤的间隙下方设有放置矿石的砧座。试验时，

图 5-1　Bond 冲击试验机

拉动绳索使两摆轮分别向相反的方向旋转一定角度，然后放开绳索，摆锤自由向下摆动打击在两个摆锤之间放置的被试验矿石上。图 5-1 为原美国 Allis Chalmers 公司的 Bond 双摆锤冲击试验机，其结构示意图见图 5-2。

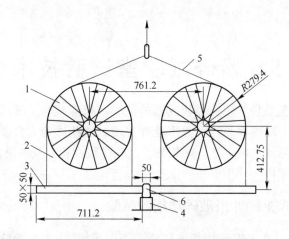

图 5-2 Bond 冲击试验机结构示意图

1—摆轮；2—连接板；3—摆锤；4—砧座；5—绳索；6—矿石

5.1.2 试验方法

试验前，须将设备调整到正常的工作状态。设备的工作零部件结构、尺寸和质量符合 5.1.1 中要求，静置时两摆锤长度方向的中心线应在一条水平直线内，两摆轮摆动须灵活，两摆轮的旋转角度测量须准确。

对每一种被试验的物料类型，取 20 块粒度为 50~75mm 的有代表性块状物料样品进行试验。对于经自磨后的块状物料，因其质地较均匀，可以取 10 块进行试验。注意尽量挑选厚度方向的两个表面较平行的块状物料。

试验步骤为：

(1) 测量物料样品的密度（g/cm³）和每块样品的质量（g）、厚度（mm）并记录；

(2) 取一块样品置于矿石座上两个摆锤之间，放置方向为样品厚度与摆锤间距相对应，并使样品被打击表面中心与摆锤打击表面中心重合；

(3) 提升连接两摆轮的绳索，使两个摆锤同时向两侧提升 10°角度，放开绳索使两个摆锤同时下落打击样品。如果样品未被破碎，则以 5°角度为增量增加提升角度继续打击，直至样品破碎为止；

(4) 记录样品破碎时的摆锤提升角度和破碎的块数。

按上述方法依次对每一块物料样品进行试验和记录。

5.1.3 数据处理和试验结果

当摆锤旋转了角度 φ（°）时，就沿垂直方向被提升了高度 H（m），两摆锤

具有的总势能 E（J）为

$$E = 2mgH = 2mgR(1 - \cos\varphi) \tag{5-1}$$

式中　m——每个摆锤的质量，13.62kg；

　　　g——重力加速度，9.80m/s^2；

　　　R——摆锤中心到摆轮质心的距离，0.41275m。

每块样品的 Bond 冲击破碎功指数 W_{ic}（kW·h/t）为

$$W_{ic} = \frac{53.48E}{hS_g} = \frac{5893(1 - \cos\varphi)}{hS_g} \tag{5-2}$$

式中　h——物料样品厚度，mm；

　　　S_g——物料样品密度，g/cm^3；

　　　φ——物料样品破碎时的摆锤摆角，(°)。

取所有块状物料样品的 Bond 冲击破碎功指数平均值或其中的最大值作为该种物料的 Bond 冲击破碎功指数试验结果。

经过多年的应用，发现 Bond（低能）冲击破碎功指数试验存在明显的优缺点。优点是：

(1) 样品制备容易；

(2) 结果处理简单。

其缺点是：

(1) 由于样品中缺陷出现的随机性，导致试验结果存在一定的随机性；

(2) 样品厚度测量位置与试验冲击位置难以准确吻合，易导致试验结果的偏差；

(3) 操作者需根据碎块大小和数量主观判断样品是否完成破碎，易产生试验偏差；

(4) 功指数计算与样品质量无关，似不甚合理；

(5) 不能试验预测破碎机产品粒度。

5.1.4　试验实例

以某铁矿石矿样的 Bond 冲击破碎功指数试验为例。

(1) 将设备调整到正常的工作状态。确信设备的工作零部件结构、尺寸和质量符合 5.1.1 中要求。检查静置时两摆锤长度方向的中心线，应在一条水平直线内，两摆轮摆动灵活，两摆轮的旋转角度测量准确；

(2) 选取 20 块粒度为 50~75mm 的有代表性的样品，经测定样品密度为 3.44g/cm^3。绘制试验记录和计算表格见表 5-1；

(3) 给样品逐块编号，测定样品打击位置厚度（mm）记录在表 5-1 第 1 列中，测定样品质量（g）记录在第 2 列中；

表 5-1 Bond 冲击破碎功指数试验记录和计算表

样品编号	1 厚度 /mm	2 质量 /g	3 产品块数	4 角度 /(°)	5 功指数 /kW·h·t⁻¹
1	41.1	806	2	55	15.75
2	38.3	665	3	70	26.08
3	33.5	589	2	30	6.07
4	34.2	609	2	40	10.38
5	38.8	632	2	55	16.68
6	34.0	612	4	40	10.45
7	40.0	702	4	65	21.91
8	35.0	659	2	50	15.49
9	34.5	656	2	55	18.76
10	40.1	791	4	75	28.06
11	34.5	784	4	60	22.00
12	41.7	665	2	35	6.58
13	42.2	785	2	50	12.85
14	41.8	835	2	50	12.97
15	41.2	867	2	45	10.79
16	38.7	629	5	60	19.61
17	43.2	939	4	85	32.08
18	38.7	915	3	55	16.73
19	36.5	779	2	50	14.86
20	39.0	699	4	85	35.53
平均值					17.68
最大值					35.53
最小值					6.07
去掉最大值和最小值的平均值					17.34
冲击功指数/kW·h·t⁻¹					17.68

（4）将样品逐块置于 Bond 冲击试验机中进行打击直至破碎，破碎时的产品块数记录于表 5-1 第 3 列中，摆角记录于第 4 列中；

（5）用式（5-2）(注：本例所用试验设备的摆锤质量与原美国 Allis Chalmers 公司设备略有不同，需将式（5-2）中系数 5893 改为 5222）计算 Bond 冲击破碎功指数，结果记录在表 5-1 第 5 列中。

（6）根据第 5 列数据统计出最大值和最小值，计算出 Bond 冲击破碎功指数平均值和去掉最大值和最小值的平均值。

由表 5-1 可见，该铁矿石 Bond 冲击破碎功指数平均值为 17.68 kW·h/t，最大值为 35.53 kW·h/t。

5.1.5　试验结果的应用

Bond 冲击破碎功指数可用于计算选择破碎机（主要是旋回破碎机、颚式破碎机和圆锥破碎机），或评价已有破碎机的工作状况[2]263。

5.1.5.1　单位破碎功耗的计算

破碎所需单位功耗 W（kW·h/t）可以根据试验获得的 Bond 冲击破碎功指数 W_{ic}（kW·h/t），由 Bond 第三理论公式经修正计算获得

$$W = 10KW_{ic}\left(\frac{1}{\sqrt{P_{80}}} - \frac{1}{\sqrt{F_{80}}}\right) \tag{5-3}$$

式中　K——修正系数。对于初碎旋回破碎机和颚式破碎机，$K=0.75$；对于中、细碎颚式破碎机和中碎圆锥破碎机，$K=1$；对于细碎圆锥破碎机，$K=1\sim1.3$；

　　　P_{80}——破碎机排料中 80% 通过的粒度，μm；

　　　F_{80}——破碎机给料中 80% 通过的粒度，μm。

P_{80} 由设计给定或按破碎机排料粒度确定。经大量统计，物料中 80% 通过的粒度是最大粒度的 0.7 倍。破碎机最大排料粒度等于开边排料口尺寸，因此 P_{80} 为开边排料口尺寸的 0.7 倍。

F_{80} 由设计给定或按破碎机给料粒度确定。破碎机最大给料粒度是给料口宽度的 0.9 倍，再按照上述 80% 通过的粒度与最大粒度的关系，F_{80} 为给料口宽度的 0.63 倍。

5.1.5.2　破碎机数量的确定

按给料粒度和排料粒度确定破碎机规格型号，破碎机数量根据式（5-3）计算获得的单位破碎功耗 W，由下式计算并圆整确定

$$n = \frac{WQ}{N\eta} \tag{5-4}$$

式中　n——破碎机数量，台；

　　　Q——设计要求的总生产能力，t/h。破碎机闭路工作时，须考虑循环负荷；

　　　N——每台破碎机的安装功率，kW；

　　　η——电动机效率和从电动机到小齿轮轴的机械传动效率。

5.2　高能冲击破碎功指数试验

高能冲击破碎功指数试验方法及其设备是美国 Allis Chalmers 公司于 70 年代

末、80 年代初发明的单颗粒破碎试验方法[3,4]。这一方法产生的背景是高能超细碎圆锥破碎机的问世，因此其出发点是高输入能量一次冲击破碎。高能冲击破碎功指数主要用于设计选择圆锥破碎机。

5.2.1 试验设备

　　试验设备是高能冲击试验机，该机使用了一个冲击摆和一个回弹摆。冲击摆为梨形，质量为 115kg；回弹摆为圆柱形，质量为 290kg。冲击摆和回弹摆用钢绳悬挂在同一水平轴线上，钢绳间距为 2070mm。在冲击摆和回弹摆之间的水平轴线上，对应着冲击摆和回弹摆分别装有一个端部焊有压盘的滑杆，滑杆（及压盘）质量为 25kg，压盘直径为 50mm。滑杆可以在滑动支承内水平自由滑动，压盘伸入矿石箱内。高能冲击试验机结构见图 5-3。

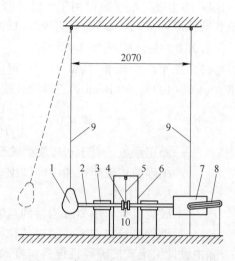

图 5-3　高能冲击试验机结构示意图
1—冲击摆；2—滑杆；3—滑动支承；4—压盘；5—吊线；
6—矿石箱；7—回弹摆；8—测高尺；9—钢绳；10—矿石

5.2.2 试验方法

　　试验前，须将设备调整到正常的工作状态。设备的工作零部件结构、尺寸和质量符合 5.2.1 中要求，静置时冲击摆的质心、回弹摆和滑杆长度方向的中心线应在一条水平直线内，冲击摆和回弹摆摆动须灵活，其摆动时质心的高度测量须准确。

　　对每一种被试验的物料类型，需要 40 块粒度为 20~50mm，质量为 90~100g 的有代表性矿样。预先确定冲击摆提升高度，使之重力势能 E_1 为 70~80J。测定冲击摆能量损失 E_3。

　　试验步骤为：

　　（1）测量物料样品的密度（g/cm³）和每块样品的质量（g，精确到 0.1g）并记录；

　　（2）取一块样品用吊线悬挂在矿石箱内，置于两压盘之间；

　　（3）拉动连接冲击摆的绳索，使冲击摆摆动到预定角度，放开绳索使之下落，通过滑杆将矿样击碎。剩余能量由另一滑杆传递给回弹摆使之向后位移；

　　（4）记录样品破碎后回弹摆位移距离。

　　按上述方法依次对每一块物料样品进行试验和记录。所有样品试验完毕后收集全部破碎产品进行筛析。

5.2.3 数据处理和试验结果

在上述过程中，有效破碎能量 E（J）为

$$E = E_1 - E_2 - E_3 \tag{5-5}$$

式中 　E_1——打击前冲击摆能量，J；

　　　E_2——打击后回弹摆获得的能量，J；

　　　E_3——能量损失，J。

高能冲击破碎功指数 W_{ich}（kW·h/t）直接应用 Bond 第三理论公式得出

$$W_{ich} = \frac{W}{\dfrac{10}{\sqrt{P_{80}}} - \dfrac{10}{\sqrt{F_{80}}}} \tag{5-6}$$

式中 　W——单位破碎能量，kW·h/t；

　　　P_{80}——产品中 80% 通过的粒度，μm；

　　　F_{80}——矿样中 80% 通过的粒度，μm。

其中，

$$W = \frac{E}{3.6G} \tag{5-7}$$

式中 　G——矿样平均质量，g。

因为 F_{80} 不易测定，实践中用矿样的平均相当粒度 F_{100}（μm）代替

$$F_{100} = \sqrt[3]{\frac{G}{S_g}} \times 10^4 \tag{5-8}$$

式中 　S_g——矿样密度，g/cm³。

将试验中回弹摆位移换算为回摆高度，从而计算出打击后回弹摆获得的能量 E_2。

能量损失 E_3 用不放矿石打击的方法测出。冲击摆单位提升高度的能量损失约为 5.3J/cm。

将破碎产品筛析结果在双对数坐标纸上绘制成产品粒度组成曲线，查出 P_{80}。

在双对数坐标系上，将高能冲击功指数试验产品的粒度组成曲线与圆锥破碎机产品的粒度组成曲线进行对比，二者形状非常类似，因此可以使用高能冲击破碎功指数试验产品的粒度组成曲线预测圆锥破碎机产品的粒度组成曲线。

5.2.4 试验实例

以某铜矿石矿样的高能冲击破碎功指数试验为例。

（1）将设备调整到正常的工作状态。确信设备的工作零部件结构、尺寸和

质量符合5.2.1中要求。检查静置时冲击摆的质心、回弹摆和滑杆长度方向的中心线在一条水平直线内，冲击摆和回弹摆摆动灵活，其摆动时质心的高度测量须准确；

（2）选取40块粒度为20~50mm，质量为90~100g的有代表性矿样，经测定样品密度为2.791g/cm³。确定冲击摆提升高度为0.097m，其重力势能E_1为109.3J。冲击摆单位提升高度的能量损失为380J/m（注：本例中所用高能冲击试验机不是原美国Allis Chalmers公司设备，能量损失有所不同），由此计算能量损失E_3为36.9J。绘制试验记录和计算表格见表5-2；

（3）给样品逐块编号，测定样品质量（g，精确到0.1g）记录在表5-2第1列中；

表5-2   高能冲击破碎功指数试验数据和结果处理表

样品编号	1 样品质量 /g	2 回弹摆位移 /mm	3 E_2 /J	4 E /J	样品编号	1 样品质量 /g	2 回弹摆位移 /mm	3 E_2 /J	4 E /J
1	92.6	258	19.6	52.8	22	90.3	254	19.0	53.4
2	97.1	257	19.4	53.0	23	92.0	247	17.9	54.4
3	96.6	262	20.2	52.2	24	92.4	257	19.4	53.0
4	90.6	254	19.0	53.4	25	97.8	259	19.7	52.7
5	93.1	251	18.5	53.8	26	98.9	251	18.5	53.8
6	91.5	262	20.2	52.2	27	96.1	248	18.1	54.2
7	94.5	261	20.0	52.4	28	97.8	252	18.7	53.6
8	99.6	255	19.1	53.3	29	98.4	265	20.7	51.7
9	95.9	252	18.7	53.6	30	95.8	265	20.7	51.7
10	95.5	250	18.4	53.9	31	98.6	260	19.9	52.5
11	97.5	255	19.1	53.3	32	97.8	255	19.1	53.3
12	97.3	252	18.7	53.6	33	92.6	251	18.5	53.8
13	93.0	254	19.0	53.4	34	96.8	246	17.8	54.5
14	94.2	262	20.2	52.2	35	96.7	252	18.7	53.6
15	97.1	264	20.5	51.9	36	95.5	258	19.6	52.8
16	94.8	265	20.7	51.7	37	97.6	254	19.0	53.4
17	90.1	255	19.1	53.3	38	92.5	245	17.7	54.4
18	98.1	250	18.4	53.9	39	89.3	248	18.1	54.2
19	95.4	267	21.0	51.4	40	89.9	259	19.7	52.7
20	94.7	263	20.4	52.0	平均值	95.0	256	19.3	53.2
21	94.7	255	19.1	53.3					

（4）将样品逐块用吊线悬挂在矿石箱内，置于两压盘之间，拉动连接冲击摆的绳索，使之摆动到预定角度然后放开绳索击碎样品。测量打击后回弹摆的位移（mm），记录于表5-2第2列中，然后换算为打击后回弹摆获得的能量 E_2，记录于第3列中。根据式（5-5）计算有效破碎能量 E，记录于第4列中。经计算，40块样品的质量 G 平均为95.0g，回弹摆的位移平均为0.256m，打击后回弹摆获得的能量 E_2 平均为19.3J，有效破碎能量 E 平均为53.2J；

（5）根据式（5-7）计算，单位破碎能量 W 为0.156 kW·h/t。根据式（5-8）计算 F_{100} 为32400μm；

（6）收集全部试验产品进行筛析，筛析结果见表5-3。根据表5-3数据绘制产品粒度组成曲线图5-4，从图5-4查得 P_{80} 为21800μm；

（7）根据式（5-6）计算，高能冲击破碎功指数 W_{ich} 为12.8kW·h/t。

表5-3 高能冲击破碎功指数试验产品粒度筛析结果

粒级/mm	产率/%	负累积产率/%
+27	3.60	100.00
−27 +22	15.50	96.40
−22 +13.33	40.39	80.90
−13.33 +9.423	11.49	40.51
−9.423 +5.613	11.79	29.02
−5.613 +2	9.33	17.23
−2 +0.9	3.23	7.90
−0.9 +0.28	2.35	4.67
−0.28	2.32	2.32
合　计	100.00	

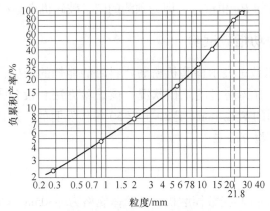

图5-4 高能冲击功指数试验产品粒度组成曲线

5.2.5 试验结果的应用

高能冲击破碎功指数可用于计算选择圆锥机和预测圆锥破碎机产品粒度分布，或评价已有圆锥机的工作状况。

5.2.5.1 单位破碎功耗的计算

圆锥破碎机破碎所需单位功耗 W（kW·h/t）可以根据试验获得的 Bond 冲击破碎功指数 W_{ich}（kW·h/t），由 Bond 第三理论公式计算获得

$$W = 10W_{ich}\left(\frac{1}{\sqrt{P_{80}}} - \frac{1}{\sqrt{F_{80}}}\right) \tag{5-9}$$

式中　P_{80}——破碎机排料中80%通过的粒度，μm；

　　　F_{80}——破碎机给料中80%通过的粒度，μm。

5.2.5.2 破碎机数量的确定

按给料粒度和排料粒度确定破碎机规格型号，破碎机数量根据式（5-9）计算获得的单位破碎功耗 W，由下式计算并圆整确定：

$$n = \frac{WQ}{N\eta} \tag{5-10}$$

式中　n——破碎机数量，台；

　　　Q——设计要求的总生产能力，t/h。破碎机闭路工作时，须考虑循环负荷；

　　　N——每台破碎机的安装功率，kW；

　　　η——电动机效率和从电动机到小齿轮轴的机械传动效率。

5.2.5.3 破碎机产品粒度的确定

在粒度组成曲线图中，将试验产品的粒度组成曲线水平移动到其 P_{80} 与预期的圆锥破碎机产品的 P_{80} 相重合，即为预测的圆锥破碎机产品粒度组成曲线。

5.3 Bond 棒磨功指数试验

Bond 棒磨功指数是表示棒磨机粉磨物料时的能耗的指标，可用于设计选择棒磨机，或评价已有棒磨机的工作状况。该试验方法和设备[1]381,[5]2是原美国 Allis Chalmers 公司的 F. C. Bond 于 20 世纪 50 年代发明的，是目前国际粉碎界公认的重要试验室试验方法之一。

5.3.1 试验设备

试验设备是 Bond 功指数棒磨机，其筒体规格为 ϕ305mm×610mm，内圆周表面为波形（见图5-5）。筒体转速为 46r/min，临界转速率为 60%。筒体内装 8 根

钢棒，总质量 33.38kg，其中 φ31.75mm 的 6 根，φ44.45mm 的 2 根，棒长均为 533.4mm，Allis Chalmers 公司使用的钢棒材料为 SAE1090 钢。筒体在运转中可以倾动。棒磨机的控制器可以设定、计量和显示筒体转数，完成指定转数后自动停车。

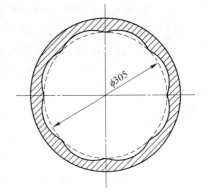

图 5-5 Bond 功指数棒磨机
筒体断面形状

5.3.2 试验方法

试验前，须将设备调整到正常的工作状态。根据 5.3.1 中要求检查：筒体内部结构和尺寸；筒体转速；钢棒尺寸、质量和数量；控制器工作是否正常。

Bond 棒磨功指数试验是通过多个循环的分批试验逐渐逼近稳定状态来模拟连续棒磨过程的方法，其相当试验流程见图 5-6。试验的适用范围是产品粒度为 6.7~0.2mm。试验物料样品粒度为 0~12.7mm，试验产品粒度 P_1（μm）为生产或设计要求的最大产品粒度。如果该粒度不在标准筛孔尺寸上，可取与之较接近的筛孔尺寸。如果该粒度与标准筛孔尺寸差距较大，就需选取与之最接近的较细的筛孔尺寸。试验使用的所有筛子的筛孔必须是方孔。

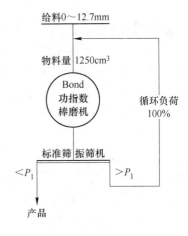

图 5-6 Bond 棒磨功指数试验
相当试验流程

试验步骤为：

（1）将物料样品在 100~110℃ 的温度下烘干，混匀、缩分，取少量样品进行筛析，求出样品中小于试验产品粒度 P_1 的物料质量分数 α 和 80% 通过的粒度值 F_{80}（μm）。在功指数棒磨机中加入 1250cm³ 物料样品，其质量为 M（g）；

（2）第 1 个循环的转数 n_1 根据经验估计设定，以后各次循环根据上一循环的每转新生成的产品量 G_{rp} 值和按 100% 循环负荷计的预期产品量确定本次循环的转数 n_i（r）

$$n_i = \frac{0.5M - (M - m_{i-1})\alpha}{G_{rp(i-1)}} \qquad (5\text{-}11)$$

式中　i——试验循环序数，整数；

　　m_i——第 i 个循环的磨后产品筛上质量，g；

$G_{\mathrm{rp}i}$——第 i 个循环的 Bond 棒磨可磨性即每转新生成的产品量，g/r。

计算得出的 n_i 值需修约取整。

按上面得出的 n_i 设定功指数棒磨机转数，启动、运转。运转中须周期性倾动筒体，每个周期水平转 7 转，向上倾斜 5°转 1 转，水平转 1 转，再向下倾斜 5°转 1 转，直至达到设定转数。然后将物料卸出，用筛孔尺寸为 P_1 的筛子筛分，测得筛上质量 m_i。按下式计算 $G_{\mathrm{rp}i}$（g/r）

$$G_{\mathrm{rp}i} = \frac{M - m_i - (M - m_{i-1})\alpha}{n_i} \tag{5-12}$$

第 1 个循环时 $m_0 = 0$。如果第 1 个循环给料中小于试验产品粒度 P_1 的物料质量超过了预期产品质量 $0.5M$，则须从给料中先筛去小于 P_1 的细粒，再用物料样品补足筛去的部分，然后进行第 1 个循环的试验。这时 $G_{\mathrm{rp}1}$ 为

$$G_{\mathrm{rp}1} = \frac{M(1 - \alpha^2) - m_1}{n_1} \tag{5-13}$$

（3）将筛上物料装回棒磨机，并用物料样品补足 M，设定功指数棒磨机转数，启动、运转。重复进行上面步骤，直到试验达到平衡为止。平衡的条件是：最后 2~3 个循环的循环负荷平均值在（100±2）%以内，同时 G_{rp} 呈现大小值的波动。平衡返砂量为最后 2~3 个循环的筛上质量的平均值 m_a（g），平衡处理量为 $M - m_\mathrm{a}$。平衡循环负荷 C 为

$$C = \frac{m_\mathrm{a}}{M - m_\mathrm{a}} \times 100\% \tag{5-14}$$

试验平衡时不应少于 7 个循环。

（4）将平衡后（最后 2~3 个循环）的产品混匀、缩分，取少量样品进行筛析，求出 80% 通过的粒度值 P_{80}（μm）。取最后 2~3 个循环的 G_{rp} 值的平均值为最终 G_{rp} 值。

5.3.3　数据处理和试验结果

试验结果是 Bond 棒磨功指数 W_{ir}（kW·h/t），由下式计算

$$W_{\mathrm{ir}} = \frac{6.836}{P_1^{0.23} \cdot G_{\mathrm{rp}}^{0.625} \cdot \left(\dfrac{1}{\sqrt{P_{80}}} - \dfrac{1}{\sqrt{F_{80}}} \right)} \tag{5-15}$$

试验获得的棒磨功指数相当于内径为 $\phi 2.438\mathrm{m}$ 的溢流型棒磨机湿式开路粉磨时的小齿轮轴单位输入功率。

5.3.4　试验实例

以某铝土矿石矿样的 0.9mm Bond 棒磨功指数试验为例。

（1）将设备调整到正常的工作状态。根据 5.3.1 中要求检查确信：筒体内部结构和尺寸正确；筒体转速准确；钢棒尺寸、质量和数量正确；控制器计数准确，启动、运转、停车等工作正常。

（2）取 20kg 粒度为 0~12.7mm 的、有代表性的物料样品，在 100~110℃的温度下烘干、混匀，用环锥法缩分为一个圆环形料堆，物料圆环的直径尽可能大，料堆断面尺寸尽可能小。在料堆同一直径上的相对两处截取相同数量的样品，用量筒测量其总容积为 1250cm^3，并测量其质量 M 为 2320g。对所取样品进行筛析，筛析结果记录在表 5-4 中。根据表 5-4 数据在图 5-7 中绘制试验样品粒度组成曲线，求得其中 -0.9mm 质量分数 α 为 0.264，80%通过的粒度值 F_{80}（μm）为 6489μm。绘制试验记录表格见表 5-5。

表 5-4 Bond 棒磨功指数试验样品和产品粒度筛析结果

粒级/mm	试验样品		试验产品	
	产率/%	负累积产率/%	产率/%	负累积产率/%
-12.5 +6.84	8.26	100.00		
-6.84 +5.691	17.01	91.74		
-5.691 +4.699	9.59	74.73		
-4.699 +3.2	11.27	65.14		
-3.2 +2.5	8.94	53.87		
-2.5 +2.0	4.09	44.93		
-2.0 +0.9	14.44	40.84		
-0.9 +0.63	11.04	26.40	36.19	100.00
-0.63 +0.45	5.15	20.51	13.69	63.81
-0.45 +0.28	5.12	15.36	17.36	50.12
-0.28 +0.18	3.08	10.24	9.53	32.76
-0.18 +0.150	1.24	7.16	3.18	23.23
-0.150 +0.100	1.08	5.92	2.93	20.05
-0.100 +0.075	2.15	4.84	6.36	17.12
-0.075	2.69	2.69	10.76	10.76
合 计	100.00		100.00	

（3）将上面所取质量 M 的样品加入 Bond 功指数棒磨机中，根据经验设定第 1 个循环的转数 150 转。启动，进行第 1 个循环的试验运转。运转中周期性倾动筒体，每个周期水平转 7 转，向上倾斜 5°转 1 转，水平转 1 转，再向下倾斜 5°转 1 转，直至达到设定转数。然后将物料卸出，用筛孔尺寸 P_1 为 0.9mm 的筛子筛

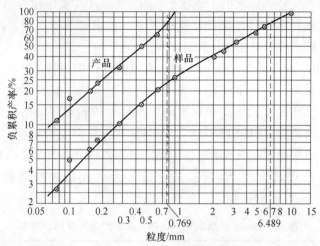

图 5-7　Bond 棒磨功指数试验样品和产品粒度组成曲线

分，经称重筛上质量 m_1 为 833g，用式（5-12）计算可得 Bond 棒磨可磨性即每转新生成的产品质量 $G_{rp1}=5.8301g/r$。计算可按以下步骤进行：筛下产品质量 $M-m_1=1487g$；筛下质量减去给料中 $-0.9mm$ 粒级质量 $M\alpha=612.48g$，即为新生成 $-0.9mm$ 产品质量 $M-m_1-M\alpha=874.52g$；新生成 $-0.9mm$ 产品质量除以转数 150r，可得 $G_{rp1}=5.8301g/r$。将上述数据记录在表 5-5 中。

（4）进行第 2 循环试验。将第 1 个循环的筛上物料装回棒磨机，从料堆同一直径上的相对两处截取相同质量的样品，总量等于第一循环筛下产品质量 1487g，也装入棒磨机，使棒磨机中物料总质量保持 2320g。计算可得补充的样品中 $-0.9mm$ 粒级质量为 392.57g。用式（5-11）计算第 2 循环转数 $n_2=132r$。计算可按以下步骤进行：按 100% 循环负荷计算预期产品质量 0.5M 为 1160g，减去给料中包含的产品粒级物料质量（$M-m_1$）$\alpha=392.57g$，差值除以上一循环的 G_{rp} 值 5.8301g/r 并取整，确定转数为 132r。设定转数，启动、运转（运转中周期性倾动筒体）、停车、卸料、筛分、计算。

（5）重复进行上面步骤，从第 5 个循环开始保留筛下产品，从第 7 个循环开始计算循环负荷误差。第 5~7 个循环的平均返砂量 $m_a=1168.0g$，平均处理量 $M-m_a=1152.0g$，根据式（5-14）计算可得平均循环负荷为 101.4%，在（100±2）% 的范围内；同时 G_{rp} 呈现大小值的波动。由此确定试验运转可以结束。

（6）将最后 3 个循环的筛下产品混匀，缩分出少量产品进行筛分，将筛分结果记录在表 5-5 中。根据表 5-5 数据在图 5-7 中绘制试验产品粒度组成曲线，求得 80% 通过的粒度值 P_{80}（μm）为 769μm。取最后 3 个循环的平均 G_{rp} 值 7.0290g/r 为最终 G_{rp} 值。根据式（5-15）计算获得 0.9mm Bond 棒磨功指数为 17.87kW·h/t。

表 5-5　Bond 棒磨功指数试验记录

循环序号 i	转数 n_i /r	给矿量 $M-m_{i-1}$ /g	给矿中-0.9mm 质量 $(M-m_{i-1})\alpha$ /g	磨后+0.9mm 质量 m_i /g	磨后-0.9mm 质量 $M-m_i$ /g	新生成-0.9mm 质量 $M-m_i-(M-m_{i-1})\alpha$ /g	G_{rp} /g·r^{-1}
1	150	2320.0	612.48	833.0	1487.0	874.52	5.8301
2	132	1487.0	392.57	1092.0	1228.0	835.43	6.3290
3	132	1228.0	324.19	1117.0	1203.0	878.81	6.6577
4	127	1203.0	317.59	1085.0	1235.0	917.41	7.2237
5	115	1235.0	326.04	1188.0	1132.0	805.96	7.0083
6	123	1132.0	298.85	1155.0	1165.0	866.15	7.0419
7	121	1165.0	307.56	1161.0	1159.0	851.44	7.0367
后三个循环平均值				1168.0	1152.0		7.0290

5.3.5　试验结果的应用

根据试验获得的 Bond 棒磨功指数，可以采用 Bond 体系的功耗法计算选择工业棒磨机，或评价工业棒磨机的工作状况。该法通过计算获得棒磨机小齿轮轴所需单位功率 W（kW·h/t），据此确定棒磨机规格和数量。计算选择步骤如下[6]738,[7]137

5.3.5.1　计算小齿轮轴所需单位功率

将 Bond 棒磨功指数 W_{ir} 值代入下式

$$W = 10 \cdot k_1 \cdot k_3 \cdot k_4 \cdot k_6 \cdot k_8 \cdot W_{ir} \cdot \left(\frac{1}{\sqrt{P_{80}}} - \frac{1}{\sqrt{F_{80}}} \right) \tag{5-16}$$

式中　F_{80}——设计或生产要求的给料中80%通过的粒度，μm；

P_{80}——设计或生产要求的产品中80%通过的粒度，μm；

$k_1 \sim k_8$——修正系数。

其中，k_1 为干式粉磨系数，仅用于干式粉磨时，取 1.30。k_3 为直径系数，用于磨机筒体有效内径（衬板内部直径）$D>2.44m$ 时。由下式取值

$$k_3 = \left(\frac{2.44}{D} \right)^{0.2} \tag{5-17}$$

$D>3.81m$ 以后，$k_3=0.914$。

k_4 为过大给料粒度系数，当给料中80%通过的粒度 F_{80}（μm）大于适宜的给料粒度 F_0（μm），且给料的 Bond 功指数 $W_{ir} \geqslant 7.718$ kW·h/t 时

$$F_0 = \frac{60574}{\sqrt{W_{ir}}} \tag{5-18}$$

$$k_4 = \frac{R + (0.907W_i - 7) \cdot \dfrac{F_{80} - F_0}{F_0}}{R} \tag{5-19}$$

式中 R ——破碎比，计算公式为

$$R = \frac{F_{80}}{P_{80}} \tag{5-20}$$

k_6 为棒磨机破碎比系数，仅用于棒磨机破碎比 $R < 12$ 或 $R > 20$ 时。计算公式为

$$k_6 = 1 + \frac{(R - R_0)^2}{150} \tag{5-21}$$

式中 R_0 ——最佳破碎比，计算公式为

$$R_0 = k_8 + \frac{5L}{D} \tag{5-22}$$

式中 L ——棒的长度，m；

k_8 ——棒磨流程系数。对单一棒磨流程，给料为开路破碎产品时取值 1.4，给料为闭路破碎产品时取值 1.2。对棒磨—球磨流程，给料为开路破碎产品时取值 1.2，给料为闭路破碎产品时取值 1.0。

5.3.5.2   确定单台棒磨机的运转功率 N_0

根据前面计算获得的 W、设计总处理量 Q（t/h）和棒磨机数量 z，可确定单台棒磨机的运转功率 N_0（kW）

$$N_0 = \frac{WQ}{z} \tag{5-23}$$

根据磨机制造厂家的产品样本，初步确定棒磨机规格、转速和介质添加量。

5.3.5.3   确定粉磨介质需要的功率

棒磨机每吨棒需要的功率 w_r（kW/t）为

$$w_r = 1.752 \cdot \sqrt[3]{D} \cdot \Psi(6.3 - 5.4\varphi) \tag{5-24}$$

式中 Ψ ——棒磨机的临界转速率；

φ ——介质充填率。

全部介质需要的功率 N_j（kW）为

$$N_j = w_r m \tag{5-25}$$

式中 m ——介质质量，t。

5.3.5.4   选择棒磨机

从 N_0 和 N_j 中取较大值作为最终确定的小齿轮轴功率 N（kW），并考虑电动机和从电动机到小齿轮轴的机械传动的总效率 η，确定电动机功率 N_d（kW）

$$N_d = \frac{N}{\eta} \tag{5-26}$$

然后根据圆整后的 N_d 值，从产品样本上查得棒磨机的规格。

5.4 Bond 球磨功指数试验

Bond 球磨功指数是表示球磨机粉磨物料时的能耗指标，可用于设计选择球磨机，或评价已有球磨机的工作状况。该试验方法和设备是原美国 Allis Chalmers 公司的 F. C. Bond 于 20 世纪 50 年代发明的，是目前国际粉碎界公认的最重要的试验室试验方法[1]382,[5]2。我国已为这项试验方法制定了国家标准 GB/T26567—2011《水泥原料易磨性试验方法（邦德法）》。该标准虽然是为水泥原料制定的，但其方法属于 Bond 球磨功指数试验方法，对其他物料是通用的。我国台湾地区制定了 CNS6698—1995《磨碎工作指数试验法》标准，日本制定了 JIS M4002《粉磨功指数试验方法》标准。

5.4.1 试验设备

试验设备是 Bond 功指数球磨机，其筒体规格为 ϕ305mm×305mm，内表面为光滑表面。筒体转速为 70r/min，临界转速率为 91.4%。筒体内装 285 个钢球，总质量为 20.125kg，其中 ϕ36.8mm 的 43 个，ϕ30.2mm 的 67 个，ϕ25.4mm 的 10 个，ϕ19.1mm 的 71 个，ϕ15.9mm 的 94 个。球磨机的控制器可以设定、计量和显示筒体转数，完成指定转数后自动停车。图 5-8 为原美国 Allis Chalmers 公司的 Bond 功指数球磨机。

图 5-8 原美国 A-C 公司的 Bond 功指数球磨机

5.4.2 试验方法

试验前，须将设备调整到正常的工作状态。根据 5.4.1 中要求检查：筒体内部结构和尺寸；筒体转速；钢球尺寸、质量和数量；控制器工作是否正常。

Bond 球磨功指数试验是通过多个循环的分批试验逐渐逼近稳定状态来模拟连续球磨过程的方法，其相当试验流程见图 5-9。试验的适用范围是产品粒度 0.6~0.032mm。试验物料样品粒度为 0~3.35mm，试验产品粒度 P_1（μm）为生产或设计要求的最大产品粒度。如果该粒度不在标准筛孔尺寸上，可取与之较接近的筛孔尺寸。如果该粒度与标准筛孔尺寸差距较大，就需选取与之最接近的较细的筛孔尺寸。试验使用的所有筛子的筛孔必须是方孔。

试验步骤为：

（1）将物料样品在 $100 \sim 110℃$ 的温度下烘干，混匀、缩分，取少量样品进行筛析，求出样品中小于试验产品粒度 P_1 的物料质量分数 α 和80%通过的粒度值 F_{80}（μm）。在功指数球磨机中加入 $700cm^3$ 物料样品，其质量为 M（g）。

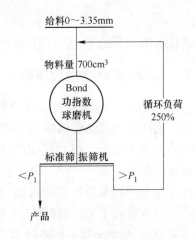

图 5-9　Bond 球磨功指数试验相当试验流程

（2）第1个循环的转数 n_1 根据经验估计设定，以后各次循环根据上一循环的每转新生成的产品量 G_{bp} 值和按250%循环负荷计的预期产品量确定本次循环的转数 n_i（r）：

$$n_i = \frac{0.2857M - (M - m_{i-1})\alpha}{G_{bp(i-1)}}$$ (5-27)

式中　i——试验循环序数，整数；

　　m_i——第 i 个循环的磨后产品筛上质量，g；

G_{bpi}——第 i 个循环的 Bond 球磨可磨性即每转新生成的产品量，g/r。

计算得出的 n_i 值需四舍五入取整。

按上面得出的 n_i 设定功指数球磨机转数，启动、运转，直至达到设定转数。然后将物料卸出，用筛孔尺寸为 P_1 的筛子筛分，测得筛上质量 m_i。按下式计算 G_{bpi}（g/r）

$$G_{bpi} = \frac{M - m_i - (M - m_{i-1})\alpha}{n_i}$$ (5-28)

第1个循环时 $m_0 = 0$。如果第1个循环给料中小于试验产品粒度 P_1 的物料质量超过了预期产品质量 $0.2857M$，则须从给料中先筛去小于 P_1 的细粒，再用物料样品补足筛去的部分，然后进行第1个循环的试验。这时 G_{bp1} 为

$$G_{bp1} = \frac{M(1 - \alpha^2) - m_1}{n_1}$$ (5-29)

（3）将筛上物料装回球磨机，并用物料样品补足 M，设定功指数球磨机转数，启动、运转。重复进行上面步骤，直到试验达到平衡为止。平衡的条件是：最后2~3个循环的平均循环负荷在（250±5）%范围内；G_{bp}（最大值-最小值）/平均值不大于3%。平衡返砂量为最后2~3个循环的筛上质量的平均值 m_a（g），

平衡循环负荷 C 用式（5-14）计算。平衡处理量为 $M-m_a$。试验平衡时不应少于 7 个循环。

（4）筛析平衡后的产品，求出 80% 通过的粒度值 P_{80}（μm）。取最后 2~3 个循环的 G_{bp} 值的平均值为最终 G_{bp} 值。

5.4.3 数据处理和试验结果

试验结果为 Bond 球磨功指数 W_{ib}（$kW \cdot h/t$），由下式计算

$$W_{ib} = \frac{4.906}{P_1^{0.23} \cdot G_{bp}^{0.82} \cdot \left(\frac{1}{\sqrt{P_{80}}} - \frac{1}{\sqrt{F_{80}}} \right)} \tag{5-30}$$

试验获得的球磨功指数相当于内径为 $\phi 2.438m$ 的溢流型球磨机以 250% 的循环负荷湿式闭路粉磨时的小齿轮轴单位输入功率。

5.4.4 试验实例

以某铜钼矿石矿样的 75μm Bond 球磨功指数试验为例。

（1）将设备调整到正常的工作状态。根据 5.4.1 中要求检查确信：筒体内部结构和尺寸正确；筒体转速准确；钢球尺寸、质量和数量正确；控制器计数准确，启动、运转、停车等工作正常。

（2）取 20kg 粒度为 0~3.327mm（粒度本应为 0~3.35mm，因没有 3.35mm 的筛子，使用与之最接近的 3.327mm 的筛子制备样品）的、有代表性的物料样品，在 100~110℃ 的温度下烘干、混匀，用环锥法缩分为一个圆环形料堆，物料圆环的直径尽可能大，料堆断面尺寸尽可能小。在料堆同一直径上的相对两处截取相同数量的样品，用量筒测量其总容积为 700cm^3，并经测量其质量 M 为 1192g。对所取样品进行筛析，筛析结果记录在表 5-6 中。根据表 5-6 数据在图 5-10 中绘制试验样品粒度组成曲线，求得其中 −75μm 质量分数 α 为 0.1309，80% 通过的粒度值 F_{80}（μm）为 1684μm。绘制试验记录表格见表 5-7。

表 5-6　Bond 球磨功指数试验样品和产品粒度筛析结果

粒度 /mm	试验样品		试验产品	
	产率/%	负累积产率 /%	产率/%	负累积产率 /%
+3.327	0			
−3.327 +2.5	3.40	100.00		
−2.5 +2	6.88	96.60		
−2 +1.4	20.05	89.72		

粒度 /mm		试验样品		试验产品	
		产率/%	负累积产率 /%	产率/%	负累积产率 /%
−1.4	+0.9	14.78	69.67		
−0.9	+0.63	13.55	54.89		
−0.63	+0.45	6.80	41.34		
−0.45	+0.28	8.24	34.54		
−0.28	+0.18	5.52	26.30		
−0.18	+0.15	1.70	20.78		
−0.15	+0.1	3.06	19.08		
−0.1	+0.075	2.93	16.02		
−0.075	+0.053	2.30	13.09	24.03	100.00
−0.053	+0.043	1.36	10.79	15.58	75.97
−0.043	+0.038	9.43	9.43	11.04	60.39
−0.038	+0.0308			9.09	49.35
−0.0308				40.26	40.26
合 计		100.00		100.00	

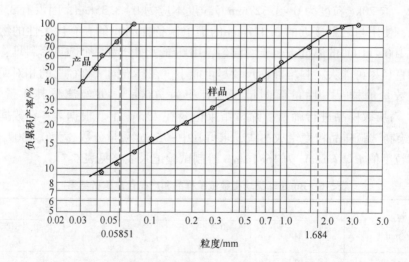

图 5-10 Bond 球磨功指数试验样品和产品粒度组成曲线

（3）将上面所取质量 M 的样品加入 Bond 功指数球磨机中，根据经验设定第 1 个循环的转数 200 转。启动，进行第 1 个循环的试验运转，直至达到设定转数。然后将物料卸出，用筛孔尺寸 P_1 为 $-75\mu m$ 的筛子筛分，经称重筛上质量 m_1 为

826g，用式（5-28）计算可得 Bond 球磨可磨性即每转新生成的产品质量 G_{bp1} = 1.0499g/r。计算可按以下步骤进行：筛下产品质量 $M-m_1$ = 366g；筛下质量减去给料中$-75\mu m$粒级质量 $M\alpha$ = 156.03g，即为新生成$-75\mu m$产品质量 $M-m_1-M\alpha$ = 209.97g；新生成$-75\mu m$产品质量除以转数 200r，可得 G_{bp1} = 1.0499g/r。将上述数据记录在表 5-7 中。

表 5-7　Bond 球磨功指数试验记录

循环序号 i	转数 n_i /r	给矿量 $M-m_{i-1}$ /g	给矿中$-75\mu m$质量 $(M-m_{i-1})\alpha$ /g	磨后$+75\mu m$质量 m_i /g	磨后$-75\mu m$质量 $M-m_i$ /g	新生成$-75\mu m$质量 $M-m_i-(M-m_{i-1})\alpha$ /g	G_{bp} /g·r^{-1}
1	200	1192.0	156.03	826.0	366.0	209.97	1.0499
2	279	366.0	47.91	882.0	310.0	262.09	0.9394
3	319	310.0	40.58	852.0	340.0	299.42	0.9386
4	315	340.0	44.51	845.0	347.0	302.49	0.9603
5	307	347.0	45.42	848.0	344.0	298.59	0.9726
6	304	344.0	45.03	838.0	354.0	308.97	1.0163
7	290	354.0	46.34	857.0	335.0	288.66	0.9954
8	298	335.0	43.85	851.0	341.0	297.15	0.9971
后 3 个循环平均值				848.7	343.3		1.0029

（4）进行第 2 循环试验。将第 1 个循环的筛上物料装回球磨机，从料堆同一直径上的相对两处截取相同质量的样品，总量等于第一循环筛下产品质量 366g，也装入球磨机，使球磨机中物料总质量保持 1192g。计算可得补充的样品中$-75\mu m$粒级质量为 47.91g。用式（5-27）计算第 2 循环转数 n_2 = 279r。计算可按以下步骤进行：按 250%循环负荷计算预期产品质量 0.2857M 为 340.57g，减去给料中包含的产品粒级物料质量 $(M-m_1)\alpha$ = 47.91g，差值除以上一循环的 G_{bp} 值 1.0499g/r 并取整，确定转数为 279r。设定转数，启动、运转、停车、卸料、筛分、计算。

（5）重复进行上面步骤，从第 5 个循环开始保留筛下产品，从第 7 个循环开始计算循环负荷和 G_{bp} 值误差。第 8 个循环完毕，最后 3 个循环即第 6~8 循环的平均返砂量 m_a = 848.7g，平均处理量 $M-m_a$ = 343.3g，根据式（5-14）计算可得平均循环负荷为 247.2%，在 (250±5)% 的范围内；最后 3 个循环的 G_{bp} 平均值为 1.0029g/r，（最大值$-$最小值）/平均值为 2.08%，在不大于 3%的允许范围内。由此确定试验运转可以结束。

第 5~7 循环的同时 G_{bp} 呈现大小值的波动。由此确定试验运转可以结束。

（6）将最后 3 个循环的筛下产品混匀，缩分出少量产品进行筛分，将筛分结果记录在表 5-6 中。根据表 5-6 数据在图 5-8 中绘制试验产品粒度组成曲线，求得80%通过的粒度值 P_{80}（μm）为58.51μm。取最后3个循环的平均 G_{bp} 值1.0029g/r 为最终 G_{bp} 值。根据式（5-29）计算获得-75μm Bond 球磨功指数为17.10kW·h/t。

5.4.5 试验结果的应用

根据试验获得的 Bond 球磨功指数，可以采用 Bond 体系的功耗法计算选择工业球磨机，或评价工业球磨机的工作状况。该法通过计算获得球磨机小齿轮轴所需单位功耗 W（kW·h/t），据此确定球磨机规格和数量。计算选择步骤如下[6]738,[7]137:

5.4.5.1 计算小齿轮轴单位功耗

将 Bond 球磨功指数 W_{ib}（kW·h/t）值代入下式

$$W = 10 \cdot k_1 \cdot k_2 \cdot k_3 \cdot k_4 \cdot k_5 \cdot k_7 \cdot W_{ib} \cdot \left(\frac{1}{\sqrt{P_{80}}} - \frac{1}{\sqrt{F_{80}}} \right) \tag{5-31}$$

式中 F_{80}——设计或生产要求的给料中80%通过的粒度，μm；

      P_{80}——设计或生产要求的产品中80%通过的粒度，μm；

  $k_1 \sim k_7$——修正系数。

其中，k_1 为干式粉磨系数，仅用于干式粉磨时，取1.30。

k_2 为开路粉磨系数，仅用于球磨机开路工作时。取值见表5-8。

表5-8 开路粉磨系数 k_2

要求的排料中产品粒度质量分数/%	50	60	70	80	90	92	95	98
k_2	1.035	1.05	1.10	1.20	1.40	1.46	1.57	1.70

k_3 为直径系数，用于磨机筒体有效内径（衬板内部直径）$D > 2.44$m 时，由式（5-17）取值。$D > 3.81$m 以后，$k_3 = 0.914$。

k_4 为过大给料粒度系数。当 F_{80}（μm）大于适宜的给料粒度 F_0（μm），且给料的 Bond 功指数 $W_{ib} \geqslant 7.718$kW·h/t 时，由式（5-19）取值。F_0 为

$$F_0 = \frac{15144}{\sqrt{W_{ib}}} \tag{5-32}$$

砾磨时 $k_4 = 2.0$。

k_5 为过细产品粒度系数。对于湿式粉磨，用于产品中80%通过的粒度 $P_{80} < 75$μm 时，并且取值不大于5。对于干式粉磨，用于 $P_{80} < 15$μm 时。计算公式为

$$k_5 = \frac{P_{80} + 10.3}{1.145 P_{80}} \tag{5-33}$$

k_7 为球磨机低破碎比系数，仅用于球磨机破碎比 $R<6$ 时。计算公式为

$$k_7 = 1 + \frac{0.13}{R - 1.35} \tag{5-34}$$

5.4.5.2 确定单台球磨机的运转功率

根据前面计算获得的 W、设计总处理量 Q（t/h）和磨机数量 z，由式(5-23)可确定单台球磨机的运转功率 N_0（kW），然后根据磨机制造厂家的产品样本，初步确定磨机规格、转速和介质添加量。

5.4.5.3 确定粉磨介质需要的功率

球磨机每吨球需要的功率 w_b（kW/t）为

$$w_b = f\left[4.879D^{0.3}\Psi(3.2 - 3\varphi)\left(1 - \frac{0.1}{2^{9-10\Psi}}\right) + S\right] \tag{5-35}$$

式中　Ψ——球磨机转速率；

　　　φ——介质充填率；

　　　f——与球磨机类型和工作方式有关的系数。溢流型球磨机湿磨时，$f=$ 1.00；格子型球磨机湿磨时，$f = 1.16$；格子型球磨机干磨时，$f = 1.08$；

　　　S——球的尺寸系数，kW/t。$D \leqslant 3.3$m 时，$S=0$；$D>3.3$m 时见式（5-36）。

$$S = 0.02169(B - 12.5D) \tag{5-36}$$

式中　B——最大球直径，mm。

全部介质需要的功率 N_j（kW）为

$$N_j = w_b m \tag{5-37}$$

式中　m——介质质量，t。

5.4.5.4 选择球磨机

从 N_0 和 N_j 中取较大值作为最终确定的小齿轮轴功率 N（kW），并考虑电动机和从电动机到小齿轮轴的机械传动的总效率 η，由式（5-26）确定电动机功率 N_d（kW），然后根据圆整后的 N_d 值，从产品样本上查得球磨机的规格。

5.5 Bond 粉磨功指数的简化试验、模拟计算和特殊确定方法

Bond 粉磨（棒磨和球磨）功指数试验是用若干个循环的分批式粉磨筛分来模拟连续闭路粉磨过程，需要专门的试验设备，需要一定数量的有代表性的矿样，其操作过程存在一定程度的复杂性，有一定的劳动强度，并需要一周左右的测定时间。在设计前期的钻探期间，获得试验所需数量的钻探岩芯样品存在一定困难。在许多勘探或生产现场没有专门的 Bond 粉磨功指数测定设备。有时无法获得 Bond 粉磨功指数试验要求的样品。因此，多年来国内外粉碎界对 Bond 粉磨

功指数的简化或特殊试验及确定方法进行了大量的研究。这些工作包括对 Bond 功指数概念中各个参数之间的关系的研究、Bond 功指数与其他物理机械参数的关系研究、特殊测定方法的研究、简化测定方法的研究和计算机模拟方法的研究等。大部分研究的主要目的是简化 Bond 粉磨功指数测定过程。

5.5.1　部分测定和模拟计算法

这一类方法先采用标准 Bond 功指数磨机和测定方法进行 2~4 个循环的测定，然后根据获得的数据用计算机模拟以后各次循环的测定过程。这一类方法无法获得实际产品，只能根据经验公式得出最终测定结果。

5.5.1.1　Kapur 法

1970 年，印度技术研究院的 P. C. Kapur[8] 提出了 Bond 粉磨功指数测定的简化方法。该法只进行两个循环的 Bond 粉磨功指数测定。根据一阶粉磨动力学，将物料按测定粒度分为粗、细两个粒级，由第 1 个循环的测定结果可得

$$R_1 = rM_1 e^{G_1 t_1} \tag{5-38}$$

式中　R_1——第 1 循环给料经时间 t_1（s）粉磨后粗粒级质量，g；

r——原料中粗粒级含量；

e——常数，$e = 2.718282$；

M_1——第 1 循环给料量，g；

G_1——第 1 循环的分批粉磨参数，g/s，由上式可得

$$G_1 = \frac{1}{t_1} \ln \frac{R_1}{rM_1} \tag{5-39}$$

根据第 2 个循环的测定结果可得

$$R_2 = rM_1 e^{G_1 t_1 + G_2 t_2} + rM_2 e^{G_2 t_2} \tag{5-40}$$

式中　R_2——第 2 循环给料经时间 t_2（s）粉磨后粗粒级质量（g）；

r——原料中粗粒级含量；

M_2——第 2 循环补加原料量，g；

G_2——第 2 循环的分批粉磨参数，g/s，由上式可得

$$G_2 = \frac{1}{t_2} \ln \frac{R_2}{rM_1 e^{G_1 t_1} + rM_2} \tag{5-41}$$

由于未获得实际试验产品，无法得到 P_{80}，根据 19 种物料的 Bond 球磨功指数实测结果，使用最小二乘法得到以下经验公式，从而计算出 Bond 球磨功指数 W_{ib}（kW·h/t）。

$$W_{ib} = 2.920 P_1^{0.406} (-G_2)^{-0.810} (rM_1)^{-0.853} (1-r)^{-0.099} \tag{5-42}$$

值得注意的是，该法认为 G_2 是有代表性的分批粉磨参数，并用其计算 Bond

功指数，而不是采用 Bond 可磨性 G_p。

19 种矿石样品采用本方法的计算结果与实测值相对误差为 $-15.47\% \sim 21.91\%$，平均为 9.37%。

5.5.1.2 Karra 法

1981 年，美国 Rexnod 公司的 V. K. Karra[9] 对 Kapur 法加以改进。该法也是进行两个循环的 Bond 粉磨功指数测定，但考虑了矿样中达到产品粒度的物料含量超过预期产品量，而在第一个测定循环的给料中预先筛去细粒，并用测定矿样补足筛去部分的特殊情况。并且在应用磨矿动力学方程式时，用转数 N 取代时间 t。将物料按测定粒度分为粗、细两个粒级，细粒级为产品。设 C（g）为预期产品量，Y 为测定原料中细粒级质量分数，Z_i（g）为第 i 循环的产品量，G_i（g/r）为第 i 循环的可磨性即每转新生产品量

$$G_i = \frac{Z_i - YZ_{i-1}}{N_i} \tag{5-43}$$

自第二循环起各循环 i 的粉磨转数 N_i 为

$$N_i = \frac{C - YZ_{i-1}}{G_{i-1}} \tag{5-44}$$

自第三循环起各循环 i 的产品量 Z_i 为

$$Z_i = Z_{i-1}Y + Z_{i-1}N_iK_1 + (X - Z_{i-1})N_iK_2 \tag{5-45}$$

式中

$$K_1 = \frac{(1 - Y)(Z_1 - XY^D)}{N_1X(1 - Y^D)} \tag{5-46}$$

$$K_2 = \frac{Z_2 - Z_1Y - Z_1K_1N_2}{N_2(X - Z_1)} \tag{5-47}$$

式中 D——指数。当 $XY < C$ 时，$D = 1$，当 $XY > C$ 时，$D = 2$。

按以上各式模拟计算各个循环并计算误差，求出 G 值。根据 16 种物料的 Bond 功指数实测结果，使用逐步回归法得到以下经验公式，从而计算出 Bond 功指数（kW·h/t）。

$$W_{ir} = 3.274P_1^{0.475}G^{-0.486}F_{80}^{-0.101} \tag{5-48}$$

$$W_{ib} = 9.934P_1^{0.308}G^{-0.694}F_{80}^{-0.125} \tag{5-49}$$

式中 F_{80}——原料中 80% 通过的粒度，μm。

本方法与 Kapur 法的根本区别是用计算机模拟以后各个循环的测定过程直至达到测定终点，从而获得 Bond 可磨性 G 并用于计算 Bond 功指数。

16 种矿石样品采用本方法的计算结果与实测值相对误差为 $-7.7\% \sim 10.2\%$，平均为 4.77%。

5.5.1.3 赖复兴法

1982 年, 我国的赖复兴[10]对 Karra 法提出了改进的方法。他认为在两个循环的测定时间内, 循环物料的粉磨速度尚处于变化中, 在此基础上模拟计算以后各循环将产生较大误差。他认为四个循环后粉磨速度基本达到恒定, 然后模拟计算方可获得准确结果。计算中 G_i、N_i、Z_i、K_1 和 W_i 的计算公式与上面 Karra 法中的相同。仅将 K_2 的计算公式改为

$$K_2 = \frac{Z_4 - Z_3 Y - Z_3 K_1 N_4}{N_4 (X - Z_3)} \tag{5-50}$$

这一方法的测定误差最小, 但简化程度最低。

5.5.2 模拟计算方法

这一类方法只需要少量的有代表性矿样或钻探岩芯样品, 在试验室磨机中进行一定的粉磨动力学试验, 获得被测矿样的模型参数, 然后根据一定的粉磨动力学模型, 用计算机模拟 Bond 粉磨功指数测定和数据处理过程。与前面的模拟方法的区别是, 这一类方法自第一个循环起就采用模拟, 是更全面的模拟。

5.5.2.1 熊维平等的方法

中南工业大学的熊维平[11]等于 1984 年提出这一方法。该法不仅模拟测定过程, 而且模拟物料所有粒级的碎裂过程, 可模拟获得最终产品粒度分布并求得 P_{80}, 并直接使用 Bond 功指数计算公式。该法按照以下模型、试验和计算步骤, 试验确定必要的模型参数, 编制计算机程序并计算。

A 产品粒度模型

用分批粉磨模型模拟物料在球磨机中的碎裂过程, 该模型的数学形式为

$$\frac{\mathrm{d}p_i(t)}{\mathrm{d}t} = -S_i p_i(t) + \sum_{j=1}^{i-1} S_j b_{i,j} p_j(t) \tag{5-51}$$

式中 $p_i(t)$ ——t 时刻在球磨机物料第 i 粒级中合格产品的质量分数;

   i, j ——将物料筛分为若干粒级的粒级序号;

   S_i ——第 i 粒级物料的选择参数, 1/min;

   $b_{i,j}$ ——破裂分布参数。

分批粉磨模型的解即为产品粒度模型

$$p_i(t) = \sum_{j=1}^{i} a_{i,j}(t_i) \mathrm{e}^{-S_j t} \quad (i = 1, 2, \cdots, n) \tag{5-52}$$

式中 $a_{i,j}$ ——与选择参数、破裂分布参数和给料粒度有关的系数, 其中 $i \geqslant j$。

当 $i > j$ 时

$$a_{i,j} = \frac{1}{S_i - S_j} \sum_{m=j}^{i-1} S_m b_{i,m} a_{m,j} \tag{5-53}$$

当 $i=j$ 时

$$a_{i,j} = f_i - \sum_{m=1}^{i-1} a_{i,m} \tag{5-54}$$

式中　f_i——磨机给料中第 i 粒级的质量分数。

B　质量平衡模型

包括磨机给料、合格产品和循环物料三个模型。自第 2 个循环起的磨机给料（由新给料和循环物料组成）质量平衡模型为

$$f_i(t_k) = m_i \sum_{i=h}^{n} p_i(t_{k-1}) + l_i(t_{k-1}) \sum_{i=1}^{h-1} p_i(t_{k-1}) \tag{5-55}$$

式中　m_i——新给料中第 i 粒级的质量分数；

l_i——循环物料中第 i 粒级的质量分数；

k——Bond 粉磨功指数测定循环序号；

n——筛分使用的不同粒度筛子个数；

t_k——第 k 循环的粉磨时间（min）；

h——相应于合格产品粒度的筛子序号。

合格产品质量平衡模型为

$$g_i(t_k) = \frac{p_i(t_k)}{\sum\limits_{i=h}^{n} p_i(t_k)} \quad (i \geqslant h) \tag{5-56}$$

式中　g_i——磨机合格产品中第 i 粒级的质量分数。

循环物料质量平衡模型为

$$l_i(t_k) = \frac{p_i(t_k)}{\sum\limits_{i=1}^{h-1} p_i(t_k)} \quad (i < h) \tag{5-57}$$

式中　l_i——循环物料中第 i 粒级的质量分数。

C　可磨度（每转或单位时间新生产品量）模型

$$G_p = \frac{M}{Nt_k} \left[\sum_{i=h}^{n} p_i(t_k) - \sum_{i=h}^{n} p_i(t_{k-1}) \sum_{i=h}^{n} m_i \right] \tag{5-58}$$

式中　G_p——可磨度（g/r 或 g/min）；

M——Bond 功指数磨机装料质量（g），球磨机为 700mL 物料的质量，棒磨机为 1250mL 的质量；

N——Bond 功指数磨机转速，球磨机为 70r/min，棒磨机为 46r/min。

D　循环负荷 C（小数）模型

$$C(t_k) = \frac{1 - \sum_{i=h}^{n} p_i(t_k)}{\sum_{i=h}^{n} p_i(t_k)} \qquad (5\text{-}59)$$

E　粉磨时间模型

$$t_k = \frac{\dfrac{1}{1 + C_a} - \sum_{i=h}^{n} p_i(t_{k-1}) \sum_{i=h}^{n} m_i}{t_{k-1} \left[\sum_{i=h}^{n} p_i(t_{k-1}) - \sum_{i=h}^{n} p_i(t_{k-2}) \sum_{i=1}^{n} m_i \right]} \qquad (5\text{-}60)$$

式中　C_a——规定的循环负荷，球磨为 2.5，棒磨为 1。

F　测定模型参数的试验

使用任意规格的试验室分批磨机和少量物料样品，其粒度与标准 Bond 功指数测定样品相同，进行不同时间的分批粉磨试验，可测定出选择参数 S_i 和破裂分布参数 $b_{i,j}$。如果所用的磨机规格与 Bond 功指数磨机不同，还需确定比例放大因子 S_c。

本方法的提出者使用的是 ϕ200mm×200mm 的试验室分批球磨机，光滑内壁，转速为 90r/min。加入单一直径为 ϕ24.4mm 的钢球 5.5kg。每次试验加入容积为 200mL 的物料样品进行干磨，粉磨一定时间后卸出物料，用一套不同粒度的标准试验筛筛析，然后将物料重新混匀放入磨机继续粉磨。将上述过程重复数次获得数组不同粉磨时间的粒度筛析数据，代入产品粒度模型，采用预估反算法和回归分析得出 S_i 和 $b_{i,j}$。同时经测定其比例放大因子 $S_c = 1.17$。

G　测定结束条件的控制

预先确定允许的可磨度误差 δ（一般为 0.02g/r）和循环负荷误差 ε（一般为 0.005）。当满足式（5-61）与式（5-62）时，认为过程达到稳定，可以结束测定。

$$| G_p(t_k) - G_p(t_{k-1}) | \leqslant \delta \qquad (5\text{-}61)$$

$$| C(t_k) - C_a | \leqslant \varepsilon \qquad (5\text{-}62)$$

H　输入初始数据

输入测定粒度 P_h（μm）、M、S_i、b_{ij}、S_c、m_i、t_1、ε 和 δ 等初始数据。

I　计算

计算出给料粒度 F_{80}、最终产品粒度 P_{80} 和可磨度 G_p 等，代入标准 Bond 功指数测定公式计算功指数。

6 种矿石样品采用本方法的计算结果与实测值相对误差为 0~3.39%。

5.5.2.2　陈炳辰等的方法

东北大学的陈炳辰[12,13]等于 1990 年提出这一方法。该法不仅模拟测定过程，而且按照 n 阶粉磨动力学方程模拟物料的碎裂过程。但在模拟物料的碎裂过程时只将物料按测定粒度分为粗、细两个粒级，因此无法模拟获得最终产品粒度 P_{80}，需要使用回归分析获得的经验公式计算功指数。该法按照以下模型、试验和计算步骤，试验确定必要的模型参数，编制计算机程序并计算。

A　进行粉磨动力学试验，确定粉磨动力学参数

用少量物料样品在标准 Bond 功指数磨机中进行粉磨动力学试验，获得测定粒度筛上累积产率 $R(t)$ 与粉磨时间 t（min）的关系曲线，即原料的粉磨动力学曲线。将曲线上点的坐标代入 n 阶粉磨动力学方程

$$R(t) = R_0\exp(-k_1 t^{n_1}) \tag{5-63}$$

式中　R_0——原料中粗粒级质量分数。

用回归分析方法求出原料即第一个循环的粉磨动力学参数 k_1（1/min）和 n_1。

对原料的粉磨动力学曲线进行坐标变换，求出其余各循环的粉磨动力学参数 k'（1/min）和 n'。方法是：设变换后的横坐标为 t'（min），纵坐标为 $R(t')$。令

$$R_0(t') = \frac{C_0}{C_0 + 1} \tag{5-64}$$

式中　C_0——要求的循环负荷，棒磨功指数为 1.0，球磨功指数为 2.5。

以 $R_0(t')$ 为中心，沿纵坐标向上、下各截取 15%。曲线上与上截取点对应的横坐标点为新坐标的 0 点，原坐标的 t_A 点；与下截取点对应的横坐标为原坐标的 t_B 点。将这一时间段均分为 S（不小于 5）等份，每份的时间间隔为

$$\Delta t = \frac{t_B - t_A}{S} \tag{5-65}$$

则

$$t'_j = \Delta t \cdot j \quad (j = 1, 2, 3, \cdots, S) \tag{5-66}$$

令 $t_A = 0$，可得坐标变换后 $t_A \sim t_B$ 区段的粉磨动力学方程为

$$R(t'_j) = R_0\exp(-k't'^{n'}_j) \tag{5-67}$$

将曲线上点的坐标代入上式，用回归分析方法即可求出其余各循环的粉磨动力学参数 k' 和 n'。

B　模拟计算数学模型

第一循环包括

$$t_1 = \frac{N_1}{r} \tag{5-68}$$

$$q_{up1} = q_1 R_0 \exp(-k_1 t_1^{n_1}) \tag{5-69}$$

$$q_{un1} = q_1 - q_{up1} \tag{5-70}$$

$$G_1 = \frac{q_{un1} - q_1 \gamma_0}{N_1} \tag{5-71}$$

$$C_1 = \frac{q_1 - q_{un1}}{q_{un1}} \tag{5-72}$$

式中　t_1——第 1 循环的粉磨时间，min；

　　N_1——转数，任定；

　　r——磨机筒体转速，棒磨机为 46r/min，球磨机为 70r/min；

　　q_{up1}——第 1 循环粗粒级质量，g；

　　q_1——第 1 循环给料量即磨机总给料量，g；

　　q_{un1}——第 1 循环细粒级质量，g；

　　G_1——第 1 循环的可磨性即每转新生细粒级产品量，g/r；

　　γ_0——原料中细粒级质量分数；

　　C_1——第 1 循环的循环负荷。自第 2 循环起，

$$N_i = \frac{\dfrac{q_1}{C_0 + 1} - q_{un(i-1)} \gamma_0}{G_{i-1}} \tag{5-73}$$

$$t_i = \frac{N_i}{r} \tag{5-74}$$

$$q_{upi} = q_{un(i-1)} R_0 \exp(-k_1 t_i^{n_1}) + q_{up(i-1)} \exp(-k' t_i^{n'}) \tag{5-75}$$

$$q_{uni} = q_1 - q_{upi} \tag{5-76}$$

$$G_i = \frac{q_{uni} - q_{un(i-1)} \gamma_0}{N_i} \tag{5-77}$$

$$C_i = \frac{q_1 - q_{uni}}{q_{uni}} \tag{5-78}$$

式中　N_i——第 i 循环转数；

　　q_{uni}——第 i 循环细粒级质量，g；

　　t_i——第 i 循环的粉磨时间，min；

　　q_{upi}——第 i 循环粗粒级质量，g；

　　G_i——第 i 循环的可磨性即每转新生细粒级产品量，g/r；

　　C_i——第 i 循环的循环负荷。

C 测定结束条件的控制

预先确定允许的可磨度误差 δ（0.03g/r）和循环负荷误差 ε（棒磨 $\leqslant 0.02$，球磨 $\leqslant 0.05$）。当满足式（5-79）与式（5-80）时，认为过程达到稳定，可以结束测定。

$$\left| \frac{G_{\max} - G_{\min}}{G} \right| < \delta \tag{5-79}$$

$$| C - C_0 | < \varepsilon \tag{5-80}$$

式中 $G_{\max}$——最后 3 个循环中 G_i 的最大值；

$G_{\min}$——最后 3 个循环中 G_i 的最小值；

G——最后 3 个循环 G_i 的平均值；

C——最后 3 个循环 C_i 的平均值。

D 输入初始数据

包括测定粒度 P_1（μm）、给料粒度 F_{80}（μm）、R_0、q_1、N_1、γ_0、r、k、n、k'、n'、C_0、ε 和 δ。

E 代入以下经验公式计算功指数（kW·h/t）

$$W_{ir} = 23.4532 P_1^{0.5365} G^{-0.6584} F_{80}^{-0.3034} \tag{5-81}$$

$$W_{ib} = 8.017 P_1^{0.2204} G^{-0.6515} F_{80}^{-0.0444} \tag{5-82}$$

13 种矿石样品的 Bond 棒磨功指数计算结果与实测值相对误差为 $-5.79\% \sim 6.65\%$，其绝对值平均为 3.72%。13 种矿石样品的 Bond 球磨功指数计算结果与实测值相对误差为 $-5.78\% \sim 2.61\%$，其绝对值平均为 2.58%。

5.5.2.3 B. Aksani 和 B. Sönmez 的模拟计算方法

土耳其的 B. Aksani 和 B. Sönmez[14] 的模拟计算方法特点是，用累积基础的动力学模型模拟 Bond 球磨功指数测定中物料颗粒的碎裂过程，数学模型为

$$W_{(x, t)} = W_{(x, 0)} \exp(- k \cdot t) \tag{5-83}$$

式中 $W_{(x,t)}$——在时间 t（min）时比测定粒度 x 粗的物料的累积产率；

$W_{(x,0)}$——物料样品中比测定粒度 x 粗的物料的累积产率；

k——碎裂速率常数，1/min，计算公式为

$$k = C \cdot x^n \tag{5-84}$$

式中 C——与磨机特性有关的常数；

n——与物料特性有关的常数。

因此

$$W_{(x, t)} = W_{(x, 0)} \exp(- C \cdot x^n \cdot t) \tag{5-85}$$

模型参数通过分批粉磨试验确定。该试验设备是 Bond 功指数球磨机，加入 700cm³ 粒度为 $0 \sim 3.35$mm 的有代表性物料样品，依次粉磨 0.5、1、2 和 4min 并测定粒度分布。将 $W_{(x,t)}$ 和 t 代入式（5-83）进行非线性回归求得 k 值。然后将

式（5-84）取对数使之线性化，再将 k 代入进行线性回归求得 C 和 n 值。

6 种物料样品采用本方法计算的结果与实测值相差-2.68%~4.01%。

5.5.3　特殊试验方法

5.5.3.1　用小规格球磨机进行 Bond 球磨功指数试验

伊朗 Tehran 大学矿业工程系开发了用小规格试验室球磨机进行 Bond 球磨功指数试验的方法[15]。球磨机按 Bond 功指数球磨机 2/3 的比例缩小，规格为 $\phi200\text{mm}\times200\text{mm}$。其转速为 86r/min，临界转速率为 91%。加入 85 个钢球，其中 $\phi38.10\text{mm}$ 的 13 个，$\phi31.75\text{mm}$ 的 20 个，$\phi25.40\text{mm}$ 的 3 个，$\phi19.05\text{mm}$ 的 21 个，$\phi15.87\text{mm}$ 的 28 个，共 5.9kg。使用样品粒度为 0~3.35mm（-6 目），数量为 3kg，大大少于标准测定方法所需数量。试验中加入容积为 207cm^3 的样品，测定过程与标准试验方法相同。功指数 W_{ib}（kW·h/t）计算公式为

$$W_{ib} = \frac{1.297}{P_1^{0.23} \cdot G_{bp}^{0.82} \cdot \left(\frac{1}{\sqrt{P'_{80}}} - \frac{1}{\sqrt{F'_{80}}} \right)} \tag{5-86}$$

与 11 项标准试验方法获得的结果进行了对比，其试验结果的相对误差为 -11.90%~8.90%，均方根为 5.09%。

5.5.3.2　湿式试验方法

Bond 球磨功指数试验原为干式试验，但在产品粒度较细（小于 53μm）时，由于筛分效率下降，将造成试验结果偏大。为此，加拿大 Falconbridge 公司采用湿式 Bond 球磨功指数试验代替标准的干式试验方法[16]。湿式试验所用设备和介质、设备和工艺参数与标准方法基本相同，但要在磨机筒体内加入 1kg 水，使矿浆固体体积浓度达到 30%。由于湿磨效率较干磨高，获得的功指数须乘以 1.3 的效率修正系数。

5.5.3.3　使用非金属介质的球磨功指数

意大利 Turin 工学院、国家研究委员会矿物研究中心和 S.R.L. 地球矿物公司共同开展了一项研究，调查在工业筒型球磨机中使用非金属介质粉磨的情况下，用 Bond 球磨功指数确定所需功率的准确性。该项目测定了 12 个生产厂的 12 台工业运转中的球磨机的操作功指数，同时测定了其物料的 Bond 球磨功指数。球磨机的类型包括：圆筒型的 4 台，中部排料圆筒型的 2 台，多仓管磨机 1 台，圆锥型的 5 台。磨机规格在 $\phi1.8\text{m}\times9.0\text{m}$ 到 $\phi2.8\text{m}\times4.2\text{m}$ 之间。介质种类有刚玉球、燧石砾石、瓷球和石英砾石。物料有钠长石、钾长石、石英、重晶石和 Eurite（一种含有局部高岭土化长石的细晶质物料）。调查结果表明，操作功指数与 Bond 球磨功指数的比值为：圆筒型磨机和管磨机为 0.75，中部排料圆筒型磨

机为 0.60，圆锥型磨机为 0.90。这一项目中，操作功指数的计算中未考虑机械传动效率和电机效率是不足之处[17]。

5.5.4 Bond 粉磨功指数与其他物理参数的关系

Bond 粉磨功指数作为一种粉磨物理参数，与其他物理参数存在一定的关系，一些研究工作者探讨了这一关系。

5.5.4.1 Bond 球磨功指数与 Hardgrove 可磨度指数的关系

F. C. Bond 提出，在一定 Hardgrove 可磨度 H 下，相当的 Bond 球磨功指数 W_{ib}（kW·h/t）为[18]153

$$W_{ib} = \frac{480}{H^{0.91}} \tag{5-87}$$

5.5.4.2 Bond 球磨功指数与超声浸蚀速率常数的关系

印度的 K. L. Narayana[19]等于 1975 年提出了 Bond 球磨功指数 W_{ib} 与超声浸蚀速率常数 E 的关系

$$W_{ib} = \frac{K}{E^X} \tag{5-88}$$

式中　K——常数，mg/min；

　　　X——常数。

当 $E < 0.77$ 时，$K = 9.0$，$X = 0.44$；当 $E > 0.77$ 时，$K = 13.5$，$X = 1.96$。

5.5.4.3 Bond 球磨功指数与 7 种力学性质的关系

Yashima 等人通过对 30 种脆性物料的试验研究，于 1970 年提出了 Bond 球磨功指数 W_{ib}（kW·h/t）与密度、抗拉强度、弹性模量、泊松比、脆性指数等 7 种力学性质的以下关系式[20]186：

$$W_{ib} = 1.56 \times 10^{-5} \frac{S_t}{\rho} \left(\frac{Y_1}{S_t}\right)^{0.35} B_r^{0.15} (1 - \nu_1^2)^{0.20} R_c^{-0.09} R_t^{-0.48} \tag{5-89}$$

式中　S_t——抗拉强度，kg/cm²；

　　　ρ——密度，kg/cm³；

　　　Y_1——弹性模量，kg/cm²；

　　　B_r——脆性指数；

　　　ν_1——泊松比；

　　　R_c——圆柱样品碎裂产品的比表面积率；

　　　R_t——球形样品在低速压缩下碎裂产品的比表面积率。

该式适用于莫氏硬度为 2.0~6.5 的脆性物料。虽然这一方法也可用于推测 Bond 球磨功指数，但这些力学性质的测定也很繁琐。

7 种物料样品根据本关系的推断结果与实测值相对误差为-3.76%~14.89%,平均为 7.27%。

5.5.5 推测法

这类方法适用于已知一种物料或一个测定粒度的 Bond 粉磨功指数,推测其他物料或测定粒度的 Bond 粉磨功指数。

5.5.5.1 同种物料不同测定粒度的功指数的推测

仲崇波和周凌嘉[21]采用歪头山磁铁矿石、东青卜铅锌矿石、瓦房子锰矿石、东鞍山赤铁矿石和大孤山磁铁矿石,通过试验研究探讨了 Bond 粉磨功指数测定计算公式中每转新生成产品量 G_{rp}(G_{bp})、测定粒度 P_i 和测定产品中 80% 通过的粒度 P_{80} 之间的关系。其研究表明,这三个参数间存在以下关系

$$G_{rp}(G_{bp}) = K_1 \sqrt{P_i} \tag{5-90}$$

$$P_i = K_2 P_{80} \tag{5-91}$$

根据这一关系,对某种矿石只需进行任意测定粒度 P_i 的 Bond 棒磨或球磨功指数测定,获得 K_1 和 K_2 值,即可计算出其他任意测定粒度 P_i 的 P_{80} 和 G_{rp}(G_{bp})值,从而利用 Bond 棒磨或球磨功指数测定计算公式计算出功指数值。

5.5.5.2 不同物料相同测定粒度的功指数的推测 (一)

1966 年加拿大的 Berry 和 Bruce[22]提出,使用一种已知某个测定粒度的 Bond 功指数的物料作为参考,推测另一种物料的同一测定粒度的 Bond 功指数。方法是:将两种物料都制备到-10 目。在 ϕ305mm 的 Paul-Abbe 试验室球磨机中,将 2000g 待测物料湿式粉磨到预定的测定粒度,记录所用的时间。然后以完全相同的设备、工艺条件和时间粉磨参考物料。求得两种物料的给料和产品中 80% 通过的粒度。因为是在完全相同的条件下进行的粉磨,消耗的能量就基本相同。以 W_i、F_{80} 和 P_{80} 代表参考物料的功指数、给料粒度和产品粒度,以 W_i'、F_{80}' 和 P_{80}' 代表待测物料的功指数、给料粒度和产品粒度,由 Bond 第三理论公式可得

$$W_i'\left(\frac{10}{\sqrt{P_{80}'}} - \frac{10}{\sqrt{F_{80}'}}\right) = W_i\left(\frac{10}{\sqrt{P_{80}}} - \frac{10}{\sqrt{F_{80}}}\right) \tag{5-92}$$

$$W_i' = W_i \frac{\dfrac{1}{\sqrt{P_{80}}} - \dfrac{1}{\sqrt{F_{80}}}}{\dfrac{1}{\sqrt{P_{80}'}} - \dfrac{1}{\sqrt{F_{80}'}}} \tag{5-93}$$

这一方法也可使用任何其他种类和规格的试验室磨机,须储存若干种已用标准方法测定出 Bond 功指数的矿样。由于磨机筒体内部结构对不同物料的粉磨过程会产生不同的影响,测定样品的粒度分布也很难相同,这些都是造成推测误差

的潜在因素。

6 种矿石样品采用本方法的推测结果与实测值相对误差为 -5.76% ~ 14.21%，平均为 8.25%。

5.5.5.3　不同物料相同测定粒度的功指数的推测（二）

1976 年 Horst 和 Bassarear 提出了与 Berry 和 Bruce 的方法近似的一种方法[20]180。区别是该法不直接使用筛分获得的待测物料的给料和产品粒度分布，而是假设粉磨过程服从一阶粉磨动力学规律，根据参考物料的给料粒度分布计算出待测物料的产品粒度分布。方法是：将两种物料都制备到 -10 目。在任意试验室球磨机中，将 1000g 参考物料粉磨到预定的测定粒度，记录所用的时间。缩分出三份待测物料，每份 1000g，在粉磨参考物料的同一台磨机中以相同的工艺条件进行粉磨，粉磨时间分别在参考物料所用时间的上下。三项待测物料的试验结果按照一阶粉磨动力学方程式简单地相关，即

$$\ln C_i = \ln C_{0i} - k_i t \tag{5-94}$$

式中　C_i——第 i 粒级的筛上累积质量；

　　　C_{0i}——$t = 0$ 时的 C_i 值；

　　　k_i——比第 i 粒级粗的部分的粉碎系数；

　　　t——粉磨时间。

在筛上累积产率与时间的半对数坐标曲线上，各点的曲率即为对应粒度的 k_i 值。将参考物料的给料粒度分布和粉磨到预定测定粒度所用的时间 t 以及 k_i 值代入上式，即可计算出待测物料的产品粒度分布并求得产品中 80% 通过的粒度 P'_{80}。待测物料的给料粒度 F'_{80} 使用参考物料的 F_{80}。应用式（5-93）即可推算出待测物料的 Bond 功指数。

对于粉磨特性符合一阶粉磨动力学规律的物料，该法的重现性高于 Berry 和 Bruce 的方法。但并非所有物料的粉磨特性都符合一阶粉磨动力学规律。另外其试验和数据处理所需时间与标准 Bond 功指数测定所需时间相当。

6 种矿石样品采用本方法的推测结果与实测值相对误差为 -2.04% ~ 2.16%，平均为 1.72%。

5.5.5.4　任意物料任意测定粒度的功指数的推测

美国 Anaconda 矿物公司研究中心提出了一项更简便的 Bond 功指数推测方法[20]186。该法使用任意小型试验室球磨机，预先用多种经标准 Bond 功指数测定已知 Bond 功指数的物料进行标定。这样，该小型试验室球磨机的操作功指数 W_{i0} 与 Bond 功指数 W_i（kW·h/t）成正比，即

$$W_i = \alpha W_{i0} = \frac{\alpha E}{10} \cdot \frac{1}{\dfrac{1}{\sqrt{P_{80}}} - \dfrac{1}{\sqrt{F_{80}}}} \tag{5-95}$$

式中　α——比例系数；

　　　　E——小型试验室球磨机的粉磨单位净能耗，kW·h/t；

F_{80}，P_{80}——小型试验室球磨试验给料和产品中 80% 通过的粒度，μm。

令 A 为标定系数（kW·h/t）

$$A = \frac{\alpha E}{10} \tag{5-96}$$

则上式变为

$$W_i = \frac{A}{\dfrac{1}{\sqrt{P_{80}}} - \dfrac{1}{\sqrt{F_{80}}}} \tag{5-97}$$

推测方法是：将待测物料制备到-10 目，筛除-100 目。取 1000g 制备好的物料加入 1000g 水，配制成浓度为 50% 的矿浆，在标定过的试验室球磨机内粉磨 10min。然后将给料和产品分别进行筛析，求出 F_{80} 和 P_{80}，代入上式即可求得 Bond 功指数。

本方法的关键是对试验室球磨机的标定，即获得标定系数 A。标定方法是：取多种物料进行标准 Bond 功指数测定获得 W_i，同时进行本方法的粉磨试验获得 F_{80} 和 P_{80}。使两种方法获得的功指数差的平方最小，可得下面计算 A 的公式：

$$A = \frac{\sum\limits_{k=1}^{n} W_{ik} \left(\dfrac{1}{\sqrt{P_{80}}} - \dfrac{1}{\sqrt{F_{80}}} \right)_k^{-1}}{\sum\limits_{k=1}^{n} \left(\dfrac{1}{\sqrt{P_{80}}} - \dfrac{1}{\sqrt{F_{80}}} \right)_k^{-2}} \tag{5-98}$$

式中　n——标定使用的不同种类物料的数量；

　　　　k——标定使用的不同种类物料的序号。

标定系数 A 随试验室球磨机种类和 Bond 功指数测定粒度的不同而变化。例如 Anaconda 矿物公司研究中心使用 Galigher 型 $\phi251$mm×210mm 试验室球磨机，转速为 92r/min，转速率为 96%，装入 9082.9g 尺寸为 $\phi22.9 \sim 38.1$mm 的钢球。根据 19 种不同物料的测定结果进行标定，当测定粒度为 100 目时，A 值为 0.5031kW·h/t。

19 种矿石样品采用本方法的推测结果与实测值相对误差为-7.02%~6.52%，均方根为 4.09%。

5.5.5.5　快速检测法

美国 Anaconda 矿物公司研究中心对大量 Bond 球磨功指数测定结果归纳分析后发现，在各种类型的矿石样品之间，F_{80} 的值是相当接近的，P_{80} 的值与 P_1 之间存在比较稳定的关系。因此，可将 Bond 球磨功指数测定中的计算公式改写为

$$W_{ib} = \frac{1.103R}{G_{bp}^{0.82}} \tag{5-99}$$

$$R = \frac{4.45}{P_1^{0.23}\left(\dfrac{1}{\sqrt{P_{80}}} - \dfrac{1}{\sqrt{F_{80}}}\right)} \tag{5-100}$$

式中，F_{80} 和 P_{80} 取多种物料测定的平均值。这样，对于一定测定粒度 P_1，R 就成为常数，见表 5-9。当 Bond 可磨性 G_{bp} 已知或由 Smith 和 Lee、Kapur、Karra 等方法获得时，就可根据表 5-9 中的 R 值快速计算出 Bond 球磨功指数 W_{ib}（kW·h/t）[20]183。

表 5-9　不同测定粒度 P_1 的 R 值

测定粒度 $P_1/\mu m$	417	295	208	147	104	74
R	30.5	26.0	22.5	18.5	16.0	13.5

5.5.6　简化试验、模拟计算和特殊确定方法的讨论

Bond 粉磨功指数试验虽需要一周左右的时间，但在用于粉磨流程设计和设备选型的情况下，就其应用的重要性而言，这个工作量是非常小的。因此，在这种情况下应进行标准 Bond 粉磨功指数试验，使用任何简化试验、模拟计算或特殊确定方法都得不偿失，除非无法获得要求粒度的试验样品。

简化试验、模拟计算或特殊确定方法应该用于：

（1）对早期勘探岩心样品可磨性进行分析判断。由于无法获得足够数量的样品而无法进行标准 Bond 粉磨功指数测定。另外不是直接用于粉磨流程设计和设备选型，不是必须进行标准 Bond 粉磨功指数试验。

（2）无法获得要求粒度的试验样品。例如为设计选择再磨机获取 Bond 粉磨功指数数据。

（3）对生产进行日常监测。由于需要大量的 Bond 粉磨功指数数据，而且数据的重要性远不能与粉磨流程设计和设备选型相比，采用简化试验或计算机模拟的方法将节约大量的人力、物力、时间和经费。

在这些方法中，伊朗 Tehran 大学矿业工程系用小规格试验室球磨机进行 Bond 球磨功指数试验的方法较好。该法是标准 Bond 粉磨功指数试验方法的按比例缩小。

若干循环的标准 Bond 粉磨功指数试验后续计算机模拟的方法，进行的标准测定循环越多，结果越准确，但简化程度越低。

计算机模拟的方法虽然省略了 Bond 粉磨功指数试验过程，但增加了粉磨动力学试验，有时这一试验也是比较繁琐的。与其进行繁琐的粉磨动力学试验，还

不如进行标准 Bond 粉磨功指数试验。但在无法获得要求粒度的试验样品时，计算机模拟的方法就显示出突出的优越性。这一类方法中，中南工业大学熊维平等的方法模拟过程最完善。

模拟物料颗粒碎裂过程的数学模型有一阶粉磨动力学模型、分批粉磨模型和 n 阶粉磨动力学模型等。选用何种模型为宜与物料性质和粉磨条件有关。

5.6　操作功指数的测定

5.6.1　操作功指数的概念

操作功指数的概念最初是由原美国 Allis Chalmers 公司的 C. A. Rowland[23] 于 1976 年提出的，用于评价球磨机或棒磨机的粉磨效率。其定义的操作功指数 W_{iL}（kW·h/t）为

$$W_{iL} = \frac{W}{\dfrac{10}{\sqrt{P_{80}}} - \dfrac{10}{\sqrt{F_{80}}}} \tag{5-101}$$

式中　W——生产磨机的实测单位电耗，kW·h/t；

　　　P_{80}——粉磨产品中 80% 通过的粒度，μm；

　　　F_{80}——粉磨给料中 80% 通过的粒度，μm。

操作效率 η_0 为

$$\eta_0 = \frac{W_{iL}}{W_i} \times 100\% \tag{5-102}$$

式中　W_i—— Bond 粉磨功指数，kW·h/t。

$\eta_0 < 100\%$ 表明粉磨操作效率较高，$\eta_0 > 100\%$ 表明粉磨操作效率较低。

但是，随着技术的发展和磨机规格的不断增大，为了使利用 Bond 功指数计算的磨机所需功率更符合实际，Bond 和 Rowland 相继补充了 8 个修正系数（也就是效率系数）。考虑到这一情况，在对磨机的操作功指数和 Bond 功指数进行比较时，也应该用 8 个修正系数以及电动机效率和机械传动效率对 Rowland 早期定义的操作功指数公式（5-101）进行修正，使之与 Bond 功指数处于同一个技术基准上。由此获得的操作功指数 W_{i0}（kW·h/t）为

$$W_{i0} = \frac{W\eta}{k_1 \cdots k_8 \left(\dfrac{10}{\sqrt{P_{80}}} - \dfrac{10}{\sqrt{F_{80}}} \right)} \tag{5-103}$$

式中　η——电动机效率和从电动机到小齿轮轴的机械传动效率；

　　　$k_1 \sim k_8$——修正系数，见 5.3 节和 5.4 节。

5.6.2 测定步骤

操作功指数的测定步骤为：

（1）测定磨机的有效内径和长度（即衬板内部直径和长度）、从电动机到小齿轮轴的机械传动效率。从主电动机资料中查取电动机效率。

（2）从粉磨系统给料中取样进行 Bond 粉磨功指数试验，获得 Bond 粉磨功指数。

（3）进行流程考察。将被测粉磨系统调整到最佳状态。要求磨机介质充填率、介质配比、粉磨浓度、分级机工作状态达到最佳化；粉磨系统给料（不包括循环负荷的磨机新给料）粒度、粉磨系统产品粒度（分级机溢流粒度）达到生产工艺要求；粉磨系统给料量在产品粒度达到生产工艺要求的前提下达到最大。

从达到上述条件时开始，连续稳定运转 8~16h，整个稳定运转时间段内按一定时间间隔（0.5h、1h 或 2h）进行测量和取样。测量参数为粉磨系统给料量（也可测量稳定运转期间处理的总矿量）、主电动机功率（也可测量稳定运转期间主电动机消耗的总电量）和稳定运转时间。取样样品为粉磨系统给料和产品。

对整个稳定运转期间测量的参数值取平均值，获得粉磨系统的平均给料量和平均电动机功率。对取得的粉磨系统给料和产品样品混匀、缩分、筛分，分别获得给料中 80% 通过的粒度 F_{80} 和产品中 80% 通过的粒度 P_{80}。

（4）将上述考察数据代入式（5-103）计算，获得粉磨操作功指数。

（5）用式（5-102）计算获得粉磨系统操作效率，判断粉磨系统工作状况。

5.6.3 测定实例

某金矿选矿厂磨矿流程为 MQG3.2×3.1 格子型球磨机和 2FLG—2400 双螺旋分级机组成的闭路流程。球磨机有效内径 $D = 3.1m$；有效长度 $L = 3.1m$。主电动机为 TDMK600—24 型同步电动机，功率为 600kW，效率为 0.95。主电动机通过联轴器驱动小齿轮轴，机械传动效率接近 1。测定该闭路球磨系统的操作功指数。

（1）将该闭路球磨系统调整到最佳状态，连续稳定运转 8 小时同时进行流程考察，获得以下数据：该球磨系统共处理原矿 811.31t（干矿量），其 80% 通过的粒度 $F_{80} = 8.3mm$；分级机溢流中 80% 通过的粒度 $P_{80} = 0.35mm$。球磨机共消耗电量 4320kW·h。计算可得该球磨系统处理量为 101.4t/h，主电动机运转功率为 540kW。

（2）从闭路球磨系统给料中取样，进行 0.355mm Bond 球磨功指数试验，获得物料的 0.355mm Bond 球磨功指数为 11.30kW · h/t。

（3）计算操作功指数：

电动机效率和从电动机到小齿轮轴的机械传动效率 $\eta = 0.95$。

球磨机单位电耗 $W = 4320 \div 811.31 = 5.325$kW · h/t。

湿式闭路球磨，$k_1 = k_2 = 1$。

2.44m$<D<$3.81m，由式（5-17），$k_3 = 0.9532$。

由式（5-32），$F_0 = 4505\mu$m，$F_{80} > F_0$，需考虑 k_4。由式（5-20），$R = 23.71$；由式（5-19），$k_4 = 1.115$。

$P_{80} > 75\mu$m，$k_5 = 1$。

球磨，$k_6 = k_8 = 1$。

$R > 6$，$k_7 = 1$。

根据式（5-103）计算，操作功指数 $W_{i0} = 11.21$kW · h/t。

（4）根据式（5-102）计算，球磨系统操作效率 $\eta_0 = 99.2\%$，小于 100%，因此判断该闭路球磨系统工作状态良好。

5.7　金属磨损指数试验

金属磨损指数 A_i 是表示粉碎过程中物料对破碎机、磨机的金属衬板和钢棒、钢球等金属介质造成的磨损的指标，也可以用来评价各种金属材料的耐磨性能。原美国 Bush 铁工厂 Pennsylvania 破碎机部 1955 年开发了金属磨损试验机，原美国 Allis Chalmers 公司工艺试验中心对其进行了改进，从 1956 年开始用其进行试验，由此该试验方法逐渐成为试验物料对金属的磨蚀性的通用方法[24]。

5.7.1　试验设备

试验设备是金属磨损试验机，该机工作部分由转鼓、转子和试验叶片组成。转鼓内部尺寸为 ϕ305mm×114mm，内圆周表面有提升筋。转子位于转鼓内，与转鼓同轴心，直径为 ϕ115mm。叶片尺寸为 76.2mm×25.4mm×6.35mm，Allis Chalmers 公司先后采用 SAE4325 和 SAE4130 低合金钢制造，热处理后表面硬度为 HB500，表面粗糙度须达到 $Ra \leqslant 1.6\mu$m。每项试验只使用叶片的一个工作表面，每个叶片可以进行两次试验。叶片插入转子的特制槽中，插入深度为 25.4mm，径向外露尺寸为 50.8mm，顶端半径为 107.95mm，圆周速度为 7.14m/s。转鼓装有端盖，用螺栓互相连接。运转时，转鼓与转子同向旋转，转鼓转速为 70r/min，转子转速为 632r/min。图 5-11 为原美国 Allis Chalmers 公司使用的金属磨损试验机。其结构见图 5-12，转鼓内部结构见图 5-13。

图 5-11　原美国 A-C 公司
使用的金属磨损试验机

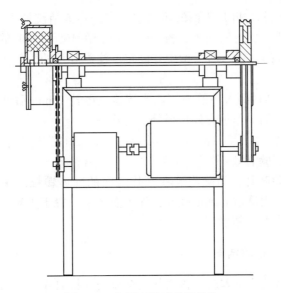

图 5-12　金属磨损试验机结构

5.7.2　试验方法

试验前，须将设备调整到正常的工作状态。根据 5.7.1 节中要求检查：转鼓内部结构和尺寸；叶片安装在转子上的位置；转鼓和转子的转速和转向；叶片外形尺寸、质量和表面硬度。

试验样品为粒度 12.7～19.05mm 的有代表性的颗粒状物料，每项测定需1600g，平均分为 4 份使用。

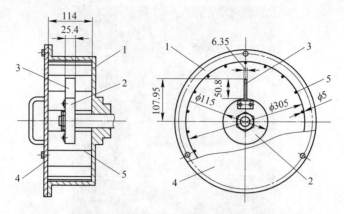

图 5-13   金属磨损指数试验机转鼓内部结构
1—转鼓；2—转子；3—试验叶片；4—盖；5—提升筋

试验步骤为：

（1）用去油剂除去叶片表面的防锈油，在超声波清洗器内用清水清洗干净，用清洁的纸巾擦干，涂上防锈水，置于烘箱内，在 105~110℃ 的温度下烘干。称重（精确到 0.1 mg），插入转子槽中并固定。注意叶片的工作表面须朝向转子旋转方向。

（2）将 400g 物料倒入转鼓内，盖严端盖，运转 15min 后开盖卸出物料，清扫转鼓。按照同样的操作过程处理另外三份物料。

（3）将四次磨后产品收集在一起进行筛分，确定其 80% 通过的粒度 P_{80}，$P_{80}<13250\mu m$ 时试验有效。

（4）卸下试验叶片，清除附着在叶片表面的固体颗粒，在超声波清洗器内用清水清洗干净，用清洁的纸巾擦干，涂上防锈水，置于烘箱内，在 105~110℃ 的温度下烘干。称重（精确到 0.1mg）。

5.7.3   数据处理和试验结果

叶片磨损前后的质量差就是该物料的金属磨损指数 A_i（g）。

5.7.4   试验实例

以某金矿石金属磨损指数试验为例。

（1）试验前，须将设备调整到正常的工作状态。根据 5.7.1 节中要求检查确信：转鼓内部结构和尺寸正确；叶片安装在转子上的位置正确；转鼓和转子的转速准确，转向正确；叶片外形尺寸、质量和表面硬度正确。

（2）用去油剂除去叶片表面的防锈油，在超声波清洗器内用清水清洗干净，用清洁的纸巾擦干，涂上防锈水，置于烘箱内，在 105~110℃ 的温度下烘干。用电子天平称重，质量为92.3436g。将叶片插入转子槽中并固定。经检查，叶片工作表面的朝向与转子旋转方向相同。

（3）取1600g粒度为12.7~19.05mm的有代表性的颗粒状物料样品，平均分为4份，每份400g。将一份样品倒入转鼓内，盖严端盖，运转15min后开盖卸出物料，清扫转鼓。按照同样的操作过程处理另外三份物料。

（4）将四次磨后产品收集在一起进行筛分，筛分结果见表5-10，根据表5-10中的数据绘制产品粒度组成曲线图5-14。由图5-14查得80%通过的粒度P_{80}=11600μm<13250μm，试验有效。

表5-10 金属磨损指数试验产品粒度筛析结果

粒级/mm	产率/%	负累积产率/%
+13.33	8.99	100.00
−13.33 +10	18.98	91.01
−10 +6.84	6.07	72.03
−6.84 +3.2	13.60	65.96
−3.2 +2.5	4.37	52.36
−2.5 +2.0	1.46	47.99
−2.0 +1.43	3.35	46.53
−1.43 +0.9	3.23	43.18
−0.9 +0.63	4.68	39.95
−0.63 +0.45	3.45	35.27
−0.45 +0.28	5.88	31.82
−0.28 +0.18	5.00	25.94
−0.18	20.94	20.94
合 计	100.00	

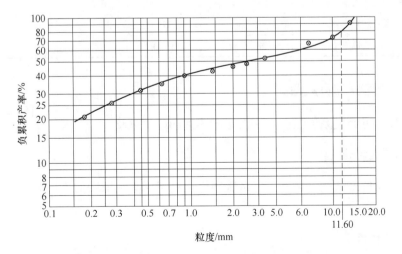

图 5-14 金属磨损指数试验产品粒度组成曲线

（5）卸下试验叶片，清除附着在叶片表面的固体颗粒，在超声波清洗器内用清水清洗干净，用清洁的纸巾擦干，涂上防锈水，置于烘箱内，在 105～110℃ 的温度下烘干。用电子天平称重，质量为 91.9790g。

（6）用叶片磨损前的质量减去叶片磨损后的质量，该物料的金属磨损指数 $A_i = 0.3646g$。

5.7.5　试验结果的应用

Allis Chalmers 公司根据当时统计的大量工业破碎机和筒式磨机的金属衬板和粉磨介质磨损数据，与金属磨损指数 A_i 相拟合，获得了生产设备的金属消耗与金属磨损指数 A_i 的关系经验公式，用以预测破碎机和筒式磨机的金属磨损，见表 5-11。

表 5-11 中经验公式的产生是基于当时美国使用的磨损材料，与我国当前使用的磨损材料在化学成分和机械性能等方面存在或多或少的差异。因此，用于我国的磨损材料时，计算结果与实际磨损情况可能存在或大或小的差距。

表 5-11　金属磨损指数 A_i 与金属消耗 （kg/ kW·h） 的关系经验公式

设备种类	磨损元件	金属消耗经验公式	备　注
湿式棒磨机	钢　棒	$0.1589 (A_i - 0.02)^{0.2}$	
	衬　板	$0.01589 (A_i - 0.015)^{0.3}$	
湿式球磨机 （溢流型或格子型）	钢　球	$0.1589 (A_i - 0.015)^{1/3}$	
	衬　板	$0.0118 (A_i - 0.015)^{0.3}$	
干式格子型球磨机	钢　球	$0.0227 \sqrt{A_i}$	$A_i < 0.22$ 时适用
	衬　板	$0.00227 \sqrt{A_i}$	
旋回、颚式和圆锥破碎机	衬　板	$0.04127 (A_i + 0.22)$	
辊式破碎机	辊　面	$0.454 (A_i/10)^{2/3}$	
自磨机	格子板	$0.1362 (A_i - 0.02)^{0.3}$	

5.8　容积法可磨度试验

即相对可磨度系数试验，一般用于棒磨和球磨试验[18]318。

5.8.1　试验设备

试验设备是试验室小型分批试验磨机，对于棒磨和球磨的不同试验，分别为棒磨机和球磨机。

5.8.2　试验方法

从已被选定作为磨机选择计算参照物的工业生产磨机（一般是棒磨机或球磨

机）给料中采取有代表性的样品作为标准样品。该工业生产磨机应是有成熟生产经验的、处于较优操作状态的磨机。

采取被试验物料的有代表性的样品。

将两种样品分别破碎并筛分到同样的粒度范围，例如 0.15 ~ 3mm。然后分别混匀、缩分为若干份相同质量的样品。

将各份标准样品分别在试验磨机内，采用相同的较优操作条件，以不同的时间粉磨（一般采用湿磨），然后筛分出产品的粒度组成。对各份被试验物料样品，在同一台试验磨机内，以同样的操作条件和方式进行粉磨和筛分。

5.8.3 试验结果和数据处理

在同一坐标图上绘制两种样品的不同粒度的粉磨时间与筛下产品产率的关系曲线，分别从相应曲线上查出标准样品和被试验物料样品粉磨到要求的产品粒度时所用的时间。

标准样品的单位生产能力 $q_0(t/(h \cdot m^3))$ 为

$$q_0 = \frac{0.06Q}{V \cdot t_0}(\beta_0 - \alpha_0) \tag{5-104}$$

式中 Q ——样品质量，kg；

　　V ——磨机有效容积，m^3；

　　β_0 ——标准样品试验产品中小于要求的产品粒度的粒级质量分数；

　　α_0 ——标准样品中小于要求的产品粒度的粒级质量分数；

　　t_0 ——标准样品粉磨到要求的产品粒度所用的时间，min。

被试验样品的单位生产能力 $q(t/(h \cdot m^3))$ 为

$$q = \frac{0.06Q}{V \cdot t}(\beta - \alpha) \tag{5-105}$$

式中 Q ——样品质量，kg；

　　V ——磨机有效容积，m^3；

　　β ——被试验样品的试验产品中小于要求的产品粒度的粒级质量分数；

　　α ——被试验样品中小于要求的产品粒度的粒级质量分数；

　　t ——被试验样品粉磨到要求的产品粒度所用的时间，min。

可磨度系数 k 为

$$k = \frac{q}{q_0} = \frac{t_0(\beta - \alpha)}{t(\beta_0 - \alpha_0)} \tag{5-106}$$

5.8.4 试验实例

以某待建金矿山金矿石样品为被试验样品的球磨可磨度试验为例，要求的粉磨产品粒度为-75μm 的质量分数为 65%。试验磨机为 φ240mm×90mm 试验室锥形球磨机，筒体转速为 96r/min，筒体容积 6.25L。加入钢球 12kg，直径配比为：φ50mm 20%、φ40mm 25%、φ30mm 25%、φ20mm 20% 和 φ10mm 10%。标准样品取自有多年成熟生产经验的某大型铁矿山。

（1）将标准样品和被试验样品分别破碎、筛分到 0.15~3mm，各混匀、缩分出 4 份、每份 1000g。由制样方法可知，两种样品中-75μm 粒级质量分数 α_0 和 α 均为 0。

（2）每次将一份样品和 1000g 水装入磨机筒体，配成 50% 的浓度，依次粉磨 5、10、15 和 20min。按此步骤分别对标准样品和被试验样品进行粉磨，然后将磨后物料全部卸出进行筛分。筛分所用筛网的筛孔尺寸为 75μm。筛分结果见表 5-12。

表 5-12 容积法可磨度试验产品筛析结果

粉磨时间/min		0	5	10	15	20
试验产品筛下产率/%	标准样品	0.0	46.1	73.2	85.2	92.0
	被试验样品	0.0	51.2	73.5	85.6	93.2

（3）根据表 5-12 数据绘制出粉磨时间（min）与筛下产品产率的关系曲线图 5-15。由图 5-15 查得，磨到-75μm 65% 时，标准样品耗时 t_0 为 7.97min，被试验样品耗时 t 为 7.68min。根据式（5-106）计算，可磨度系数 $k=1.04$。

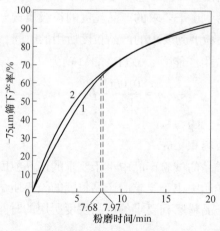

图 5-15 粉磨时间与筛下产品产率的关系曲线
1—标准样品；2—被试验样品

5.8.5 试验结果的应用

容积法可磨度试验获得的相对可磨度系数用于容积法棒磨机或球磨机选型计算。这一方法是将待测物料样品的可磨度与已有生产中使用的物料样品的可磨度进行比较，根据已有生产中的磨机操作数据选择同类待求磨机。容积法计算选择步骤如下[7]135：

（1）计算待选磨机按新生成的产品粒度级别计算的单位生产能力 $q(t/(h \cdot m^3))$

$$q = k_1 \cdot k_2 \cdot k_3 \cdot k_4 \cdot q_0 \tag{5-107}$$

式中　q_0——生产中使用的磨机产品中按新生成的要求粒度级别计算的单位生产能力，$t/(h \cdot m^3)$，计算公式为

$$q_0 = \frac{Q_0(\beta - \alpha)}{V} \tag{5-108}$$

式中　Q_0——生产中使用的磨机的生产能力，$t/(台 \cdot h)$；

　　a, β——分别为生产中使用的磨机给料中和产品中要求粒度级别的质量分数；

　　V——生产中使用的磨机的有效容积，m^3；

　　k_1——可磨度系数，由容积法可磨度试验获得；

　　k_2——磨机直径系数，计算公式为

$$k_2 = \left(\frac{D_1 - 2b_1}{D_2 - 2b_2}\right)^n \tag{5-109}$$

式中　D_1, b_1——设计选择的磨机直径和衬板厚度，m；

　　D_2, b_2——生产中使用的磨机直径和衬板厚度，m；

　　n——与磨机直径和类型有关的指数，见表5-13；

　　k_3——设计选择的磨机类型系数，对格子型球磨机或设计与生产球磨机类型相同时取 1，溢流型球磨机取 $0.85 \sim 0.9$，棒磨机取 $0.85 \sim 1.0$；

　　k_4——给料粒度和产品粒度差别系数，计算公式如下

$$k_4 = \frac{m_1}{m_2} \tag{5-110}$$

式中　m_1, m_2——分别为设计选择的和生产使用的磨机按新生成-0.075mm 计算的相对处理量，与给料粒度和产品粒度有关，见表5-14。

表5-13　n 值

磨机直径/m	球磨机 n 值	棒磨机 n 值
2.7~4.0	0.5	0.53
4.5	0.46	0.49
5.5	0.41	0.49

表 5-14 相对处理量 m_1 和 m_2

产品粒度/mm		0.5~0	0.4~0	0.3~0	0.2~0	0.15~0	0.10~0	0.075~0
产品中-0.075mm粒级质量分数/%		30	40	48	60	72	85	95
给料粒度/mm	40~0	0.68	0.77	0.81	0.83	0.81	0.80	0.78
	30~0	0.74	0.83	0.86	0.87	0.85	0.83	0.80
	20~0	0.81	0.89	0.92	0.92	0.88	0.86	0.82
	10~0	0.95	1.02	1.03	1.00	0.93	0.90	0.85
	5~0	1.11	1.15	1.13	1.05	0.95	0.91	0.85
	3~0	1.17	1.19	1.16	1.06	0.95	0.91	0.85

（2）确定磨机数量 n

$$n = \frac{Q(\beta_2 - \beta_1)}{qV} \tag{5-111}$$

式中 Q——要求的磨机生产能力，$t/(台 \cdot h)$；

V——所选磨机的有效容积，m^3；

β_1，β_2——分别为设计要求的磨机给料和产品中小于要求粒级的质量分数。

参 考 文 献

[1] Bond F C. Crushing & Grinding Calculation Part 1 [J]. British Chemical Engineering, 1961, 6 (6)：378~385.

[2] 王宏勋. 第七编 破碎 [M] //选矿手册编辑委员会. 选矿手册（第二卷第一分册）[M]. 北京：冶金工业出版社, 1993：215~439.

[3] Moore D C. Chapter 14, Prediction of Crusher Power Requirements and Product Size Analysis [M] //Mular A L, Jergensen G V. Design and Installation of Comminution Circuits. New York：Society of Mining Engineers of the America Institute of Mining, Metallurgical, and Petroleum Engineers, Inc., 1982：218~227.

[4] 吴建明, 高琳. 高能冲击仪及其应用 [J]. 有色金属（选矿）, 1989 (6)：30~32, 42.

[5] 吴建明. Bond 粉磨功指数研究与应用的进展 [J]. 有色设备, 2005 (3)：1~3.

[6] Rowland C A. Selection of Rod Mills, Ball Mills and Regrind Mills [M] //Mular A L, Halbe D N, Barratt D J. Mineral Processing Plant Design, Practice and Control Proceedings. New York：Society of Mining, Metallurgy, and Exploration, Inc., 2002：710~754.

[7] 《选矿设计手册》编委会. 选矿设计手册 [M]. 北京：冶金工业出版社, 1988.

[8] Kapur P C. Analysis of the Bond grindability test [J]. Transactions of the institution of mining and metallurgy, 1970, 79 (C)：C103~C108.

[9] Karra V K. Simulation of the Bond grindability test [J]. CIM Bulletin, 1981, 102 (3)：195~199.

[10] 赖复兴. 邦得可磨性试验模拟功指数的简化计算 [J]. 有色金属（选矿）, 1982 (3)：

44 ~48.

[11] 熊维平, 翁伟雄, 周忠尚. 邦得功指数测定的计算机仿真方法 [J]. 有色金属 (季刊), 1984, 36 (4): 28~34.

[12] 陈炳辰, 周凌嘉, 仲崇波. 邦德功指数模拟计算方法的研究 [J]. 金属矿山, 1990 (8): 36~39, 54.

[13] 仲崇波, 王成功, 陈炳辰. 邦德棒磨功指数模拟计算方法的研究 [J]. 中国矿业, 1997, 6 (2): 48~53.

[14] Aksani B, Sönmez B. Simulation of Bond grindability test by using cumulative based kinetic model [J]. Minerals Engineering, 2000, 13 (6): 673~677.

[15] Nematollahi H. New size laboratory ball mill for Bond Work Index determination [J]. Mining Engineering, 1994, 46 (4): 352~353.

[16] Tüzün M A. Wet Bond Mill Test [J]. Minerals Engineering, 2001, 14 (3): 369~373.

[17] Clerici C, Morandini A F, Mancini A, et al. Dry grinding with non metallic media: an extension of the Bond grindability test [C] //Proceedings of the XIV International Minerals Processing Congress. Toronto Canada: CIM, 1982. Session I: I-10. 1~I-10. 12.

[18] 陈炳辰. 磨矿原理 [M]. 北京: 冶金工业出版社, 1989.

[19] Narayana K L, et al. 研究物料可磨性特性的新方法 [J]. 汪占辛, 译. 国外金属矿选矿, 1977 (11): 45~48.

[20] Yap R F, Sepulveda J L, Jauregui R. Chapter 12, Determination of the Bond Work Using an Ordinary Laboratory Batch Ball Mill [M] // Mular A L, Jergensen G V. Design and Installation of Comminution Circuits. New York: Society of Mining Engineers of the America Institute of Mining, Metallurgical, and Petroleum Engineers, Inc., 1982: 176~203.

[21] 仲崇波, 周凌嘉. 邦德磨矿功指数算式中 G_{rp}、P_i 和 P 之间关系的研究 [J]. 金属矿山, 1998 (11): 23~26.

[22] Berry T F, Bruce R W. A simple method of determing the grindability of ores [J]. Canada Mining Journal, 1966, 87 (7): 63~65.

[23] Rowland C A. Using the Bond work index to measure oprating comminution efficiency [J]. Minerals and Metallurgical Processing, 1998, 15 (4): 32~36.

[24] Bond F C. Lab Equipment and Tests Help Predict Metal Consumption in Crushing and Grinding Units [J]. E & MJ, 1964 (6): 169~176.

6 自磨（半自磨）试验技术

自磨（半自磨）自20世纪50年代开始应用于矿业以来，一直在持续发展，已经成为矿山粉碎流程设计和设备选用中必须考虑的粉磨作业方式，尤其对于大型矿山更是首选粉磨方式。自磨（半自磨）试验技术作为流程设计和设备选型的重要技术手段，随着自磨（半自磨）应用的增长不断发展。早期的自磨（半自磨）试验以半工业试验为主，消耗大量人力、物力、财力和时间。近些年来，随着自磨（半自磨）生产实践的丰富和计算机模拟技术的发展，国际上自磨（半自磨）试验技术取得了很大进展，已经逐渐摒弃了半工业试验，而代之以所需样品数量少、工作量小、时间短、方法简便易行的现代自磨（半自磨）试验方法[1,2]。这些试验方法中有一些以小型试验、丰富的生产数据（数据库）、数学模型与计算机模拟相结合为技术特点，从不同角度反映了自磨（半自磨）过程，为自磨（半自磨）流程设计提供依据，代表了自磨（半自磨）试验技术的当代水平和发展潮流。

6.1 试验室湿式分批自磨（半自磨）试验

芬兰 Metso 集团使用的试验室湿式分批自磨（半自磨）试验方法[3]，所获数据通过处理，既可为设计提供依据。

6.1.1 试验设备

试验设备为 ϕ1829mm × 305mm 试验室自磨（半自磨）机，其内径为 ϕ1803mm，有效容积为 1.106m³，转速为 23.3r/min，临界转速率为 73.8%，可连续自动测定和记录净功率。

6.1.2 试验方法

以适当粒度的试验矿样，适当的矿浆浓度（60%~80%），进行不同钢球充填率（0、4%、6%、8%、10%或12%）的试验。钢球直径/比例为：ϕ127mm / 30%，ϕ102mm /35%和ϕ76mm /35%。物料充填率恒定为9.5%。运转 5~15min，从磨后物料中筛去+12.7mm 部分，剩余的−12.7mm 矿样经缩分后进行筛分分析。

从分批试验产品中取一定的有代表性样品缩分成两份，一份经筛分取出9.525mm~19.05mm 的矿样用于金属磨损指数试验，另一份破碎至−3.35mm 用于 Bond 球磨功指数试验。

6.1.3 数据处理和试验结果

试验结果为单位净功耗（kW·h/t），根据测定的净功率和产品中-12.7mm矿样量计算获得。

6.1.4 试验结果的应用

设计时，使用试验获得的单位净功耗 $W(kW·h/t)$、设计生产能力 $Q(t/h)$ 以及机械传动和电气效率系数 η，用下式可计算获得选用的自磨（半自磨）机输入功率 $N_{SAG}(kW)$。

$$N_{SAG} = QW/\eta \qquad (6-1)$$

分批试验产品的 Bond 球磨功指数和金属磨损指数可用于后续球磨机的设备选型计算和金属磨损预测。

6.1.5 试验实例

以某铜矿山矿石试验为例。该铜矿山设计生产能力为 13000t/d(541.7t/h)，拟采用自磨（半自磨）—球磨流程。

（1）试验样品粒度组成见表 6-1；

表 6-1 自磨（半自磨）试验样品粒度组成

粒级/mm	质量/kg	产率/%	正累积产率/%	负累积产率/%
+152	902	46.3	46.3	100.0
-152 +102	589	30.2	76.5	53.7
-102 +38	342	17.6	94.1	23.5
-38	115	5.9	100.0	5.9
合 计	1948	100.0		

（2）共进行了 5 项试验，包括一项自磨试验和 4 项钢球充填率分别为 6%、8%、10% 和 12% 的半自磨试验。试验条件和结果见表 6-2；

（3）由表 6-2 可见，虽然半自磨的净功率比自磨的高，但磨矿时间却短得多，从而单位静功耗大大低于自磨的，因此确定采用半自磨。

4 项半自磨试验的单位静功耗比较接近，以 8% 钢球充填率时为优，在生产中应予以考虑。

考虑到在生产中 6%～12% 的钢球充填率都可能使用，半自磨机应根据 4 项半自磨试验中-12.7mm 产品单位静功耗最大值 7.15kW·h/t 选型。电动机效率为83.3%。根据式（6-1）可得半自磨机输入功率计算值为 4650kW。

表 6-2　自磨（半自磨）试验条件和结果

	试 验 编 号		1	2	3	4	5
试 验 条 件	运转时间/min		15	5	5	5	5
	样品量/kg		272.4	272.4	272.4	272.4	272.4
	水量/kg		91	73	73	73	73
	钢球量 /kg	ϕ127mm	0	93	123	154	185
		ϕ102mm	0	108	144	180	216
		ϕ76mm	0	108	144	180	216
		合　计	0	309	411	514	616
	充填率 /%	钢球	0	6	8	10	12
		钢球+样品	9.5	15.6	17.2	19.0	20.7
试 验 结 果	净功率/kW		3.62	7.16	8.13	8.95	9.43
	产品中−12.7mm 含量/%		30.5	32.3	40.3	38.7	43.5
	单位净功耗/kW·h·t^{-1}		11.1	6.91	6.25	7.15	6.74

选择一台 ϕ8.53m×3.96m 半自磨机，其安装功率为 4850kW。

（4）用试验产品进行 Bond 球磨功指数试验，结果为 14.73kW·h/t。

球磨机设计给料粒度 $F_{80}=17000\mu m$，要求产品粒度为−74μm 的占 70% ~ 75%，相应 $P_{80}=85\mu m$。由功耗法计算可得球磨机小齿轮轴所需单位功耗为 11.35kW·h/t。电动机效率为 93.5%。球磨机输入功率计算值为 6576kW。

选择 2 台 ϕ5.03m×8.3m 溢流型球磨机，每台安装功率为 3300kW。

6.2　JKMRC 自磨（半自磨）试验室试验

澳大利亚昆士兰大学 Julius Kruttschnitt 矿物研究中心（JKMRC）开发的自磨（半自磨）试验室试验与计算机模拟相结合的方法[4],[5]127,[6]Ⅳ-320。这一方法由冲击（高能）粉碎试验、磨剥（低能）粉碎试验和物料密度测定三部分组成。它根据自磨（半自磨）机内的冲击和磨剥两种主要粉碎过程，用冲击（高能）粉碎试验获得冲击粉碎参数 A 和 b，确定样品在自磨（半自磨）内的冲击粉碎特性；用磨剥（低能）粉碎试验获得磨剥粉碎参数 t_a，确定样品在自磨（半自磨）内的磨剥粉碎特性。因此这一方法较全面地试验了物料样品在自磨（半自磨）内的粉碎过程。另外，这一方法可以使用较小粒度和较少数量的样品，试验时间较短，工作量较少。

这一方法的缺点是[5]128：试验结果仅适用于澳大利亚昆士兰大学 Julius Kruttschnitt 矿物研究中心开发的 JKSimMet 粉碎流程模拟软件。试验结果提供了适合模拟的数据，但不能直接提供从一个粒度粉磨到另一个粒度所需的功率值。流程需要的粉磨功率通过在流程模拟中预测满足设计生产能力和粉磨粒度的磨机驱动功率进行估算，这个方法有些间接，而且不能提供有效粉磨功率的基准。在测定 A 和 b 的值时，在所有的颗粒粒度和岩石类型下粉碎方式都类似的假设对某些矿石类型会导致错误。试验依赖单颗粒粉碎和分批试验，无法评价稳定状态磨机负荷。

6.2.1 JKTech 落重试验（冲击（高能）粉碎试验）

JKTech 落重试验又称冲击（高能）粉碎试验，是一种单颗粒破碎试验。试验设备为澳大利亚昆士兰大学 Julius Kruitschnitt 矿物研究中心制造的 JK 落重试验机，其工作部件为一个可沿导轨垂直运动的落重物，落重物正下方的基础上设有放置被试验矿块的砧座。试验时，将试验样品放置在砧座正中，通过提升装置将落重物提升到预先确定的高度，然后释放落重物，使其自由下落到样品上，将样品击碎。使用不同质量的落重物和下落高度可改变其冲击粉碎的能量水平。JK 落重试验机外观见图 6-1，其结构和工作原理见图 6-2。

图 6-1 JK 落重试验机

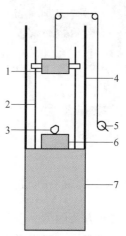

图 6-2 JK 落重试验机结构和工作原理[7] Ⅳ-224
1—落重物；2—导轨；3—矿样；4—安全罩；
5—提升装置；6—砧座；7—基础

将 100kg 样品按粒度分为 5 个粒级：$-63+53mm$，$-45+37.5mm$，$-31.5+26.5mm$，$-22.4+19mm$，$-16+13.2mm$。每个粒级有 10~30 个颗粒。将这些样品逐次置于 JK 落重试验机上，以 3 个能量水平冲击粉碎，产生 15 个粒度/能量组合。粉碎实况见图 6-3。

将每个粒度/能量组合的所有样品的粉碎产品收集在一起筛分，绘制粒度分布曲线。以参数 t_{10} 代表粉碎的量，定义为通过最初样品粒度 1/10 筛孔尺寸的粉碎产品的累积产率。最初样品粒度由各粒级的几何平均值表示，例如$-63+53mm$

粒级的几何平均值为 57.8mm。

15 个能量/粒度组合可产生一组 t_{10} 和粉碎单位能量 E_{cs}（kW·h/t）的关系

$$t_{10} = A(1 - e^{-b \cdot E_{cs}}) \tag{6-2}$$

式中，A 和 b 是高能冲击粉碎参数，与矿石对冲击粉碎的阻力有关，根据 15 个能量/粒度组合的数据，使用最小二乘法计算获得。A 是 t_{10} 可达到的最大值，很明显这只有在以较高能量粉碎时才会出现。参数 b 与较低能量下 t_{10}-E_{cs} 曲线（实例见图 6-4）的斜率有关。A 和 b 互相依赖，互相影响。由于 A 和 b 有关，通常将 A 和 b 的乘积 $A \cdot b$ 作为一个参数表示矿石在冲击粉碎时的硬度，其值越低表示矿石承受冲击粉碎的硬度越高，在一定冲击能量下产品粒度越粗。参数 $A \cdot b$ 又是 t_{10}-E_{cs} 曲线在原点处的斜率，是矿石在较低能量水平下粉碎的度量。$A \cdot b$ 的取值范围一般为 20 至 300，其值越低矿石越硬，其值越高矿石越软。

图 6-3　JK 落重试验机粉碎实况[8] IV-283

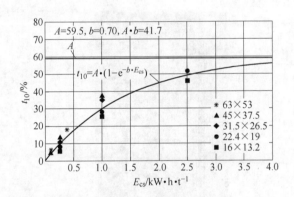

图 6-4　t_{10}-E_{cs} 曲线实例[6] IV-321

　　这项试验方法的另一个重要特点是它提供了岩石硬度随粒度在 13.2~63mm 之间变化的尺度。一般来说，t_{10} 值将随岩石粒度的增加而增加，这意味着矿石的硬度实际上减小了，这往往是粗粒岩石中裂纹数量增加的结果。对于介质能力很强的矿石，t_{10} 值随岩石粒度增加的幅度很小。而介质能力较差的有裂纹的矿石，t_{10} 随着粒度以较快的速度增加。罕有 t_{10} 随粒度增加而减小的情况。

　　这项试验在目前的许多种试验方法中输入能量最高，其额定能量最高值几乎达到大型工业磨机的水平。

6.2.2　磨剥（低能）粉碎试验

　　试验设备为 ϕ305mm×305mm 试验室磨机，装有 4 条或 8 条 6mm 或 10mm 高的提升条，筒体转速为 53r/min，临界转速率为 70%。

将 3kg 粒度为 −55+38mm 的样品置于 ϕ305mm×305mm 试验室磨机中粉磨 10min，然后测定所获产品的粒度分布和 t_{10} 值。给料的几何平均颗粒粒度为 45.7mm。磨剥系数 t_a 定义为磨剥试验获得的 t_{10} 的 1/10。t_a 值越小表示通过最初样品粒度的 1/10 的粉碎产品的物料产率越低，或磨剥粉碎的阻力越大。JK 落重试验参数与物料硬度的关系见表 6-3。

表 6-3 JK 落重试验参数与物料硬度的关系

参数	极硬	硬	中硬	中	中软	软	极软
$A \cdot b$	<30	30~38	38~43	43~56	56~67	67~127	>127
$t_a = t_{10}/10$	<0.24	0.24~0.35	0.35~0.41	0.41~0.54	0.54~0.65	0.65~1.38	>1.38

磨剥（低能）粉碎试验的缺点是会受到样品表面粗糙度的强烈影响，妨碍在批量环境下对稳定状态碎裂的描述。

6.2.3 测定物料密度

选取 30 块 26.5~31.5mm 的样品，用排水法测定密度并获得密度分布。物料的密度分布是影响自磨（半自磨）过程的重要因素，它将影响磨机负荷的容积密度和相关驱动功率。自磨（半自磨）机负荷的密度将受到高密度和低密度物料的相对硬度的很大影响。较硬的物料将在磨机负荷中占据主导地位，可能使磨机负荷中岩石密度保持在大约 2.7~3.9 之间的某一点。这个密度范围很重要，有可能造成自磨（半自磨）机驱动功率预测不准，特别是在钢球充填率较低时。一个值得注意的问题是矿石中是否含有耐冲击粉碎并且在粗粒阶段解离的高密度成分。这样的成分有可能在磨机内聚集而引起驱动功率问题。存在这种成分的标志是双峰密度分布，见图 6-5。

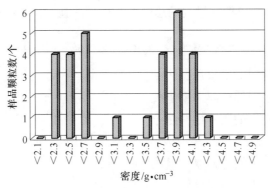

图 6-5 双峰密度分布实例[6]Ⅳ-322

6.2.4　试验结果的应用

本试验获得的 A、b 和 t_a 等参数用于澳大利亚昆士兰大学 Julius Kruttschnitt 矿物研究中心开发的 JKSimMet 粉碎流程模拟软件，可以模拟自磨（半自磨）流程工作过程。

6.2.4.1　JKSimMet 粉碎流程模拟软件

JKSimMet 粉碎流程模拟软件是当前国际上应用最广泛、知名度最高的粉碎流程模拟软件之一。在该软件中输入预先确定的工艺流程、初步确定的设备规格、给矿物料参数（包括矿石处理量、固体浓度、给矿粒度分布、矿石粉碎特征参数），以及其他有关设备参数和操作条件参数等，可模拟不同工艺流程中破碎机、自磨（半自磨）机、球磨机、棒磨机、高压辊磨机、振动筛、水力旋流器等设备的工作过程，计算获得适宜的工艺流程和设备参数，并获得最佳粉碎工艺流程。其中矿石粉碎特征参数通过一定的粉碎试验获得。软件的操作和运行步骤为：

（1）使用软件提供的设备和料流符号绘制流程图；

（2）输入给矿物料参数和设备参数等数据；

（3）进行不同选项的过程模拟；

（4）结果显示和输出。

该软件利用其中的自磨（半自磨）机数学模型模拟自磨（半自磨）机粉磨过程。

6.2.4.2　JKSimMet 粉碎流程模拟软件中的自磨（半自磨）机数学模型

JKSimMet 粉碎流程模拟软件中的自磨（半自磨）机数学模型包括总体平衡模型、矿浆输送模型和矿浆排料模型组成[9]36。

A　总体平衡模型

自磨（半自磨）机粉磨过程的总体平衡模型的基本数学形式如下

$$f_i - r_i \cdot s_i + \sum_{j=1}^{i} a_{ij} \cdot r_j \cdot s_j - d_i \cdot s_i = 0 \tag{6-3}$$

式中　f_i——第 i 粒级的给料量，t/h；

　　　r_i——第 i 粒级的粉碎速率函数，h^{-1}；

　　　s_i——第 i 粒级的固体量，t；

　　　a_{ij}——表观函数，表示粗粒级 j 粉碎后新产生的 i 粒级产品量；

　　　r_j——第 j 粒级的粉碎速率函数，h^{-1}；

　　　s_j——第 j 粒级的固体量，t；

　　　d_i——第 i 粒级的排料速率，h^{-1}。

式（6-3）的含义是：给料中第 i 粒级的固体量，减去自磨（半自磨）机内的第 i 粒级粉碎到粒度小于第 i 粒级的固体量，加上自磨（半自磨）机内大于第 i 粒级的各粒级粉碎到第 i 粒级的固体量，再减去自磨（半自磨）机排料中第 i 粒级的固体量，结果为 0。

式（6-3）中关键参数为表观函数 a_{ij} 和粉碎速率 r_i 或 r_j。表观函数是物料的固有特性，由本试验获得的 A、b 和 t_a 等参数确定。

粉碎速率函数表示某个粒级单位时间内的减少量，由处理量、磨机功率、磨机转速、给料粒度、钢球直径、钢球充填率、矿浆浓度等磨机的工作条件确定。粉碎速率函数包括 R_1、R_2、R_3、R_4 和 R_5 五个 R 函数，每个对应自磨（半自磨）机内一个物料粒度，分别为 R_1 对应 0.25mm、R_2 对应 4mm、R_3 对应 16mm、R_4 对应 44mm 和 R_5 对应 128mm。R 函数分别由以下五个公式表示

$$\ln(R_1) = [k_{11} + k_{12}\ln(R_2) - k_{13}\ln(R_3) + J_B(k_{14} - k_{15}F_{80}) - D_B]/S_b \qquad (6\text{-}4)$$

$$\ln(R_2) = k_{21} + k_{22}\ln(R_3) - k_{23}\ln(R_4) - k_{24}F_{80} \qquad (6\text{-}5)$$

$$\ln(R_3) = S_a + [k_{31} + k_{32}\ln(R_4) - k_{33}R_r]/S_b \qquad (6\text{-}6)$$

$$\ln(R_4) = S_b[k_{41} + k_{42}\ln(R_5) + J_B(k_{43} - k_{44}F_{80})] \qquad (6\text{-}7)$$

$$\ln(R_5) = S_a + S_b[k_{51} + k_{52}F_{80} + J_B(k_{53} - k_{54}F_{80}) - 3D_B] \qquad (6\text{-}8)$$

式中　k_{ij}——回归系数；

　　　J_B——自磨（半自磨）机内钢球及其空隙占据的容积百分数；

　　　F_{80}——给料中 80% 通过的粒度，mm；

　　　D_B——钢球放大比例，为模拟的钢球直径除以 90 的自然对数值；

　　　S_b——磨机临界转速放大比例，为模拟的自磨（半自磨）机转速（r/min）除以 0.75；

　　　S_a——磨机转速放大比例，为模拟的自磨（半自磨）机转速（r/min）除以 23.6 的自然对数值；

　　　R_r——顽石返回比，由下式计算

$$R_r = \frac{Q_s}{Q + Q_s} \qquad (6\text{-}9)$$

式中　Q_s——-20～+4mm 返砂量，t/h；

　　　Q——自磨（半自磨）机新给料量，t/h。

由这些公式可见，自磨（半自磨）机内不同粒级的粉碎速率反映了不同的粉碎过程，粗粒级的 R_4 和 R_5 反映了自磨介质的粉磨过程，决定着自磨（半自磨）机的生产能力；细粒级的 R_1、R_2 和 R_3 反映了抛落粉磨过程，决定着自磨（半自磨）机的产品粒度。这些公式还表明，细粒级的粉碎速率与粗粒级的粉碎速率有关。

B　矿浆输送模型

自磨（半自磨）机内矿浆输送过程决定着物料的通过量。矿浆输送模型根据大量的工业数据建立，其基本形式为

$$J_p = kG^{0.5}\gamma^{-1.25}A^{-0.5}\Phi^{0.67}D^{-0.25} \tag{6-10}$$

式中　　J_p——矿浆占自磨（半自磨）机容积的百分数；

k——排料系数，初始值取 10000；

G——排料体积流量，m^3/h；

γ——格子孔平均半径系数；

A——格子板开孔面积，m^2；

Φ——临界转速率；

D——自磨（半自磨）机直径，m。

其中 γ 由下式计算

$$\gamma = \frac{\sum r_i a_i}{r_m \sum a_i} \tag{6-11}$$

式中　　a_i——在 r_i 半径上所有格子孔的面积，m^2；

r_m——自磨（半自磨）机半径，m。

由式（6-10）可见，自磨（半自磨）机的通过量主要与自磨（半自磨）机直径、转速和格子孔面积有关。

C　矿浆排料模型

矿浆中的固体颗粒排出自磨（半自磨）机的速度与格子孔尺寸有关，当固体颗粒粒度 x_i 大于格子孔尺寸 x_g，即 $x_i > x_g$ 时，固体颗粒通过格子板排出的概率 $C_i = 0$；设固体颗粒流动性与水相当时的粒度为 x_m，当 $x_i < x_m$ 时，固体颗粒通过格子板排出的概率 $C_i = 1$；当 $x_m < x_i < x_g$ 时，C_i 由下式确定

$$C_i = [\ln(x_i) - \ln(x_g)] / [\ln(x_i) - \ln(x_m)] \tag{6-12}$$

6.2.5　试验和应用实例

这里给出了一个根据本试验获得的 A、b 和 t_a 等参数，使用 JKSimMet 粉碎流程模拟软件中的自磨（半自磨）机数学模型模拟计算的自磨（半自磨）结果实例[9]39。

试验获得的自磨（半自磨）参数为 $A = 71.8$，$b = 0.8$ 和 $t_a = 0.6$，用于 JKSim-Met 粉碎流程模拟软件中，模拟得到自磨（半自磨）机流程和设备参数见图 6-6。由图可见，设计原矿生产能力为 2400t/h，原矿粒度为 80% 通过 73.646mm。模拟计算确定半自磨机直径为 $\phi 11.43m$，安装功率为 16078.88kW。半自磨机产品（排料筛筛下）粒度为 80% 通过 2.135mm。顽石排出量为 300.523t/h，占原矿量

的 12%，顽石破碎机安装功率为 224.96kW。球磨机直径为 ϕ8.2m，安装功率为 13828.39kW。水力旋流器溢流粒度为 80%通过 139μm。

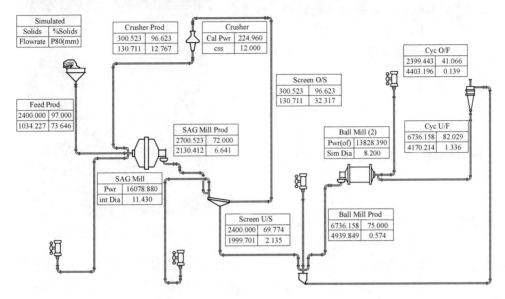

图 6-6　JKMRC 自磨（半自磨）试验结果及其在 JKSimMet 粉碎流程模拟软件中的应用[9]39

6.3　JKMAC 旋转破碎试验

　　以往的冲击破碎试验仪器如 JKTech 落重试验机等都需要手工将单块岩石样品定位在砧座或冲击表面上，这既耗费试验时间又增加试验成本。为使试验易于实施，通常都将样品限制在有限的数量，这不可避免地影响了试验结果的统计学准确性。另外，动力效应模型（DEM）模拟研究表明，自磨/半自磨机中的破碎以低能多次冲击而不是单次高能冲击占主导地位，这要求在试验中以多次低冲击能量逐次增强的破碎过程描述样品特性。然而，使用落重试验进行多次低能量冲击试验非常消耗时间而且不切实际。为解决以上问题，澳大利亚昆士兰大学 Julius Kruttschnitt 矿物研究中心开发了一种能够快速进行落重试验的机器，称为 JKMAC 旋转破碎试验机（JKRBT）[10]901。该试验机借鉴了立式冲击破碎机的结构原理，利用可控制的动能快速测定大量矿石颗粒的破碎特性。已经有七台 JKMAC 旋转破碎试验机部署在世界各地，包括澳大利亚、美国、加拿大和南非。

6.3.1　试验设备

　　试验设备是 JKMAC 旋转破碎试验机，由澳大利亚 Russell 矿物设备公司（RME）设计和制造。其主要结构由基座部件和盖子部件两大部分组成。基座部

件上装有转子、驱动系统、速度控制器、真
空装置、回收箱、电动推杆等零部件。盖子
部件上装有砧板、曲柄旋转给料机、配重和
观测窗等。JKMAC 旋转破碎试验机结构见图
6-7。转子位于基座部件上部、盖子部件内的
环形布置的砧板中央，直径 φ450mm。转子
由 3 相 7.5kW5000r/min 电动机直接驱动，采
用变频驱动准确控制电动机/飞轮速度，从而
控制岩石样品撞击砧板的能量。电动机用
VFD 装置通过控制面板上的人机界面（HMI）
控制。转子上部有一个进料口，进料口与 3
个径向导向通道相通。转子和盖子部件与水
平面成 30°角，以便操作。曲柄旋转给料机通
过空气流控制，操作噪声低于 85dB，并可限

图 6-7 JKMAC 旋转破碎试验机[10]906

制给入转子的岩石长度。盖子部件上的观测窗，用于高速摄像机摄像和校准机器
速度。盖子部件可以由电动推杆打开，以便于清扫破碎腔和维护设备内部零部
件。盖子部件后部设计有配重，以防止盖子在打开或关闭期间因重力不平衡而失
控。一个弹簧加载的安全拉杆安装在基座部件上砧板周围，如有外部物体妨碍盖
子正常关闭或对操作者造成危险，将使安全拉杆启动，盖子部件重新开启。基座
部件上装有加速度计，如果检测到过度振动将使机器停车。基座部件上还装有若
干接近开关，确保只有整个设备完全正常并且盖子部件被安全锁紧，机器才能运
转。如果回收箱没有锁紧在其正确位置上，一个接近开关会防止机器操作。

6.3.2 试验方法

试验样品可以是矿石或钻探岩芯，最大粒度为 45mm，分为 -45+37.5mm，
-31.5+26.5mm，-22.4+19mm，-16+13.2mm 4 个粒级。可见 JKTech 落重试验
的 5 个粒级中有 4 个可以用于本试验。虽然 -63+53mm 的粗粒级不能使用，但新
的破碎模型可以可靠地推测这一粒级的影响。至今试验中使用的最小粒级是
1.40~1.70mm。

试验时，将一定粒度的岩石样品装入曲柄给料机的隔室，随着曲柄的旋转，
隔室内的岩石样品通过给料管排入转子。进入转子的样品随着转子的高速旋转随
机进入导向通道之一，在通道内加速然后从转子圆周高速抛射出去，以一定速度
冲击到周围的砧板上破碎。每次冲击产生的单位能量可以由下式计算

$$E_{cs} = 3.046 \times 10^{-6} \cdot C^2 \cdot N^2 \cdot \left(r + \frac{x}{2} \right)^2 \tag{6-13}$$

式中 E_{cs}——单位能量，kW·h/t。单位能量范围在 0.001kW·h/t~3.8kW·h/t 之间，适合所有的试验颗粒粒度；

　　　r——转子半径，m；

　　　x——颗粒几何平均粒度，m；

　　　N——转子速度，r/min；

　　　C——在一定转子转速和操作条件下决定最大可能冲击速度的机器设计常数，在大约 0.85 和 0.95 之间变化，表明动能从转子传递给颗粒的效率小于 100%。

　　式（6-13）表明颗粒质量不影响单位能量，就像使用落重试验机的情况一样。JKMAC 旋转破碎试验机工作原理见图 6-8。

　　破碎后的产品进入转子下部的可移动回收箱内。真空装置使空气先通过回收箱，然后通过初级过滤器（布袋）进入真空袋，HEPA 过滤器防止粉尘进入环境。

　　与现有冲击破碎试验方法相比，JKMAC 旋转破碎试验方法存在以下优越性：

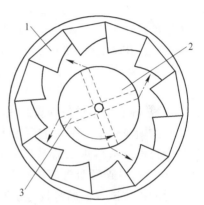

图 6-8　JKMAC 旋转破碎试验机
工作原理[10]903
1—砧板；2—转子；3—导向通道

　　（1）以较低能量多次冲击测定矿石样品的破碎特性，符合动力效应模型（DEM）基于自磨/半自磨机破碎以低能多次冲击而不是高能单次冲击占主导地位的思想；

　　（2）可使用较多数量的样品，提高了试验的统计学准确性；

　　（3）不再需要手工将岩石样品定位在砧座上或试验位置上，提高了试验速度，缩短了试验时间；

　　（4）试验费用低。

6.3.3　试验结果的应用

　　JKMAC 是旋转破碎试验结果应用于 JKMRC 开发的一种结合了颗粒粒度影响的新破碎模型。

　　在 JKTech 落重试验结果赖以应用的 JKSimMet 粉碎模型中，根据式（6-2），为了获得一定破碎条件下的产品粒度分布，只需要知道单位能量 E_{cs} 和矿石参数 A 和 b，而与粒度无关。这是基于自磨（半自磨）中不同粒度的颗粒在受到相同的冲击能量时会以相同的方式破碎的假设。然而，自磨（半自磨）机给料含有 0~200mm 的颗粒，粒度无疑对破碎过程产生影响。为此，JKMRC 开发了一种结合了颗粒粒度影响的新的破碎模型。这一模型描述了破碎指数 t_{10} 与物料特性、颗粒粒度和净累积冲击能量的关系：

$$t_{10} = M\{1 - \exp[-f_{mat} \cdot x \cdot k(E_{cs} - E_{min})]\} \tag{6-14}$$

式中　M——被破碎物料的最大 t_{10} 值；

　　f_{mat}——物料破碎特性，$kg/(J \cdot m)$；

　　　x——最初颗粒粒度，m；

　　　k——以单次冲击能量计的连续冲击数量；

　　E_{cs}——单位冲击能量，J/kg；

　　E_{min}——入口能量，J/kg。

为了使每一种矿石获得适当的破碎概率曲线，试验需要迅速地使许多颗粒受到重复粉碎，JKMAC 旋转破碎试验机已证明可满足这种应用要求。

新模型的参数可以转变为 $A \cdot b$ 值

$$A \cdot b = 3600 M f_{mat} x \tag{6-15}$$

式中，常数 3600 用于单位换算。式（6-15）给出了一定粒度下的 $A \cdot b$ 值。根据所有试验的颗粒粒度的平均值可以求得总 $A \cdot b$ 值。既然新破碎模型中结合的独立变量值都可以从落重试验数据库获得，新破碎模型的这一延续性特点意味着 JKMRC 开发的粉碎模型将使用现有的矿石特性数据工作。因此各个采矿公司多年来获得的落重试验数据将具有新的价值。迄今为止，为验证新的破碎模型已使用了 100 多套落重试验数据，包括各种矿石、钻探岩芯和煤的样品的一次冲击、多次冲击和料层破碎数据，新模型产生了满意的结果。

6.4　半自磨机粉碎（SMC）试验

澳大利亚 SMCC Pty 公司开发的试验室试验与计算机模拟相结合的方法[8] IV-279。该试验的出发点是使用非常少量的样品（如钻探岩芯）进行简单的落重试验，获得落重指数 DW_i，结合基于功率的方法和基于数学模型的方法，为自磨（半自磨）流程设计和设备选型提供依据。落重指数 DW_i，又称强度指数，是反映自磨（半自磨）机粉磨物料所需单位能量的参数。基于功率的方法利用 DW_i 指数与很宽范围内的自磨（半自磨）生产单位能量之间的相互关系，基于数学模型的方法利用 DW_i 指数与 JK 岩石破碎参数 A 和 b 之间的直接关系。

6.4.1　试验设备

试验设备为澳大利亚昆士兰大学 Julius Kruitschnitt 矿物研究中心制造的 JK 落重试验仪。

6.4.2　试验方法

样品粒度范围为以下之一：13.2 ~ 16mm、19 ~ 22.4mm、26.5 ~ 31.5mm 或

37.5~45mm，多选择 26.5~31.5mm 或 19~22.4mm 的范围，这些粒度范围的有代表性的样品容易从岩芯获得，并且是使用最多的岩芯粒度。适合 SMC 试验使用的岩芯样品见表6-4。当样品为钻探岩芯时，用金刚石锯片先切成饼状，然后再切成1/2或1/4的扇形（见图6-9）。如果尺寸还大，可以进一步破碎（见图6-10）。

表 6-4　适合 SMC 试验使用的岩芯样品[8]Ⅳ-281

岩 芯 种 类	名义直径/mm
PQ	85.0
HQ	63.5
NQ	47.6
BQ	36.5
AQ	27.0

图 6-9　SMC 试验用的岩芯样品[8]Ⅳ-281　　　　图 6-10　破碎后的岩芯样品[8]Ⅳ-281

选择 100 块样品，测定它们的平均密度，然后将它们分成 5 等份，每份 20 块。实际试验仅使用 2~2.5kg。

将样品置于 JK 落重试验仪上，以三个不同的能量水平破碎。

6.4.3　数据处理和试验结果

6.4.3.1　基于功率的方法

收集碎后产品进行筛分，绘制破碎产品的筛下累积产率与输入能量（J）的关系曲线。曲线的斜率与岩石的强度有关，较弱的岩石斜率较大。根据斜率可以获得落重指数 DW_i（kW·h/m³）。

对于带有筛缝为 10~20mm 的滚筒筛或筛分机的自磨（半自磨）机闭路流程，磨机小齿轮轴单位能量 E 为

$$E = K \cdot F_{80}^a \cdot DW_i^{\ b} \cdot [1 + c(1 - e^{-d\varphi})]^{-1} \cdot \Psi^e \cdot f(A_r) \qquad (6-16)$$

式中　　　K——系数，其值取决于流程中是否有砾石破碎机；

F_{80}——给料中 80% 通过的粒度；

DW_i——落重指数；

φ——钢球充填率；

Ψ——磨机临界转速率；

$f(A_r)$——磨机长径比的函数；

a，b，c，d，e——常数。

式（6-16）的适用条件见表 6-5。相应于式（6-16）的自磨（半自磨）流程产品 80% 通过的粒度 T_{80} 为

$$T_{80} = k - \frac{qE}{DW_i{}^b} \qquad (6\text{-}17)$$

式中　k，q——常数。

表 6-5　式（6-16）的适用条件[8]Ⅳ-288

参　数	单　位	数值范围	参　数	单　位	数值范围
磨机直径 D	m	3.94~12.02	落重指数 DW_i	kW·h/m³	1.7~14.3
磨机长度 L	m	1.65~9.5	F_{80}	mm	19.4~176
长径比 L/D	—	0.34~2.02	T_{80}	μm	20~600
临界转速率 Ψ	%	58~90	矿石密度	t/m³	2.5~4.63
钢球充填率 φ	%	0~25	JK 落重试验参数 A	—	48~81.3
单位能量	kW·h/t	2.2~38.6	JK 落重试验参数 b	—	0.25~2.97
Bond 球磨功指数	kW·h/t	9.4~26	$A \cdot b$	—	12~241

对于自磨（半自磨）—球磨流程，式（6-16）明确否定了某些方法（如加拿大 MinnovEX 技术公司半自磨功率指数试验）中使用流程特性总修正系数 f_{SAG} 进行修正的必要性。该式中使用的 DW_i 来源于冲击试验（不含有磨剥过程），但同样很好地预测了自磨和半自磨结果。这表明从自磨和半自磨机反映的单位能量和能量效率看，磨剥和冲击之间不存在不可逾越的鸿沟。

对于自磨（半自磨）机与细筛和旋流器闭路的流程，式（6-16）的计算结果为磨至式（6-17）粒度所需的磨机小齿轮轴单位能量，除此之外还需估算从这个粒度粉磨到细筛/旋流器的规定粒度的附加单位能量 W（kW·h/t）为

$$W = M_i \cdot K \left[x_2^{f(x_2)} - x_1^{f(x_1)} \right] \qquad (6\text{-}18)$$

式中　M_i——与矿石解离特性有关的系数，kW·h/t，用 Bond 球磨功指数试验数据计算（不使用 Bond 球磨功指数本身）；

K——用于平衡公式单位的常数；

x_2——产品中 80% 通过的粒度；

x_1——给料中 80% 通过的粒度。

式（6-18）称为 SMCC 粉碎公式。

6.4.3.2 基于数学模型的方法

落重试验可产生总共 15 对 t_{10} 和 E_{cs} 数据，带入式（6-2）中计算获得冲击粉碎参数 A 和 b。与标准 JK 落重试验所需的至少 75kg PQ 岩芯不同的是，SMC 试验可以使用数量有限的小直径岩芯非常准确地确定 A 和 b 值。这是由于 SMC 试验利用了 $A \cdot b$ 值与颗粒粒度和岩石类型的相关性。t_{10} 和 E_{cs} 之间的关系与颗粒粒度有关，在不同的颗粒粒度下其关系不同。随着颗粒粒度的减小颗粒强度增加。A 与 b 的乘积与岩石的硬度有关，岩石越硬其值越低。SMC 试验以一个粒度经非常严格地确定的特定的粒级为目标，以保证每个试验颗粒的粒度和质量都非常类似。然后用特定的相关性对 SMC 试验的原始数据加以调整，从而确定出相当于标准落重试验的 A 和 b 值。

Morrell 自磨（半自磨）模型仅使用式（6-2）和冲击粉碎参数 A 和 b，而不需磨蚀解离参数 t_a，即可准确预测自磨（半自磨）生产能力和产品粒度。模拟还能够使所建立的粉碎流程适应矿石类型的变化，模型开发的优化技术思想还能够解决预期流程特性的任何有害变化。这在设计阶段特别有用，所选择的流程可以在一定范围的条件下进行模拟试验，以验证其是否能够达到生产目标。然后可以将模型技术思想发展到解决任何潜在的问题，包括改变磨机操作，例如在怎样的球荷、速度下，还包括通过改进爆破方案和初碎机操作改变给料粒度分布。因此，模拟补充了 DW_i 基于功率的方法，并有助于保证设计可靠性。

冲击粉碎参数 A 和 b 还能够用于粉碎流程模拟软件 JKSimMet，进行建模和模拟。

6.4.4 试验结果的应用

6.4.4.1 基于功率的方法

在设计时，将式（6-16）至式（6-18）预测的单位能量带入一个预测磨机在一定规格、加球量、总负荷和转速下的驱动功率的数学模型，根据要求的生产能力调整磨机的规格，直到获得必要的驱动功率。

对于现有流程，当根据钻探岩芯预测未来开采的矿石用自磨（半自磨）流程处理的情况时，可由现有磨机的驱动功率除以预测的单位能量，获得预测的生产能力。因此每个试验的钻探岩芯可以得出一个生产能力。这样，随着矿山的逐步开采，与矿山矿块模型相结合，能够建立自磨（半自磨）流程的未来特性的详细面貌。

6.4.4.2 基于数学模型的方法

根据 Morrell 自磨（半自磨）模型预测的自磨（半自磨）生产能力和产品粒

度分布选择自磨（半自磨）机。

由于 DW_i 与点负荷指数和无约束压缩强度（UCS）有关，因此还可应用于描述采矿作业的岩体特性。DW_i 可以同时用作粉碎流程模型和爆破碎裂模型的输入参数，因此非常适合采矿与磨机的关系研究以及预测自磨（半自磨）机给料粒度，这是单独的点负荷或 UCS 不能做到的。还发现高压辊磨机操作功指数与 DW_i 有密切关系，因此 DW_i 不仅对自磨（半自磨）流程，而且对高压辊磨机流程都是描述矿体概貌的有价值工具，并可以与半工业和/或试验室高压辊磨机试验工作相结合，用于确定高压辊磨机流程需要的单位能量。

利用 JKSimMet 矿物加工模拟器软件可以模拟自磨（半自磨）机、破碎机、球磨机和高压辊磨机等设备的工作过程。

6.5　半自磨功率指数（*SPI*）试验

加拿大 MinnovEX 技术公司 1993 年前后开始开发，1998 年初形成的试验室试验与计算机模拟相结合的半自磨—球磨流程设计方法[11]270,[12]。这里所指的半自磨包括了自磨（钢球充填率为 0 的半自磨特例）。这一方法有三个突出特点：（1）采用独创的有代表性硬度分布方法描述矿体，改变了以往仅仅用少量有代表性样品描述矿体的方式，使得流程设计能够考虑矿床所有位置处和在整个开采寿命期间的硬度变化，从而确保设计的准确性和最佳化，避免设计不足或过度设计；（2）用独创的半自磨功率指数（*SPI*）反映物料的半自磨硬度，用 Bond 球磨功指数反映物料的球磨硬度，作为矿体硬度分布和半自磨—球磨流程设计的基础数据；（3）采用独创的粉碎经济性评价工具（CEET）进行数据处理和流程设计，能够预测采用半自磨—球磨流程的情况下，不同流程结构和工艺条件下的能量消耗、生产能力和粒度指标，并通过调整半自磨和球磨之间的过渡粒度使整个系统的粉碎过程最佳化，从而选择确定磨机规格、最佳流程和工艺条件。SPI 试验只能在加拿大多伦多的 Minnovex 技术公司、南非约翰内斯堡的英美研究试验室（AARL）或巴西的其特许的实验室之一进行。

SPI 试验的缺点是：试验结果实质上只能使用在 CEET 程序中，虽然这些结果可以和试验数据库中的其他数据进行比较。在所有类似试验中这项试验的名义最大能量最低，并且对磨机中最大粒度的颗粒来说以 J/kg 计的能量水平最低。因此，这项试验实质上是矿石的磨蚀粉碎特性的标志。正如其他分批试验那样，这项试验也具有不能达到稳定状态负荷的局限性[5]129。

6.5.1　试验样品

样品代表整个矿床的硬度变化特性，这就需要多达数百甚至数千个样品，因此 SPI 试验特别强调正确采样的重要性。这些样品采集自矿床矿块模型中的某些矿块上，这些矿块根据矿石品位、岩石类型和矿床开采计划确定。采样方法是：在某个台阶上数米至数十米长的采样区间内每 0.5m 采取一段 25.4~50.8mm 长的岩芯（剖分的），组成一个混合样品。典型的是 15m 长的采样区间，可获得 30 个小岩芯段，组成一个混合样品。岩芯孔间距的形式和尺寸根据岩石类型和合格样品数量的需要确定。当采取开裂的和脆性的岩芯时，应注意回收有代表性的细粒级。当采取特性变化很大的物料的样品时或希望精确预测时，就需要采用刻槽法采样。当样品数量受到限制，不能获得完整的硬度分布时，必须注意采取最坚硬的物料的样品。在几个矿山的操作现场进行的广泛重复试验工作表明，上述获得 15m 区间混合样的方法的采样误差在允许范围内。

每项 SPI 试验需要 2kg 不小于 100% 通过 25.4mm 的样品，考虑制样过程的损失以及重复试验的需要，每个样品的采样量应不少于 5kg。考虑到 Bond 球磨功指数试验，最好每个样品不少于 12kg。

6.5.2 试验工作

试验工作包括 SPI 试验、Bond 球磨功指数试验和对一些必要的物料特性参数的测定。目标是获得半自磨功率指数（*SPI*）、Bond 球磨机功指数（W_{ib}）和其他设计所需物料特性参数。

6.5.2.1 SPI 试验

试验设备为 Starkey 试验室半自磨机，规格为 ϕ305mm×102mm，见图 6-11。磨机内装有占容积 15% 的钢球，钢球直径为 ϕ25mm。

将样品放入 Starkey 试验室半自磨机内进行反复的循环式分批粉磨。每个循环后卸出磨内物料进行筛分，筛下作为产品，筛上作为循环负荷返回磨机进行下一

图 6-11　Starkey 试验室半自磨机[13]

循环粉磨，直至 80% 通过 1.7mm，获得粉磨时间和产品粒度的关系曲线。将矿样从 25.4mm 磨至 80% 通过 1.7mm 所用的时间就是 *SPI*（min）。粉磨时间越长表明矿石越硬。

6.5.2.2 Bond 球磨功指数试验

试验设备是 Bond 功指数球磨机。将 SPI 试验样品破碎到 -3.35mm，进行 Bond 球磨功指数试验，获得 W_{ib}(kW·h/t)。试验样品数量少时，可采用简化的 Bond 球磨功指数试验方法。

6.5.3　粉碎经济性评价工具（CEET）

粉碎经济性评价工具[14,15]Ⅳ-207（英文首字缩写为 CEET）是 SPI 试验数据处理和半自磨—球磨流程设计的专用软件，由 Minnov EX 技术公司和 13 家采矿公司于 2001 年联合开发完成。CEET 可利用矿床矿块模型和 SPI 及 Bond 球磨功指数试验建立矿床硬度数据库，确定矿床硬度分布，从而全面描述矿床概貌；可以预测矿床矿块模型中每个矿块在不同半自磨—球磨流程时的粉磨功率、生产能力、粉磨粒度和粉碎操作成本，从而进行多种方案的流程设计，选择最佳半自磨—球磨机流程，并使得在整个矿山寿命期间达到生产操作最佳化。在 2001 年 5 月发布的第二版 CEET 中进一步增加了给料粒度预测、流程中的破碎和过渡粒度预测等。

CEET 主要由 CEET 数据库、以 SPI 能量关系为基础的半自磨流程过程模型和以 Bond 关系为基础的球磨流程过程模型三部分组成。

6.5.3.1　CEET 数据库

CEET 数据库基于矿床矿块模型建立，矿床矿块模型含有少则数千、多则数百万个矿块。当一个矿体的采样工作完成后，就可以通过试验获得各个岩芯混合样的 SPI 和 W_{ib}，还需测定每个样品的以下参数：混合样采样中心的 x、y、z 轴坐标、岩石类型、蚀变类型、岩石密度、岩石质量指标或岩芯完整性指标（RQD）、岩石机械性能参数、其他观测资料等。然后将这些数据分别输入矿床矿块模型中的相应矿块。

进行了取样的矿块在矿床矿块模型中只占一部分甚至一少部分，对于未取样的矿块，就需要根据取样矿块中的数据计算预测 SPI 和 W_{ib}。首先根据岩石类型赋给每个模型矿块一对缺省 SPI 和 W_{ib} 值，保证所有矿块都有一对值，然后计算获得预测值。计算方法有两种。如果样品数量足够，采用地质统计学插值法（kriging 法）是最理想的，它可保证计算的误差最小；如果样品数量不足，就需要采用反距离加权插值法。最终结果是矿床矿块模型中每一个矿块都含有一组实测或计算的数据。

由于 CEET 数据库描述了矿床的硬度概貌，因此又称为物料硬度数据库。到 2000 年 12 月为止，CEET 数据库已含有北美、南美和南非的 26 种工业半自磨—球磨流程的大约 200 个不同配置和工艺参数组合的流程考察数据和大约 3500 个 SPI 试验样品的数据，并将这大约 200 个流程作为基准流程。

在一个项目的发展进程中，CEET 数据库逐渐形成，在其发展的一定阶段达到一定的规模，具备一定的功能。

（1）概念性设计的数据库。在项目的早期阶段，获得的钻探岩芯很少。然而，CEET 可以使用少到一个样品的数据进行工作。正确地使用流程特性修正系数可最大程度地减少 SPI 和 Bond 经验过程模型的误差。

（2）可行性设计的数据库。在预可行性阶段，应该已经采集到足够的样品，从而为矿体提供半工业概貌，并能够产生至少一维的变量图。利用变量图和标准地质统计技术方法可以定量地确定样品在矿床中的分布密度和设计的标准误差之间的关系。

（3）最终设计的数据库。使 SPI 和 W_{ib} 硬度数据分布于矿床矿块模型的各个矿块，数据库被完善到现场地质统计员认可其对设计和投资支出具有代表性，这时 CEET 能够发挥出全部潜力，从而可以由此作出投资决定。

（4）产品计划的数据库。将标准地质统计方法与确定样品分布密度和 CEET 预测的生产能力平均值标准误差之间的定量关系相结合，确定磨机生产能力的生产计划需要的数据库。

6.5.3.2 半自磨流程过程模型

CEET 根据 SPI 能量关系确定矿床中各个矿块的半自磨所需单位能量。根据大量生产选厂的数据，工业半自磨机小齿轮轴所需单位能量 $W_{SAG}(kW \cdot h/t)$ 与 SPI 的一般函数关系为

$$W_{SAG} = k \left(\frac{SPI}{\sqrt{T_{80}}} \right)^n \qquad (6-19)$$

式中 k，n——经验常数；

      T_{80}——80%通过的半自磨流程到球磨流程之间的过渡粒度，也就是半自磨流程产品粒度或球磨流程给料粒度，μm。

式（6-19）反映的 SPI 能量关系是基于标准流程，即半自磨机与圆筒筛或振动筛闭路工作，没有砾石破碎机；半自磨给料粒度 F_{80} 为 150±30mm、负荷充填率大约 30%，临界转速率大约 75%。如果给料粒度在上述范围以外，或存在砾石破碎机，则需要两个附加半自磨流程特性修正系数：f_1——给料粒度修正系数；f_2——砾石破碎修正系数。标准流程中不含砾石破碎机是经过认真考虑的。砾石破碎机对半自磨流程的影响或者很小，或者很大，取决于很多因素。将砾石破碎从半自磨流程中独立出来，更容易研究分析其影响。

设计新选矿厂中半自磨—球磨流程的半自磨部分时，半自磨流程特性修正系数由 CEET 数据库中的基准流程考察数据提供，物料 SPI 值由新选矿厂矿体样品的 SPI 试验获得。

预测现有半自磨—球磨流程中半自磨部分的生产能力和粉磨特性时，则需要使用矿体中不同硬度的物料进行一系列流程考察，获得工业半自磨机小齿轮轴单位电耗 $W_0(kW \cdot h/t)$，同时从半自磨流程给料中采样测定 SPI 值，利用式（6-19）计算小齿轮轴单位电耗 $W_{SAG}(kW \cdot h/t)$。这两个单位电耗的比值就是 CEET 使用的、包含以上两个流程特性修正系数的流程特性总修正系数 f_{SAG}

$$f_{SAG} = \frac{W_0}{W_{SAG}} \tag{6-20}$$

当所考察的物料硬度范围足够宽时，就可获得最佳的 f_{SAG} 结果。

6.5.3.3 球磨流程过程模型

对于矿床中的任何矿块，球磨流程所需单位能量原则上可以由 Bond 体系的功耗法计算获得。但是经实际考察，工业半自磨—球磨流程的球磨机小齿轮轴单位能量普遍低于功耗法计算的单位能量。这是由于 Bond 功耗法的球磨流程给料不是基于自磨产品，自磨产品中含有较多的细粒级影响了其后的球磨流程。因此，在 CEET 中，用 Bond 球磨功指数计算一个现有球磨流程的生产能力和粉磨特性指标时，不是使用功耗法提供的若干修正系数，而是使用一个涵盖功耗法的若干修正系数的总修正系数 CF_{Net}。球磨机小齿轮轴单位能量 $W_{BM}(kW \cdot h/t)$ 为

$$W_{BM} = 10 CF_{Net} W_{ib} \cdot \left(\frac{1}{\sqrt{P_{80}}} - \frac{1}{\sqrt{F_{80}}} \right) \tag{6-21}$$

设计新选矿厂中半自磨—球磨流程的球磨部分时，功耗法总修正系数 CF_{Net} 由 CEET 数据库中的基准流程考察数据提供，物料 W_{ib} 由新选矿厂矿体样品的 Bond 球磨功指数试验获得。

预测现有半自磨—球磨流程中球磨部分的生产能力和粉磨特性时，则需要使用矿体中不同硬度的物料进行一系列流程考察，获得工业球磨机的操作功指数 $W_{i0}(kW \cdot h/t)$，同时从球磨流程给料中采样测定 W_{ib}。这两个数据的比值就是 CEET 使用的功耗法总修正系数 CF_{Net}

$$CF_{Net} = \frac{W_{i0}}{W_{ib}} \tag{6-22}$$

当所考察的物料硬度范围足够宽时，就可获得最佳的结果。

6.5.4 用 CEET 进行 SPI 试验数据处理和半自磨—球磨流程设计

6.5.4.1 CEET 的工作步骤

（1）输入数据。需要三组输入数据。

第一组输入数据来自矿床矿块模型的矿块列表，含有基本矿块信息以及 SPI 和 W_{ib} 值。

第二组输入数据存在于 CEET 内，是从 10 种流程结构和很宽范围的流程设备规格得出的可供选择的流程的综合列表。

第三组输入数据由用户提供，为用户的预期指标，诸如（对于新设计）：1）平均生产能力；2）允许的最大生产能力；3）允许的最小生产能力；4）预期的平均 P_{80}；5）允许的最大 P_{80} 等。

（2）预测每个矿块和每种流程的粉磨特性（生产能力和粉磨粒度）和成本（操作和基建）。SPI 和 W_i 矿块值和 x、y、z 坐标值一起从 Minesight 软件输出到一个 ASCII 码文件。ASCII 码文件被传递到处理群，CEET 计算出每个矿块的生产能力值，然后将计算的生产能力值传递回 Minesight 软件并输入矿块模型。

（3）总结针对整个矿块模型预测的每一特定流程的特性和成本在各个矿块上的结果。

（4）以关键经济和生产能力基本参数为目标，对流程设计进行分类，比较和选择最低成本的粉磨流程，使矿体能够满足生产能力和粉磨粒度操作指标。对单独开采的矿块或矿块组，设计者将拥有选择不同生产能力和（或）粉磨指标的余地。

半自磨—球磨流程的小齿轮轴总单位输入功率 $W(\mathrm{kW \cdot h/t})$ 为半自磨机和球磨机的小齿轮轴单位输入功率之和，即

$$W = W_{\mathrm{SAG}} + W_{\mathrm{BM}} \tag{6-23}$$

计算粉磨功率时，需为电动机安全系数和电气、机械传动损失保留适当的余量。半自磨机安装功率要比粉磨所需的和计算的功率大 10%，球磨机安装功率需要大 5%。

CEET 可以一个矿块一个矿块地进行设计计算，可以重复运行以分析方案在不同情况下的结果。

如果一个粉碎流程已经存在，CEET 将预测矿床矿块模型中每个矿块在该流程中的生产能力和粉磨指标。预测的精度与样品分布密度和进行预测的时间直接有关。可以使用地质统计学确定合适的样品分布密度。

SPI 试验技术开发过程中的一个发现是，当半自磨到球磨的过渡粒度 T_{80} 在约 0.4mm 到约 3mm 的范围内时，半自磨机和球磨机消耗的粉磨能量不相上下，从而可使用 Bond 球磨功指数方法近似预测半自磨能量消耗。

如果设计不是针对最硬的矿石，则需要考虑使用破碎机或暂时不处理最硬的矿石。在这种情况下，处理最硬的矿石时有可能达不到设计能力。如果按最硬的矿石确定半自磨机规格，当粉磨软矿石时就可以达到更高的生产能力，但这时流程的后续部分生产能力必须存在余量。

6.5.4.2　CEET 的输出结果

CEET 以图表的形式输出大量的计算和设计结果信息。输出的表有：设备规格表、流程功率表、流程成本汇总表、操作成本表、基建成本表、数据表等。

这些表中的每个表按流程编排为 4 个类别：半自磨—球磨、半自磨—球磨—砾石破碎、自磨—球磨、自磨—球磨—砾石破碎。这 4 个类别中每个又将单段半自磨（无球磨机）作为流程选项之一。剩余的流程选项是半自磨/自磨产品粒度

或过渡粒度（T_{80}），其范围从大约 200μm 到 9000μm，以 15μm 递增。程序还允许用户选择特定的 T_{80}，并将流程设计到与之相适应，使两段粉磨功率达到平衡。

设备规格表给出了磨机直径和长度、圆筒筛和振动筛规格、旋流器数量和直径、破碎机直径等设备参数。

流程功率表给出了不同 T_{80} 和 P_{80} 下，半自磨机/自磨机、球磨机和砾石破碎机以及整个流程的功率、小时处理量、单位电耗和矿山寿命期间消耗的电量。

流程成本汇总表给出了不同 T_{80} 下每个流程的总基建成本、矿山寿命期间消耗的钢耗成本、电耗成本和总成本，以及单位基建成本、单位钢耗成本和单位电耗成本。表中基建成本是磨机、振动筛、圆筒筛、破碎机、旋流器和泵等主要设备成本的总和。安装成本可以使用用户在输入表中填报的信息估算。

输出的图有：SPI 分布图、小时处理量分布图、最佳过渡粒度曲线图、限制生产能力曲线图、半自磨机造成的生产能力损失图、球磨机造成的生产能力损失图等。

SPI 分布图用曲线表示了一个矿体的 SPI 值分布，这一分布是矿床矿块模型中所有矿块 SPI 值的加权分布，因此非常准确地描绘了矿体的半自磨硬度概貌。

小时处理量分布图是所选择的粉碎流程的生产能力在矿床矿块模型中的分布。

最佳过渡粒度曲线图中有一组曲线，分别反映了半自磨、球磨和整个半自磨—球磨流程能够达到的最大生产能力与过渡粒度（T_{80}）的关系。随着 T_{80} 的增大，半自磨的生产能力提高，球磨的生产能力降低。最佳过渡粒度是在保持半自磨—球磨流程目标产品粒度 P_{80} 不变的情况下，使流程总生产能力达到最大时的过渡粒度。

限制生产能力曲线图中有两条曲线，分别表示了半自磨和球磨生产能力与 SPI 值的关系，反映出随着物料硬度的变化，全流程生产能力是否受到半自磨或球磨的限制。最理想的是两条曲线基本重合，这意味着两台磨机的功率在整个矿体寿命期间都得到了充分利用。常见的情况是，当物料变得较硬时，半自磨—球磨流程受到半自磨的限制，而当物料变得较软时，该流程受到球磨机的限制。

半自磨机造成的生产能力损失图显示了整个矿体寿命期间在允许的最大 P_{80} 下，因半自磨原因造成的预期生产能力损失。该图反映了对于特定的矿体和流程，有多少矿块生产能力受到半自磨机的限制而使生产能力遭受损失，以及损失的幅度。

球磨机造成的生产能力损失图显示了整个矿体寿命期间在允许的最大 P_{80} 下，因球磨机原因造成的预期生产能力损失。该图反映了对于特定的矿体和流程，有多少矿块生产能力受到球磨机的限制而使生产能力遭受损失，以及损失的幅度。

6.5.5 试验实例一

6.5.5.1 概述

以美国 Goldstrike 金矿试验为例[16]1。该矿隶属加拿大 Barrick 黄金公司，由于物料日益坚硬和为提高金的回收率要求产品粒度更细，需要扩建其原有的粉磨流程。

Goldstrike 金矿原有两个平行的粉磨系列，都采用半自磨—球磨—砾石破碎流程。主要粉磨流程和设备参数见表 6-6。1 系列最初处理井下 Meikle 矿石，在没有 Meikle 矿石时处理露天 Betze 矿石。2 系列专门处理 Betze 矿石。

表 6-6 Goldstrike 金矿原有粉磨流程和设备参数[16]3

项 目		1 系列		2 系列
半自磨机	规格/m	$\phi 6.7056 \times 2.4384$		$\phi 7.3152 \times 3.6576$
	电动机功率/kW	1864.25		2982.8
砾石破碎机		1352 Omnicone 圆锥破碎机（$\phi 1.2954m$）		1560 Omnicone 圆锥破碎机（$\phi 1.524m$）
球磨机	规格/m	$\phi 4.1148 \times 5.4864$	$\phi 3.8100 \times 4.2672$	$\phi 5.0292 \times 9.2964$
	电动机功率/kW	1342.26	932.125	3728.5
物 料		Betze 和 Meikle 矿石		Betze 矿石
目标生产能力/t·h^{-1}		215		525
目标产品粒度 P_{80}/μm		74		90

1 系列处理 Meikle 矿石时 P_{80} 为 74μm。处理 Betze 矿石时，根据回收率最佳化分析，推荐 P_{80} 为 90μm。然而存在在 1 系列中给入两种类型的混合矿石和高品位 Betze 矿石的可能性，在这种情况下将假设 P_{80} 为 74μm。

矿床硬度分布和矿床开采顺序指出，Betze 露天矿将随着开采进度变得越来越硬。试验室研究指出，无论 Betze 还是 Meikle 矿石，粉磨产品粒度越细金的回收率越高。因此，为了在越来越硬的物料下维持现有生产能力并获得更细的产品粒度，需要增加粉磨设备。早些时候已经认识到，Meikle 矿石较 Betze 矿石软，未来 90% 以上的物料来自 Betze 矿床，因此设计工作基于 Betze 矿石进行。

6.5.5.2 试验样品

Goldstrike 露天金矿有 4450 个台阶，矿床矿块模型含有 620 多万个矿块和 6200 多个钻孔。矿块尺寸为 15.240m×15.240m×6.096m，模型大小为 4130.04m×3063.24m×701.04m。当时露天矿的储量为 89376552t，品位为 4.76g/t，金属总量为 425t。预计矿山寿命 10 年，最终开采到 2010 年。

根据矿石品位、岩石类型和近几年内的采矿范围选择样品。少量样品从更晚几年计划开采的物料中选择，以预测长期的生产能力。岩芯孔间距的形式和尺寸根据岩石类型和是否可获得足够的能制备出合格样品的原料选择。使用了多种钻孔岩芯区间以获得 SPI 和 W_{ib} 试验的原料，区间长度范围从 2.134m 到 44.196m，一般来说选择 6.096m。总共产生了 295 个 W_{ib} 混合样和 164 个 SPI 混合样，每个混合样含有一个基于最新地质说明的岩石类型码。

6.5.5.3　样品试验和流程考察

A　SPI 和 W_{ib} 试验

对分布于 Betze 矿体的总共 66 个 Betze 矿石样品进行了 SPI 试验。所有样品的简单平均值是 91min，最小值和最大值分别为 10min 和 241min，硬度范围非常宽。

对分布于 Betze 矿体的总共 158 个样品进行了 W_{ib} 试验。最初一批 40 个样品的数据表明 W_{ib} 在 10.3~25.3kW·h/t 范围，加权平均值为 18.9kW·h/t。对输入数据库的 158 个样品进行统计，W_{ib} 最大值为 27.9kW·h/t，最小值为 8.1kW·h/t，简单平均值为 17.9kW·h/t。全部样品中 20% 的 W_{ib} 大于 21kW·h/t。

B　2 系列流程考察

围绕 2 系列半自磨和球磨进行了 5 项流程考察，目标是获得球磨机和半自磨机修正系数。每项考察持续大约 1h，进行了下列工作：（1）采取整个粉磨流程的筛分分析样品；（2）采集数据传输系统（DCS）数据；（3）采取用于 SPI 和 Bond 球磨功指数试验的半自磨机给料样品；（4）在给料皮带上（皮带停止时）采取用于给料粒度分析的较大粒度的给料样品。球磨和半自磨流程考察数据如下。

a　半自磨流程

5 项流程考察的半自磨给料粒度分布见图 6-12，考察结果见表 6-7。表 6-7 引用的 *SPI* 值直接反映了矿石硬度，90~120min 的值指出矿石较硬。*SPI* 值和 T_{80} 用于确定半自磨机将名义上 F_{80} 为 150mm 的给料减小到 T_{80} 而不使用砾石破碎机时所需的能量 W_{SAG}。该值见表 6-7 的最后一列。

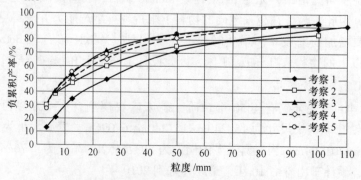

图 6-12　5 项流程考察的半自磨给料粒度分布[16]13

表 6-7　5 项流程考察的半自磨考察结果[16]13

考察编号	F_{80} /mm	T_{80} /μm	给料量 /t·h^{-1}	半自磨机功率① /kW	W_0 /kW·h·t^{-1}	砾石破碎机循环负荷/%	SPI /min	W_{SAG} /kW·h·t^{-1}
1	72	1560	549	2641	4.81	17	76	8.38
2	76	1260	471	2900	6.16	—	87	9.57
3	40	2350	425	2815	6.62	26	121	9.67
4	47	2360	380	2646	6.96	16	112	9.26
5	40	2880	430	2542	5.91	13	107	8.55
平均值					6.09			9.09

①磨机小齿轮轴功率。

获得了工业半自磨机小齿轮轴单位能量 W_0 和使用 SPI 及 T_{80} 值计算的半自磨机小齿轮轴单位能量 W_{SAG}，将它们绘制成图 6-13 曲线。这 5 项考察的单位能量的平均比率为 0.67，这就是考察获得的半自磨总修正系数 f_{SAG}，f_{SAG} 明显小于 1 是由于：（1）细给料节能（5 项考察的平均 F_{80} 为 64mm，而典型的有自磨能力的矿石 F_{80} 为 150mm）；（2）使用了砾石破碎机。

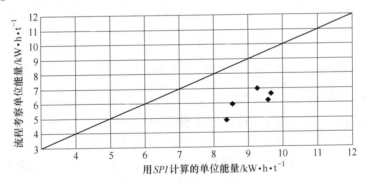

图 6-13　半自磨单位能量对比[16]13

b　球磨流程

球磨流程考察结果见表 6-8。T_{80} 是半自磨机排料筛筛下，也就是球磨流程给料中 80% 通过的粒度。W_{i0} 为操作功指数。

Bond 球磨功指数试验用半自磨机给料样品进行。使用流程考察数据和 Bond 球磨功指数试验数据，计算出两个单位能量：工业球磨机小齿轮轴单位能量和由功耗法计算的单位能量 W_{BM}，见表 6-8。由表 6-8 绘制的曲线见图 6-14。这三项考察的单位能量或功指数的平均值比率为 0.73，这就是考察获得的球磨总修正系数 CF_{Net}。

表 6-8 5 项球磨流程考察结果[16]11

考察编号	T_{80} /μm	P_{80} /μm	给料量 /t·h⁻¹	球磨机功率① /kW	球磨机单位能量① /kW·h·t⁻¹	W_{i0} /kW·h·t⁻¹	W_{ib} /kW·h·t⁻¹	W_{BM}① /kW·h·t⁻¹
1	1560	150	549	3554	6.47	11.5	16.6	9.4
2	1260	155	471	3602	7.65	14.7	17.3	9.0
3	2350	166	425	3542	8.33	14.6		
4	2360	149	380	3582	9.43	15.4		
5	2880	160	430	3647	8.48	14.0		
3~5 平均值	2530	158	412	3590	8.75	14.7	20.2	12.0

①磨机小齿轮轴数据。

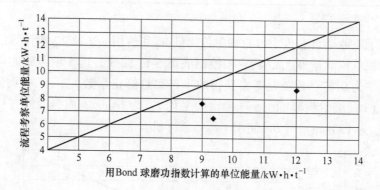

图 6-14 球磨机单位能量对比[16]11

6.5.5.4 创建 CEET 数据库

根据岩石类型赋给每个未取样进行 SPI 和球磨功指数试验的模型矿块一对缺省 SPI 和 W_{ib} 值，保证所有矿块都有一对值。采用反距离加权插值法精心确定相对于进行了试验的钻孔混合样的模型矿块值。插值使用的混合样数量为 1~4。每个孔只能用于 1 个混合样。向东和向北的搜索距离设置为 152.4m，搜索高度设置为 76.2m。搜索限制在模型矿块所在的岩石类型内，因此插值法也限制在专门的岩石类型中。Goldstrike 金矿 4450 个台阶的 SPI 和 W_{ib} 预测值见图 6-15 和图 6-16。

在 Betze 矿体的所有矿块中，50%矿块的 SPI 值大于 95min，20%矿块的 SPI 值大于 145min，见图 6-17。50%以上矿块（也就是将来的矿量）的 W_{ib} 值大于 19.5kW·h/t，20%矿块的 W_{ib} 值大于或等于 21.5kW·h/t，见图 6-18。

6.5.5.5 用 CEET 计算和设计

获得了半自磨和球磨硬度分布后，工作集中在 1 系列的扩建上。确定磨机规格的计算过程采用了 Barrick 黄金公司多年来使用的 CEET 和常规确定规格的方法。

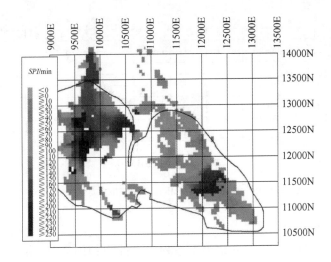

图 6-15　预测的 Goldstrike 金矿 4450 个台阶的 SPI 值平面图[15]Ⅳ-217

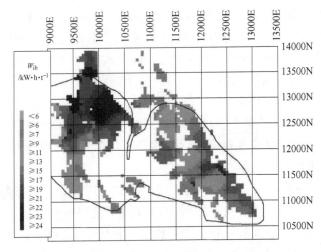

图 6-16　预测的 Goldstrike 金矿 4450 个台阶的 W_{ib} 值平面图[15]Ⅳ-217

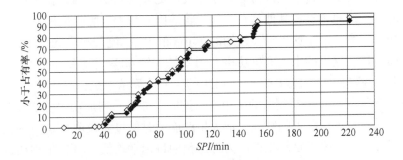

图 6-17　Betze 矿体的 SPI 值分布[16]8

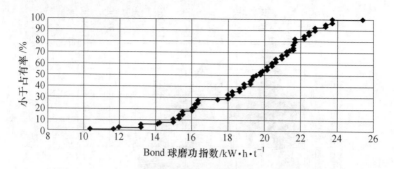

图 6-18   Betze 矿体的 Bond 球磨功指数分布[16]8

A   用常规方法计算功率

最初 CEET 的计算表明，制约 1 系列生产能力的因素是两台球磨机。于是，关键是增加球磨机功率。

设计计算的基本条件是：磨机负荷率为 93%、给料粒度为 80% 通过 152.4mm 和 Bond 球磨功指数（W_{ib}）为 21.5kW·h/t。W_{ib} 是根据矿山矿块模型中大约 80% 矿块的 W_{ib} 值选取的。计算获得新增小齿轮轴驱动功率为 2023kW（假设驱动效率为 95%，电动机功率为 2130kW）。还根据矿山矿块模型中大约 90% 矿块的 W_{ib} 值 22.5kW·h/t 进行了验算，结果 1 系列磨机的新增小齿轮轴驱动功率是 2238kW（电动机功率为 2355kW）。上述计算是基于半自磨机将以 1076kW 的小齿轮轴驱动功率、1133kW 的电动机功率或 60% 的额定功率的假设条件操作。产品粒度设置为 74μm，半自磨机到球磨机的过渡粒度为 1500μm。

B   用 CEET 计算功率

使用 CEET 进行重复计算。一般来说，CEET 计算的功率低于常规方法，这并不奇怪，因为计算方法有两个不同：(1) CEET 根据所有矿块上的硬度分布进行计算，而常规方法根据单一值；（2）CEET 计算利用了球磨总修正系数 CF_{Net}。通过重复计算，CEET 能够考虑流程将受到半自磨机制约的情况。然而，也可能允许增加过渡粒度，这将允许为球磨流程设计更大的功率。因此在选择这些设计参数时需要近似地调整。其他具有明显影响的因素与半自磨机能够利用的实际最大驱动功率有关，由于这里需要较细的 74μm 的 P_{80}，流程将受到球磨机的制约。正如前面所述，这里的半自磨机功率利用率是大约 60%。过去 Betze 矿石的经验已经表明功率利用率可超过 80%。CEET 的主要计算结果是：

（1）预测了磨机 1 在剩余的矿山寿命期间，如果不增加功率并需要 74μm 的最大最终颗粒粒度情况下的特性。最大生产能力时的过渡粒度是 0.5mm，该值较小反映了球磨机功率不足。生产能力将比预期目标平均低 10%，平均颗粒粒度将是 64μm。如果可达到的最小过渡粒度是 1.5mm，那么生产能力将比预期目标平均低 20%。

（2）预测了如果在 1 系列磨机上增加一台 2610kW 的球磨机（总共 4884kW），在矿山寿命期间流程能力将达到平均 260t/h，假设过渡粒度为 3mm，平均产品粒度将为 73μm。

在稍后的模拟中，1 系列半自磨机被固定在 1864kW，利用 CEET 确定球磨机为达到生产能力和粉磨目标所需要的功率。存在几个略微不同的解，取决于施加的功率和过渡粒度。例如，球磨机总功率为 3557kW（增加功率 1282.6kW）和过渡粒度为 2mm 时，CEET 计算获得平均生产能力为 240t/h，平均粉磨粒度 P_{80} 为 72μm。

6.5.5.6　计算和设计结果

在最终选择磨机之前，进行了一些必要的检验和分析。

在标准 Bond 球磨功指数试验中，闭路筛分粒度是 149μm。由于将来的粉磨目标比这一粒度细，慎重起见考虑检验 Goldstrike 金矿样品的 W_{ib} 是否由于矿石磨得更细而发生明显变化。对三个最有代表性的 Betze 矿石区进行了对比试验，W_{ib} 值范围在 17.5~22kW·h/t。这三个样品使用 149μm 筛子和 100μm 筛子进行标准 Bond 球磨功指数试验的平均 W_{ib} 同为 20.4kW·h/t。由此推断 W_{ib} 在所关心的颗粒粒度范围内随着最终颗粒粒度的改变没有根本变化。因此从标准 Bond 试验获得的 W_{ib} 值对设计计算是满意的。

还调查了将不同硬度的矿石相混合的影响。Barrick 公司测定了由硬度已知的 2~3 种矿石组成的 5 种混合样品的 W_{ib}。各种混合样品中的矿石成分 W_{ib} 范围为 8.8~23.4kW·h/t。5 种混合样品测定的硬度始终高于 W_{ib} 的加权平均值。实际的和预测的 W_{ib} 之间的平均差值是 2.4% 到 12.9% 范围的 7.8%。如果使用 2.5 的功率系数，也就是 $W_{ib混合} = [\Sigma(W_{ib成分})^{2.5}]^{1/2.5}$，可以看出混合样品的 W_{ib} 的预测结果更好。这一作用的影响可以通过将 W_{ib} 分别为 20kW·h/t 和 10kW·h/t 的硬矿石和软矿石各一半相混合来说明。W_{ib} 的简单平均值为 15kW·h/t，而使用 2.5 指数的计算结果比简单平均值高 16.2% 或 8%。混合样品的 W_{ib} 比加权平均值略大的发现是重要的，这意味着在编制硬度计划时，采用简单加权平均值的矿石硬度将比预期的高，正如这里的情况。对 SPI 也进行了同样的试验，结果是分散的。

为了优化钢球尺寸和流程特性，操作者更愿意将新球磨机以再磨方式加入流程中，作为第二段球磨机与原来的两台球磨机组成一个系列。因此在选择磨机时为这种应用考虑了两个因素：

（1）作为第三段粉磨，总修正系数 CF_{Net} 会等于前面确定的 0.76 吗？一般认为和希望整个效率（贯穿两段）应大致类似于单段的效率（或大概略低）。

（2）为降低操作成本起见，更倾向于采用较低的磨机速度，在最初确定磨机规格时就须考虑到这一点。

综合考虑上述所有因素，Barrick 公司在 Goldstrike 金矿 1 系列半自磨—球磨流程中增加了一台 2386kW 球磨机，作为第二段球磨，其规格为内部直径 4.8768m，长 7.1628m。

6.5.6　试验实例二

以俄罗斯远东的 Kubaka 项目试验为例。该矿山按照最大功率设计，在设计能力下可处理已知的最硬的矿石。SPI 试验结果和半自磨机功率计算结果见表 6-9，选择的半自磨机筒体内部尺寸为直径 6096mm、长 2286mm，电动机功率 1120kW（1500HP）。Bond 球磨功指数试验结果和球磨机功率计算结果见表 6-10。

表 6-9　SPI 试验结果和半自磨机功率计算结果[11]275

样品编号	样品说明	SPI/min（选择的）	小齿轮轴单位能量 /kW·h·t^{-1}（F_{80}为 150mm，T_{80}为 1200μm）	总单位能量（电动机）/kW·h·t^{-1}（T_{80}为 1200μm）	需要的电动机单位能量 /kW·h·t^{-1}	需要的电动机功率① /kW（HP）（81t/h）
7	露天矿	58	7.3	7.8	8.5	688(922)
8	露天矿	115	10.6	11.3	12.4	1001(1343)
9	露天矿	152	12.3	13.2	14.4	1168(1566)
10	露天矿	120	10.8	11.6	12.7	1925(1375)
11	露天矿	120	10.8	11.6	12.7	1925(1375)
12	井下矿	92	9.3	10.0	10.9	886(1188)

①含有 10%的安全操作余量。

表 6-10　Bond 球磨功指数试验结果和球磨机功率计算结果[11]276

样品编号	样品说明	Bond 球磨功指数 W_i/kW·h·t^{-1}（74μm）	小齿轮轴单位能量① /kW·h·t^{-1}（P_{80}为 53μm）（按 Bond 方法）	总单位能量（电动机）/kW·h·t^{-1}（P_{80}为 53μm）	需要的电动机单位能量 /kW·h·t^{-1}	需要的电动机功率② /kW（HP）（81t/h）
1	井下矿	15.1	15.5	16.6	17.4	1407(1887)
2	井下矿	13.8	14.2	15.2	15.9	1286(1724)
3	露天矿	15.5	15.9	17.0	17.8	1444(1936)
4	混合矿 1	15.0	15.4	16.5	17.3	1397(1874)
5	混合矿 2	15.5	15.9	17.0	17.8	1444(1936)
6	露天矿混合	17.6	18.1	19.3	20.2	1640(2199)
平　均		15.4	15.8	16.9	17.7	1436(1926)

①采用细度和直径修正系数修正。

②含有 5%的安全操作余量。

6.6 MacPherson 半自磨可磨性试验

美国 MacPherson 咨询公司开发的干式连续试验室自磨试验，以低廉的方式保留了半工业试验的连续特性[17]Ⅳ-299。到 2006 年为止，已经对 500 多种矿床进行了 800 多项试验，建立了大型数据库。

这项试验提供自磨功指数（可以像 Bond 功指数那样使用），还产生一定数量的半定量数据。这项试验一般包括一系列试验，包括 Bond 棒磨机和球磨机功指数试验，可以发现不同颗粒粒度的碎裂能量之间的差别。根据这些功指数试验得出的生产能力和粒度分布之间的关系，可判断最大功率效率下的粉磨流程结构和功率分配。另外，试验能够按照粒度分布、固体密度和矿物/岩石类型组成评价稳定状态磨机负荷，这对于预测生成临界粒度物料的可能性有重要意义。

MacPherson 试验的缺点[5]129是试验仅限于细于 32mm 的颗粒，因为根据可达到的冲击能量水平和可给入磨机的最大粒度，使用粒度在 32mm 以下的样品才合理。使用更大粒度的样品将需要更大的磨机，这又会导致需要更多数量的样品以保证满足稳定状态粉磨条件。另外，试验不能产生适于计算机直接模拟 MacPherson 试验结果的能量—碎裂粒度关系图。

6.6.1 试验流程和设备

试验流程（见图 6-19）由 ϕ457mm ×152mm MacPherson 干式半自磨机、给料机、分级机、筛分机、通风机、除尘器和控制系统等设备组成。MacPherson 半自磨机的钢球充填率为 8%。Syntron 给料机将给料斗中的物料给入干式半自磨机。通风机产生的空气流将磨后物料送往一台立式分级机和一台旋流器组成的两段分级系统。立式分级机底流送往一台筛孔为 14 目的筛分机筛分，粗产品（循环负荷）

图 6-19 MacPherson 半自磨可磨性
试验流程[17]Ⅳ-302

返回干式半自磨机给料斗。用一台袋式除尘器从空气流中回收磨后物料。Milltronics 控制系统利用安装在磨机筒体下方的微型麦克风，通过保持预设的声音水平持续调整 Syntron 给料机的给料速度，控制磨机的负荷充填率在容积的 25% 左右；并通过调整经过磨机的空气流量，将循环负荷控制在 5% 左右。

6.6.2 试验方法

试验样品粒度需小于 31.75mm，数量需满足达到稳定状态的持续运转时间（至少为 6h）的用量，一般来说不少于 100kg，矿床中矿石硬度差别较大时则需要大约 175kg 的样品。

试验连续运转至少 6h，直至达到稳定状态。每 15min 提取一次试验产品，包括筛下、筛上和旋流器底流并分别称重。筛上作为循环负荷返回给料斗，并记录产品质量和流程参数设置。运转 5h 后，如果生产能力和循环负荷稳定，可以开始取样。取样每 15min 一次，持续 1h。这期间生产率和循环负荷必须满足：

（1）最后 1h 内最大值和最小值的差必须在 10% 以内；

（2）最后 45min 内这些值的变化必须是下降、上升、下降或上升、下降、上升。

如果这两个条件不能满足，则放弃第一个 15min，并追加 15min 取样，以此类推直到完成取样。取样完毕，将磨机排空并测定负荷充填率。负荷充填率必须为 (25±2.5)%，如果这个标准没有满足，则将全部磨机负荷返回磨机，调整设置点以增加或减少磨机容积负荷，补充进行 15~30min 的试验。一旦负荷充填率再次稳定，开始新的 1h 取样期。重复这一程序直到所有条件都被满足。

试验结束后，对产品进行粒度分析。卸出磨机负荷进行观察和粒度分析，并按粒级测定密度。最终产品由三种料流混合组成：14 目筛下、旋流器底流，以及袋式除尘器中的粉尘。对三种产品进行粒度分析，并根据三种产品的产率和粒度分布计算最终产品的粒度分布。

6.6.3 数据处理和试验结果

试验将获得以下结果：

（1）MacPherson 半自磨机的稳定状态生产能力（kg/h）和驱动功率（kW）。可计算出其单位输入能量（kW·h/t）和 MacPherson 自磨功指数。这是预测磨机生产情况的关键数据。

（2）MacPherson 半自磨机产品粒度分布。用以预测被设计磨机可能获得的产品粒度分布。

（3）MacPherson 自磨功指数（AWI）。这一参数量化反映了连续过程的粒度减小，用于确定一定球磨机给料粒度下的功率。需要通过试验选择计算这一功率的过渡粒度。这一选择是基于分批试验中观测的矿石特性和在考虑推荐的工业设计的其他方面之后。这种情况下最初需要考虑的是大量增加的产生细粒（与棒磨机产品 80% 通过粒度相同）需要的半自磨机粉磨功率。按实际的 T_{80} 粒度而不是"理论"的 T_{80} 粒度（计算产生的细粒）进行设计将面临设计出过小的半自磨机的风险。

（4）稳定状态的 MacPherson 半自磨机负荷的颗粒粒度分析和按粒级的岩石密度测定。可以用于预测砾石的生成，以供选择流程配置。岩石负荷的密度可以用于预测工业自磨（半自磨）机或后续砾磨机的驱动功率。

用砾石进行冲击试验，可以预测最不利的工况或砾石破碎机需求。

6.7 标准自磨设计（SAG Design）试验

加拿大 Starkey & Associates 公司在芬兰 Outotec 公司等资助下开发的试验室试验方法[18]IV-240，Outokumpu 技术公司拥有其专利权，而 Starkey & Associates 公司拥有其商业使用权。该方法是在加拿大 MinnovEX 技术公司半自磨功率指数（SPI）试验基础上发展而成，目标是测定半自磨机和球磨机小齿轮轴单位输入能量。

6.7.1 试验设备

试验设备是试验室半自磨机和 Bond 功指数球磨机。

试验室半自磨机（见图 6-20）规格 为 $\phi488mm \times 163mm$，径/长 比 为 3∶1，临界转速率为 76%。磨机筒体内壁上设有 8 根边长为 38mm 的正方形断面提升棒，其尺寸相应于物料和钢球的粒度。试验采用 26% 的负荷充填率，其中物料充填率为 15%，钢球充填率为 11%。钢球由 $\phi51mm$ 和 $\phi38mm$ 直径的各一半混合组成，质量共 16kg。

图 6-20 标准自磨设计试验试验室
半自磨机[18]IV-244

6.7.2 试验方法

试验过程分为两个阶段。首先用试验样品在试验室半自磨机内进行试验，确定从 80% -152mm 的粒度粉磨到 80% -1.7mm 的小齿轮轴单位能量，然后使用半自磨试验产品进行 Bond 球磨功指数试验，确定从 80% -1.7mm 的粒度粉磨到 80% -0.15mm 的小齿轮轴单位能量。

6.7.2.1 半自磨试验

对于每个矿体需要采集 10 个样品，进行 10 次试验。这 10 个样品中必须包括矿体中最坚硬的物料，按照硬度变化幅度的大约 80% 进行设计计算，以防止造成设计生产能力不足。将物料样品加工到粒度为 80% -19mm。每次试验需要

4.5L（约 7kg 的硅基矿石）样品。

采用重复的磨矿循环方式，试验产品粒度为 80% -1.7mm。第一个循环的转数对于硬物料是 462 转（约 10min），对于软物料则少一些。第一个循环完成后将负荷从磨机中卸出，将物料和钢球分开，通过筛分除去物料中的 -1.7mm 细粒级，将钢球和 +1.7mm 物料返回磨机进一步粉磨。如此经多次循环，直至物料中筛除的 -1.7mm 粒级产率达到 60%，停止筛除细粒级。继续试验直到 -1.7mm 达到 80% 为止。

6.7.2.2 Bond 球磨功指数试验

将半自磨试验产品中 +3.35mm 部分破碎到 -3.35mm，与产品中的 -3.35mm 部分混合，进行 Bond 球磨功指数试验，试验方法、数据处理和试验结果见 5.4 节。

6.7.3 数据处理和试验结果

半自磨试验结果是半自磨机的总转数，由总转数可计算获得半自磨机小齿轮轴单位输入能量 $W_{SAG}(kW \cdot h/t)$

$$W_{SAG} = n_r \cdot \frac{16000 + G}{447.3G} \tag{6-24}$$

式中 n_r——将矿样从 80% -19mm 磨至 80% -1.7mm 的总转数，r；

　　　G——被试验矿样（4.5L）的质量，g；

　16000——钢球质量，g。

式（6-24）的计算结果相当于工业半自磨机将 80% -152mm 的给料粉磨到 80% -1.7mm 所需要的小齿轮轴单位输入能量，重复试验误差在 3% 以内。

根据半自磨机试验产品的 Bond 球磨功指数，可以进行半自磨—球磨流程中球磨机的选择计算，获得球磨机从 80% -1.7mm 的给料粉磨到大约 80% -150μm（或该矿石的解离粒度）的小齿轮轴单位输入能量 W_{BM}（kW·h/t）。用 Bond 球磨功指数选择计算球磨机时，细度修正系数（对于 P_{80} 比 70μm 细的产品）仅应用于比 1.7mm 细的情况，不推荐单段半自磨机粉磨到 P_{80} 比 70μm 更细。设计单段半自磨机时，未使用直径修正系数，设计偏于保守。

6.7.4 试验结果的应用

根据半自磨试验结果可计算获得半自磨机的小齿轮轴单位输入功率 W_{SAG}（kW·h/t），根据 Bond 球磨机功指数试验结果可计算获得球磨机的小齿轮轴单位输入功率 W_{BM}（kW·h/t）。半自磨—球磨流程的小齿轮轴总单位输入功率 W（kW·h/t）为半自磨机和球磨机的小齿轮轴单位输入功率之和，见式（6-23）。

在保持总设计功率不变的情况下，可以通过改变半自磨机和球磨机之间的设

计过渡粒度 T_{80} 进行功率分配，T_{80} 实际上在 0.4～4mm 之间。这时需要用 Bond 球磨功指数调整这两种磨机的小齿轮轴单位输入能量。

半自磨机安装功率要比粉磨所需的和计算的功率大 10%，球磨机安装功率需要大 5%。

6.7.5　试验实例

以一个生产能力为 650t/h 金属矿石的新项目设计为例。试验结果见表 6-11。

表 6-11　标准自磨设计试验结果[18]IV-249

矿石类型代码	半自磨试验		Bond 球磨功指数 W_{ib}/kW·h·t^{-1}	小齿轮轴单位输入能量/kW·h·t^{-1}		
	转数 n_r/r	样品质量 G/g		（半）自磨机 W_{SAG} $P_{80}=2000\mu m$	球磨机 W_{BM} $P_{80}=150\mu m$	合　计
GGT1	2243	6935	19.18	16.58	17.50	34.08
GGT2	1841	6961	15.42	13.58	14.07	27.64
GGT3	2341	7263	16.55	16.76	15.10	31.86
GGT4	2041	7013	17.25	14.97	15.73	30.71
GGT5	2277	6974	20.40	16.77	18.61	35.38
CIPR6	2130	7013	16.14	15.63	14.72	30.35
CPR7	1574	7042	12.93	11.51	11.79	23.31
7 个样品平均值				15.12	15.36	30.48
3 个最硬样品平均值（设计采用）				16.70	17.28	33.98
CIPR6 重复	2210	7427	18.20	15.59	16.60	32.19

设计结果表明，以 650t/h 粉磨硬矿石时，选用一台规格为 ϕ10.36m×4.57m，采用 10.5MW 双电动机变速驱动的半自磨机。选用一台 MP800 破碎机进行砾石破碎。选用一台规格为 ϕ7.32m×9.91m，采用 10.5MW 双电动机恒转速驱动的球磨机。由于项目的前期开采出的矿石较软，还不需要砾石破碎机，直到软矿石采完，可能历时 3 年。

6.8　芬兰 Outokumpu 公司自磨流程试验

芬兰 Outokumpu 公司开发了用于其 Outogenius 自磨流程的试验工艺[19]。该工艺包括坠落试验、介质能力试验、自磨可磨性试验和功指数试验。

6.8.1　坠落试验

坠落试验属于一种简单的介质能力试验。样品包括作为块磨机介质使用的大块矿石 6～8kg 和作为砾磨机介质使用的小块砾石 0.4～3kg，分别都是 20～25 块。

使每块逐次从 2m、4m 或 6m 高处自由坠落到一个箱子中的重金属板上，质量大于最初质量的 5%的碎块重复进行坠落试验，最多重复坠落 50 次。收集所有碎后物料，大于某一粒度的产品质量与最初物料质量之比为坠落破碎阻力。对比被测物料和参照物料的坠落破碎阻力曲线，可定性地获得被测物料作为自磨介质的情况。

6.8.2 介质能力试验

这是一项干式自磨试验，设备是 φ1.8m×0.5m（一说 φ1.8m×1.5m）试验磨机，内装 3 块 120mm 高的提升板。物料是矿石块或钻探岩芯，粒度为 100～200mm，逐次运转 2、3、5 和 7min，每次筛出−6 目物料，将筛上返回磨机继续粉磨。最终磨机负荷中+6 目质量分数代表介质能力。这项试验以冲击破碎作用为主，将可能取代坠落试验。

6.8.3 自磨可磨性试验

这是一项湿式自磨试验，设备是 φ485mm×485mm 分批磨机。每批装入 30 块平均质量为 400g 左右的砾石或钻探岩芯，并加入 10dm^3 水。逐次运转 15、30、60 和 120min，每次筛出−11.2mm 物料，将筛上返回磨机继续粉磨。最终产品中+22mm 物料量为自磨阻力，11.2～22mm 之间的颗粒视为积累的临界颗粒。

6.8.4 功指数试验

这是一项湿式球磨功指数试验，试验设备是 φ268mm×268mm Morgan 试验室磨机，安装在悬浮的基础上以测定净能耗。试验需要 5kg 破碎后的矿样，与 5L 水和 22kg 一定粒度分布的钢球一同加入磨机。与 Bond 球磨功指数试验不同的是，这项试验是一次完成的，能在较短时间内得出结果。这一试验只能测定−4mm 给料的特性，其结果与 McPherson 半自磨可磨性试验相类似。根据试验获得的功指数，通过已知的试验室与工业功指数的关系，可以计算出从−4mm 粉磨到要求的产品粒度的单位净功耗。

6.9 南非 Mintek 公司自磨（半自磨）试验室和半工业试验

南非 Mintek 公司开发了独有的自磨（半自磨）试验方法[7] Ⅳ-222，包括试验室分批试验和半工业试验，试验结果使用专门的软件进行处理。

6.9.1 试验室分批试验

为预可行性阶段粉磨流程设计开发了试验室粉碎试验然后计算机模拟的方法。

试验室分批粉碎试验包括 Bond 球磨功指数试验、Bond 棒磨功指数试验、Mintek 粉磨试验、JKTech 落重和磨剥试验、Bond 可碎性（冲击）试验和金属磨损指数试验。

6.9.1.1 Mintek 粉磨试验

Mintek 粉磨试验设备是分批试验室磨机（图 6-21），有效直径为 265mm，长度为 305mm，具有变速驱动和准确监测轴转矩和磨机速度的仪器，该仪器连接到数据记录计算机。有时也使用直径 0.6m 和 1.8m 的磨机。试验方法是在不同单位输入能量（典型的有 5、10、20 和 40kW·h/t）下粉磨给料的副样品。获得的结果用于计算单位破碎速率函数和破碎分布函数。这些函数用于以 Exel 为基础的 Mintek 总体平衡模拟软件包，模拟工业粉磨和分级流程。模拟可获得粉磨和分级流程所有支路的质量平衡和粒度分布资料。

图 6-21　Mintek 分批试验室磨机[7] IV-224

6.9.1.2 JKTech 落重和磨剥试验

JKTech 落重和磨剥试验提供数据 A、b 和 t_a，用于模拟岩石在自磨（半自磨）机内的破碎和磨剥特性。标准落重试验的最大岩石粒度是 -63mm。获得的数据用于推测矿山开采出的矿石特性。

为了避免在大块矿石试验中造成较大推测结果误差，Mintek 设计了一个大型落重试验仪，能够试验大于 100mm 的矿石。该试验仪的落重盘最小质量是 200kg，最高下落高度为 3m。

6.9.2 半工业试验

Mintek 半工业试验流程主要设备有自磨（半自磨）机、破碎机、第二段粉磨机、筛分机和水力旋流器。自磨（半自磨）机内径为 1.65m，有效长度为 0.5m，临界转速率为 75%。该磨机筒体外圆上有六个开口（每个 75mm×175mm）。每个外圆开口可以对应于一定范围的排料格子板和砾石窗。磨机驱动功率通过在小齿轮轴上用应变仪测定的转矩和电度表监测的电机能量消耗计算获得并记录。净功率由毛功率和驱动功率损失之差得出。磨机功率和粉磨效率受矿浆阻力的影响。负荷的质量由安装在磨机和驱动系统上的 4 个测压元件持续监测。测压元件可测出最小 2kg 的负荷变化。Mintek 半工业试验流程监测和控制系统见图 6-22。

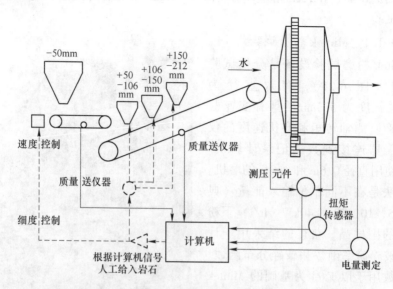

图 6-22 Mintek 半工业试验流程监测和控制系统[7] IV-225

运转期间使用了可变的排料格子系统，以研究格子排料器结构和开孔面积的效果。矿浆阻力可以通过增加或减小排料格子孔总面积而改变。

Mintek 半工业试验系统的运行使用 Millstar 软件进行控制。Millstar 软件可自动控制磨机的给料速度和磨机给料的颗粒粒度分布。三个料桶内分别装有一定质量的，粒度为 −106+50mm、−150+106mm 和 −212+150mm 的岩石，间隔定时地释放到自磨（半自磨）机给料输送带上。系统通过计算机提示操作者定时将个别粒度大于 106mm 的粗粒级岩石添加到主输送带上。输送带上装有称重计，获得固体给料速度。

6.9.3 数学模型和计算机模拟

Mintek 为控制、优化和设计自磨（半自磨）机开发了累积速率模型。该模型适合不同岩石类型和磨机长径比组合，可模拟稳定状态和动态操作。模型参数与设计和操作条件相关，完全来自半工业或现场数据，而不是来自试验室试验。

6.10 自磨介质适应性试验

原美国 Allis Chalmers 公司于 1964 年发明了自磨介质适应性试验方法及其设备，用于确定被试验矿石能否形成合格的自磨介质，是自磨（半自磨）半工业试验的前期试验[20]。随着自磨（半自磨）半工业试验的减少，这项试验也逐渐减少了。

6.10.1　试验设备

试验设备是自磨介质试验机，筒体内部尺寸为 $\phi1829\text{mm}\times305\text{mm}$，转速为 26r/min，安装功率为 7.46kW。筒体内圆周上均匀分布着 12 条提升板，提升板用 127mm×127mm 的角钢制作。电控装置内装有转数计数器，可以设定筒体转数，运转到设定转数时可自动停车。设备还附有一个卸料车。图 6-23 为原美国 Allis Chalmers 公司的自磨介质试验机。

图 6-23　原美国 Allis Chalmers 公司的
自磨介质试验机

6.10.2　试验方法

试验样品为 50 块有代表性的块状物料，分为 5 组，每组 10 块，尺寸分别为 165~152mm、152~140mm、140~127mm、127~114mm 和 114~102mm。将 50 块样品装入自磨介质试验机运转 500 转，然后卸出全部磨后产品进行以下处理：

（1）筛析和称重，获得：

1）产品粒度分布；

2）产品中大于 102mm 的块状物料个数；

3）产品中 102mm 以上块状物料的总质量；

4）产品中 50 个最大块状物料的总质量。

（2）进行以下 Bond 粉碎功指数试验和金属磨损指数试验：

1）Bond（低能）冲击破碎功指数试验。由于自磨产品质地比较均匀，只需采取 10 块样品进行试验；

2）1.18~1.70mm Bond 棒磨功指数试验；

3）如果要求的粉磨产品粒度小于 0.6mm，则需进行 Bond 球磨功指数试验；

4）金属磨损指数试验。

6.10.3　数据处理和试验结果

6.10.3.1　数据处理

A　计算自磨介质功指数 W_{im}

自磨介质功指数 $W_{im}(\text{kW}\cdot\text{h/t})$ 按下式计算

$$W_{im} = \frac{W}{\dfrac{10}{\sqrt{P_{80}}} - \dfrac{10}{\sqrt{F_{80}}}} \tag{6-25}$$

式中　W——试验机单位功耗，2.756kW·h/t；

　　　P_{80}——产品中80%通过的粒度，μm；

　　　F_{80}——给料中80%通过的粒度修正值，μm。

由于试验样品由大块物料组成，相当于具有自然粒度组成的物料筛除了细级别，从而使给料中80%通过的粒度发生了变化，因此需要对其进行修正。修正方法是[21]：

绘制双对数坐标图如图6-24所示，横坐标表示粒度（mm），纵坐标表示筛下累积产率。将试验样品粒度组成曲线1绘制在图6-24坐标系中，查得80%通过的粒度 f_{80} 和5%通过的粒度 f_5。过曲线上坐标值为 f_{80}、80%的点作斜率为1:2的直线2，过曲线1上横坐标值为 f_5 的点作垂线与直线2相交，交点纵坐标值为 Y_c。过曲线上横坐标值为 f_{80} 的点作垂线，在垂线上查纵坐标值为 $Y_d = 80 - Y_c/2$ 的点，过该点作直线2的平行直线3。在直线3上查得纵坐标值为80的点，其横坐标值即为 F_{80} 值。

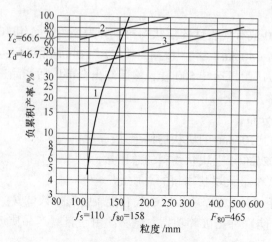

图6-24　筛除了细级别的给料修正图

B　确定介质适应性尺度基准 Norm

（1）大块个数基准 Norm①

$$\text{Norm}① = 1.1025 P_n / W_i \tag{6-26}$$

式中　P_n——产品中大于102mm的块状物料个数；

　　　W_i——矿石的粉碎功指数，kW·h/t。

（2）大块质量基准 Norm②

$$\text{Norm}② = 88.2 P_p / W_i \tag{6-27}$$

式中 P_p——产品中大于 102mm 的块状物料质量在全部产品中所占的比例。

（3）介质比率基准 Norm③

$$\text{Norm③} = 44.1P_{50}/W_i \tag{6-28}$$

式中 P_{50}——产品中 50 个最大块状物料质量在全部产品中所占的比例。

（4）粉碎比率基准 Norm④

$$\text{Norm④} = 1.6962 \times 10^{-4} \cdot P_{80}/W_i \tag{6-29}$$

C　功指数比率 R_w

为自磨介质功指数 W_{im} 与粉碎功指数 W_i 之比，即

$$R_w = W_{im}/W_i \tag{6-30}$$

6.10.3.2　试验结果

A　根据自磨介质功指数 W_{im} 值分析

$W_{im} > 165$kW·h/t，表明磨矿介质的功耗较高，在粉磨过程中不易被粉碎，能较长时间地发挥磨矿介质作用；

$W_{im} = 154 \sim 165$kW·h/t，处于临界状态，有可能形成足够的自磨介质，但不确定；

$W_{im} < 154$kW·h/t，不能形成足够的自磨介质。

B　根据 Norm 基准数分析

Norm 基准数大于 1，表明矿石不易碎，能够形成足够粒度的介质；

Norm 基准数等于 1，处于临界状态；

Norm 基准数小于 1，表明矿石易碎，难以形成足够粒度的介质。

C　功指数比率 R_w 的意义

相当于自磨时介质与被磨物料的近似供给比率。

6.10.4　试验结果的应用

自磨介质适应性试验结果只能用于判断所试验的物料类型能否形成自磨介质，以及提出是否有必要进行自磨（半自磨）半工业试验，而不能直接确定是否能够采用自磨或半自磨。一般根据试验结果提出以下建议中的一项或几项：

（1）物料可形成良好的介质，自磨的可能性很大，应进行半工业试验；

（2）物料形成的介质存在疑问，如果经济、场地、费用或其他因素表明应进一步研究，则应进行自磨和（或）半自磨半工业试验，以进一步探索这类粉磨的可能性；

（3）物料的介质能力在临界状态，存在生成临界粒子的可能性。然而从矿石结构来看半自磨的可能性很大，则应进行半自磨半工业试验；

（4）具有介质粒度的部分不能形成良好的介质，但物料是极易破碎到自然

粒度的砾岩，也应进一步进行半自磨半工业试验；

（5）磨机中具有介质粒度的部分不能形成良好的介质，或对于极难磨物料，不应进一步试验，而应采用常规破碎和粉磨。在极难磨物料的情况下，采用自磨即使能形成良好的介质，也几乎不节省操作费用。

6.10.5　试验实例

以某铁矿石自磨介质适应性试验为例。

（1）试验前，须将设备调整到正常的工作状态。根据 6.10.1 中的要求检查确信：筒体内部结构和尺寸正确，转速准确。

（2）采取 50 块有代表性的块状物料样品，其中尺寸分别为 165～152mm、152～140mm、140～127mm、127～114mm 和 114～102mm 的各 10 块，测定各粒级质量并计算产率和筛下累积产率见表 6-12，根据表 6-12 中数据绘制样品的粒度组成曲线如图 6-24 中曲线 1。由于样品筛除了细粒级，须对图 6-24 中曲线 1 进行修正，获得给料中 80% 通过的粒度修正值 $F_{80} = 465000 \mu m$。

表 6-12　自磨介质试验样品粒度筛析结果

粒级/mm	块数	质量/kg	产率/%	负累积产率/%
-165　+152	10	112.50	35.83	100.00
-152　+140	10	73.00	23.25	64.17
-140　+127	10	53.50	17.04	40.92
-127　+114	10	46.75	14.89	23.88
-114　+102	10	28.25	8.99	8.99
合　计	50	314.00	100.00	

（3）将 50 块样品装入自磨介质试验机运转 500 转，然后卸出全部磨后产品筛析和测定质量，试验产品粒度筛析结果见表 6-13。根据产品粒度筛析结果计算，产品中大于 102mm 的矿块数量 $P_n = 16$ 块，质量为 65.80kg，在全部产品中所占比例 $P_p = 21.44\%$；产品中 50 个最大矿块总质量为 93.75kg，在全部产品中所占比例 $P_{50} = 30.55\%$。

（4）用 10 块 50～75mm 的磨后产品进行 Bond（低能）冲击破碎功指数试验，结果（平均值）为 7.31kW·h/t。

（5）用 0～12.7mm 的磨后产品进行 2mm Bond 棒磨功指数试验，结果为 12.51kW·h/t。

（6）要求的粉磨产品粒度小于 0.6mm，用 0～3.2mm 的磨后产品进行 150μm Bond 球磨功指数试验，结果为 12.63kW·h/t。

（7）根据表 6-13 数据绘制产品粒度组成曲线图 6-25，查得 $P_{80} = 105000 \mu m$。

将 F_{80} 和 P_{80} 代入式（6-25），计算获得自磨介质功指数 W_{im} 为 170kW·h/t。

表 6-13　自磨介质试验产品粒度筛析结果

粒级/mm	块数	累积块数	质量/kg	累积质量/kg	产率/%	负累积产率/%
−152　+140	1	1	6.05	6.05	1.97	100.00
−140　+127	5	6	27.70	33.75	9.03	98.03
−127　+114	4	10	16.70	50.45	5.44	89.00
−114　+102	6	16	15.35	65.80	5.00	83.56
−102　+75	14	30	17.95	83.75	5.85	78.56
−75　+53(大)	20	50	10.00	93.75	3.26	72.71
−75　+53(小)	32	82	14.10	107.85	4.60	69.45
−53　+25			28.45		9.27	64.85
−25　+20			6.25		2.04	55.58
−20			164.25		53.54	53.54
合　计			306.80		100.00	

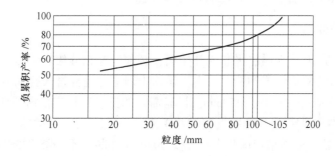

图 6-25　试验产品粒度组成曲线

（8）确定介质适应性尺度基准 Norm。绘制 Norm 基准数计算表见表 6-14，根据式（6-26）~式（6-30）计算 Norm 基准数并填入表 6-14。

表 6-14　Norm 数计算结果

项　目	P 值	低能冲击功指数	2mm 棒磨功指数	150μm 球磨功指数
$W_i/kW·h·t^{-1}$		7.31	12.51	12.63
Norm①	16	2.41	1.41	1.40
Norm②	21.44%	2.59	1.51	1.50
Norm③	30.55%	1.84	1.08	1.07
Norm④	105000μm	2.44	1.42	1.41
Norm 平均值		2.32	1.36	1.35
R_w		23.2	13.6	13.5

（9）结果分析。自磨介质功指数 W_{im} 大于 165kW·h/t，Norm 基准数大多大于 1，表明矿石能够形成足够的自磨介质，适合自磨（半自磨）的可能性很大。因此建议进一步进行自磨（半自磨）半工业试验，以最终确定是否适宜采用自磨（半自磨）。功指数比率 R_w 表明自磨时介质与被磨物料的近似供给比率约为 13.5~23.2。

6.11　自磨（半自磨）半工业试验

磨矿半工业试验曾经在磨矿流程设计、设备选型和指导生产应用中发挥过巨大的作用。20 世纪 50 年代以来，由于 Bond 功指数试验方法和功耗法设计计算方法的问世和逐渐成熟，常规磨矿半工业试验逐渐退出了历史舞台。但在此后的数十年间，自磨（半自磨）半工业试验仍然发挥着巨大的作用，直至 20 世纪 90 年代以来，随着现代自磨（半自磨）试验方法的发展，这一消耗巨大人力、物力、财力和时间的试验方法才日益减少，至今已趋于消失。

自磨（半自磨）半工业试验是连续试验，应在自磨介质适应性试验表明矿石存在自磨（半自磨）可能性之后进行。

6.11.1　试验样品

试验样品应取自平硐、平巷或开拓面，必须能够充分代表矿山投产后矿体正常开采时矿石的矿物组成和粉碎特性。运输中须避免遗弃过大样品或遗失过细样品。试验样品粒度一般小于 250mm。试验需要的样品质量应根据预计试验运转时间（由试验内容决定）和自磨（半自磨）机处理量确定，每项条件试验大约需要 10~30t 样品，每项稳定试验大约需要 30~90t 样品。不同类型的样品应分别进行试验，必要时可将不同类型的样品配成混合样试验。样品均匀性对于试验时流程和设备的工作稳定性和试验结果的准确性有直接影响，因此应严格进行配样。

6.11.2　基本试验工艺流程和主要试验设备

6.11.2.1　基本试验工艺流程

自磨（半自磨）半工业试验工艺流程应为被试验样品代表的物料未来可能采用的工艺流程，自磨（半自磨）半工业试验中经常结合与自磨（半自磨）有密切关系的砾石破碎和球磨阶段，必要时还可进行不同筛分/分级设备及其组合方式的试验，以及在试验流程中增加选别阶段。基本自磨（半自磨）半工业试验工艺流程包括：一段自磨/半自磨（AG/SAG）开路流程、一段自磨/半自磨（AG/SAG）闭路流程、自磨/半自磨—破碎（AC/SAC）流程、自磨/半自磨—球磨（AB/SAB）流程、自磨/半自磨—砾磨流程、自磨/半自磨—球磨—破碎（ABC/SABC）流程等。基本自磨（半自磨）半工业试验工艺流程见图 6-26。

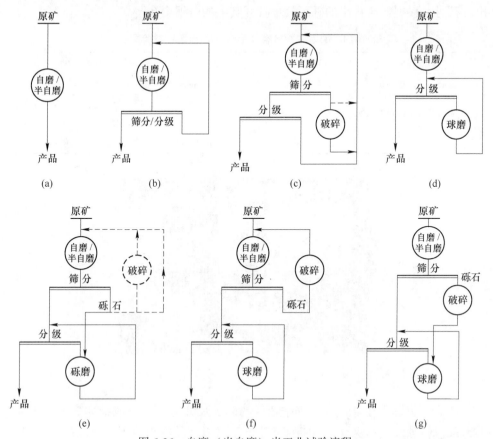

图 6-26 自磨（半自磨）半工业试验流程

（a）一段自磨/半自磨（AG/SAG）开路流程；（b）一段自磨/半自磨（AG/SAG）闭路流程；
（c）自磨/半自磨—破碎（AC/SAC）流程；（d）自磨/半自磨—球磨（AB/SAB）流程；
（e）自磨/半自磨—砾磨流程；（f）自磨/半自磨—球磨—破碎（ABC/SABC）闭路流程；
（g）自磨/半自磨—球磨—破碎（ABC/SABC）开路流程

在工艺流程需要试验确定的情况下，可以将其视为一个试验条件。

6.11.2.2 主要试验设备

主要试验设备包括自磨（半自磨）机、筛分机、分级机、砾石破碎机、给料机、矿浆泵、皮带运输机等。

自磨（半自磨）机是自磨（半自磨）半工业试验的主设备，国内曾经使用的半工业试验自磨（半自磨）机见表 6-15，原美国 Allis-Chalmers 公司的半工业试验自磨（半自磨）机见图 6-27。

为保证试验的可靠性，自磨（半自磨）机直径不宜小于 ϕ1.5m。其转速率为 65%~78%。排料端装有格子板，格子板孔宽度常取 12.7mm 左右。格子板上开有若干个 50×70mm 左右的砾石孔，通常用木或其他材料的塞子堵住，需要排出砾石时，根据需要排出的砾石数量打开其中的若干个孔。

表 6-15　国内主要自磨（半自磨）半工业试验磨机

序号	型号规格/m	功率/kW	工作方式	制造厂家	所在（或原所在）单位
1	Rockcyll ϕ1.830×0.914	30	湿式	美国 Allis-Chalmers 公司	司家营铁矿综合试验厂
2	Cascade ϕ1.830×0.610	18.64	湿式	美国 Koppers 公司	武钢矿业公司设计研究所试验厂 首钢矿业公司矿业研究所试验厂
3	ϕ2.4×0.9	55	湿式	上海冶金矿山机械厂	德兴铜矿湿式自磨试验车间

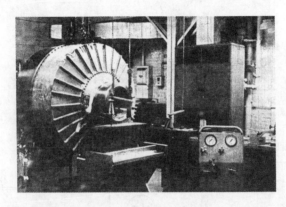

图 6-27　原美国 Allis-Chalmers 公司的半工业试验自磨（半自磨）机

半自磨钢球直径与试验过程中产生的砾石尺寸有关，一般最大直径为 100～125mm。钢球硬度在保证一定韧性和略低于衬板硬度的前提下尽可能高，一般应达到 HRC52～58，或 HB500～600。

自磨（半自磨）机净功率是自磨（半自磨）半工业试验的主要能耗参数，在小齿轮轴上测量获得。安装扭矩测量装置的自磨（半自磨）机，可以直接测量出小齿轮轴扭矩，然后通过计算转换为净功率。未安装扭矩测量装置的自磨（半自磨）机，则需要通过 Prony 试验测量小齿轮轴扭矩，然后计算转换为净功率。

自磨（半自磨）机还可以安装负荷测量装置，以便测量磨机负荷质量。

自磨（半自磨）机多带有圆筒筛，也可以使用直线筛、圆振动筛等筛分机。分级机可以使用水力旋流器、圆锥水力分级机、螺旋分级机等。

6.11.3　试验内容、操作和考察

6.11.3.1　试验内容

自磨（半自磨）半工业试验的最终目的是获得最优化的、准确的、可靠的功率和粒度之间的关系。为了这一目的，试验工作需分为条件试验和稳定试验。

条件试验的目的是探索获得最佳自磨（半自磨）工艺流程及其设备和工艺参数。试验因素包括：自磨（半自磨）工艺流程；自磨（半自磨）机转速（转速率一般为65%~78%）；半自磨钢球充填率（一般4%~20%）；半自磨钢球尺寸和配比；筛分/分级设备类型（包括一段振动筛、一段水力旋流器、振动筛-水力旋流器串联等）。对可量化因素选择一定数量（如2~4个）的水平。

试验指标包括自磨（半自磨）流程处理量、最终产品粒度和单位净功耗等。总处理量是指全流程的初始给料量。最终产品粒度对于开路流程是指磨机排料粒度，对于闭路流程是指控制筛分/分级的细产品粒度。应进行不同产品粒度的试验，以便设计中从全厂精矿品位、回收率和单位成本等方面对流程进行评价和选择。单位净功耗为自磨（半自磨）机净功率减去其空载净功率，然后除以流程处理量。

条件试验的具体内容需根据物料样品的自磨特性确定。对于适于自磨的矿石，采用开路自磨流程即可达到预期的结果。如果因物料中缺乏自磨介质而导致自磨效果欠佳，则可以采用添加少量钢球的半自磨。如果物料较硬，自磨时砾石过多产生积累，也可以采用半自磨消除多余砾石。如果物料很硬，仅仅采用半自磨仍不能达到消除多余砾石的目的时，还需要在流程中加入砾石破碎阶段。在一段筛分/分级效率较低的情况下，可采用两段筛分/分级。试验前不能确定物料样品自磨特性的情况下，应准备多种不同的自磨（半自磨）流程方案，并在试验过程中根据试验显示出的物料样品自磨特性对试验内容进行调整。

稳定试验的目的是验证条件试验获得的最佳条件。在全部条件试验中选择1~3个较适宜的流程，以试验获得的最佳条件，进行较长时间的试验运转，得出较准确的试验结果，供设计选用。

6.11.3.2 试验操作

试验操作的要点是：在达到试验指标的前提下，保证整个流程的工作状态最佳化和稳定性。工作状态最佳化的标志是：在要求的最终产品粒度下，流程处理量达到最大，或单位净功耗达到最低。流程稳定的标志是各磨机电动机工作电流和运转功率基本恒定，流程处理量和最终产品粒度基本恒定。

为了达到工作状态最佳化，需将磨矿浓度、分级机给料浓度和压力等工艺参数调整到最佳化。

为了保持流程工作的稳定，必须严格控制影响流程稳定的因素。这些因素包括：给料量和给料粒度的波动、磨矿浓度的波动、磨机内负荷量的波动以及分级机工作状态的波动等。

防止初始给料量和给料粒度波动的要点是均匀给料。可将物料预先分为不小于100mm、100~50mm和不大于50mm三个粒级配成料堆，每次从各个料堆上按比例截取一定质量的物料，混合均匀后在一定时间内连续、均匀地给入自磨（半自磨）机。防止磨矿浓度波动的方法是保持给料量和给水量的稳定。

自磨（半自磨）过程中最容易影响流程稳定性的因素是自磨（半自磨）机内负荷的变化，主要是负荷中物料质量和粒度的变化。负荷变化主要有两方面的原因：一是物料性质变化和操作条件变化，二是磨机内砾石积累。为消除第一个原因的影响，自磨（半自磨）机宜采用低料位、高浓度的操作方法，负荷充填率保持在 25% ~ 30%，磨矿浓度控制在 70% ~ 75%。为消除第二个原因的影响，应及时消除积累的砾石（临界粒级）。砾石积累的标志是：磨机负荷量和功率缓慢持续地增加，磨矿产品粒度缓慢持续地变细。如果自磨时因物料较硬导致砾石积累，可以添加一定尺寸和数量的钢球成为半自磨。如果物料很硬，仅仅采用半自磨仍不能达到消除多余砾石的目的，还需要打开砾石窗，排出一定量的 25 ~ 75mm 砾石，送到砾石破碎机内破碎至 10 ~ 12mm 以下，然后返回自磨（半自磨）机。

防止分级机工作状态波动的方法是保持分级机给料浓度和压力恒定。

每项试验开始后，需要 2 ~ 4h 的调整阶段，使试验流程在设定的设备和工艺条件下达到工作状态最佳化，随后使流程保持稳定状态。

6.11.3.3　试验流程考察

自磨（半自磨）半工业试验通过流程考察获得需要的试验数据和资料。同时，在流程考察过程中还对主要设备和工艺参数进行测定和调整，以保证试验流程在预期的工作状态下稳定运转。

每项试验前需测量磨机空载功率、衬板质量、半自磨和球磨钢球尺寸和质量，记录磨机电度表读数。

每项试验从流程达到最佳状态并稳定运转时起，开始进行流程考察，流程考察期间始终保持稳定。每项条件试验考察持续时间不少于 8 ~ 12h，稳定试验考察持续时间不少于 72h。

流程考察中需要测量并控制的参数包括：流程初始给料量、自磨（半自磨）机负荷率、磨矿浓度、水力旋流器给料浓度和压力等。

流程考察中需要采样然后对样品测定获得的参数包括：粒度组成、物料水分、矿浆浓度等，采样点位置为：原料，磨机给料和排料，筛分机给料、筛上和筛下，分级机给料、细产品（溢流）和粗产品（沉砂或返砂），砾石破碎机给料和排料等。

这些采样点中有些是重复的，例如闭路流程的磨机排料和筛分机或分级机给料。有些样点的数据可以根据其他相关样点的数据计算获得，例如筛分机给料、筛上和筛下中及分级机给料、细产品和粗产品中，测定了任意两个样点的粒度分布，就可以计算出剩余的一个样点的粒度分布。

流程考察中需要测量获得的参数值包括：流程处理量，筛分机筛上、筛分机筛下、分级机溢流、分级机沉砂的通过量，试验运转时间，磨机电动机运转功率、电压、电流和功率因数，以及各个给水点的水量等参数。

每项试验结束后，卸出自磨（半自磨）机负荷，筛析其中的物料粒度，测量各磨机钢球尺寸和质量以及衬板质量，记录磨机电度表读数。

6.11.4　数据处理和试验结果

根据采样和测量结果计算获得的参数值包括：磨机电耗和单位电耗、磨机运转净功率和空载净功率、各段粉磨单位净功耗、钢球消耗和单位钢球消耗、衬板消耗和单位衬板消耗、筛分效率、分级效率、循环负荷和磨机负荷率等。有些测量参数也可以根据相关测量数据计算获得，例如筛分机给料、筛上和筛下中及分级机给料、细产品和粗产品中，测定了任意两处的通过量，就可以计算出剩余的一处的通过量。有些不同流程位置处的同类参数量值相同，例如磨机给料量和排料量。

用稳定试验后的自磨（半自磨）机内残余物料进行 Bond 球磨功指数试验和金属磨损试验，用于选择球磨机和预测磨机钢球和衬板金属消耗。

6.11.5　试验结果的应用

自磨（半自磨）半工业试验结果可用于功耗法或按比例放大法计算选择工业自磨（半自磨）机[22]。

6.11.5.1　功耗法计算选择自磨（半自磨）机

根据试验获得的自磨（半自磨）单位净功耗 $W(\mathrm{kW \cdot h/t})$、设计总处理量 $Q(\mathrm{t/h})$、设计自磨（半自磨）机数量 z、电动机和从电动机到小齿轮轴的机械传动的总效率 η（小数），以及所选用的自磨（半自磨）机的空载净功率 $N_0(\mathrm{kW})$，计算确定单台自磨（半自磨）机电动机功率 $N_\mathrm{d}(\mathrm{kW})$

$$N_\mathrm{d} = \frac{WQ}{\eta z} + \frac{N_0}{\eta} \tag{6-31}$$

对计算的 N_d 值圆整后，从产品样本上查得自磨（半自磨）机的规格。

6.11.5.2　按比例放大法计算选择自磨（半自磨）机

设计选择的工业自磨（半自磨）机可以按照半工业试验自磨（半自磨）机的处理量、筒体内部直径和长度按比例放大

$$\frac{Q_\mathrm{d}}{Q_\mathrm{t}} = \left(\frac{D_\mathrm{d}}{D_\mathrm{t}}\right)^n \cdot \frac{L_\mathrm{d}}{L_\mathrm{t}} \tag{6-32}$$

式中　Q_d，D_d，L_d——设计拟选用的自磨（半自磨）机的处理量（t/h）、筒体内部直径（m）和长度（m）；

Q_t，D_t，L_t——半工业试验自磨（半自磨）机的处理量（t/h）、筒体内部直径（m）和长度（m）；

n——放大系数。湿磨时 $n=2.6$，干磨时 $n=2.5\sim3.1$，一般粗磨时取大值，细磨时取小值。

6.11.5.3 试验结果的其他应用

（1）试验获得的最佳设备和工艺参数可用于指导确定工业自磨（半自磨）流程设备和工艺条件，确定半自磨机加球量和磨机转速，以及选择筛分/分级方式和设备以及砾石破碎设备等。

（2）自磨（半自磨）机内残余物料的 Bond 球磨功指数试验结果用于计算选择自磨（半自磨）后续球磨机。

（3）自磨（半自磨）机内残余物料的金属磨损试验结果用于预测工业自磨（半自磨）衬板和钢球金属消耗。

参 考 文 献

[1] 吴建明. 用于自磨（半自磨）流程设计的现代试验方法 [J]. 有色设备，2009（6）：1~4.

[2] 吴建明. 用于自磨（半自磨）流程设计的现代试验方法（续） [J]. 有色设备，2010（1）：1~4.

[3] 夏菊芳. 冬瓜山铜选厂初步设计碎磨流程的选择与计算 [J]. 有色金属（选矿部分），2001（2）：13，28~31.

[4] 刘建远. 落重试验在碎磨工艺设计与优化中的应用 [J]. 有色金属（选矿部分），2015（2）：68~74.

[5] Mosher J，Bigg T. Bench-Scale and Pilot Plant Tests for Comminution Circuit Design [C] // Mular A L，Halbe D N，Barratt D J. Mineral Processing Plant Design，Practice and Control Proceedings. New York：Society for Mining，Metallurgy and Exploration，Inc.，2002：123~135.

[6] McKen A，Williams S. An Overview of the Small-Scale Tests Available to Characterise Ore Grindability [C] //Allan M J，Major K，Klintoff B C，et al. Proceedings of International Autogenous and Semiautogenous Grinding Technology 2006. Vancouver：Department of Mining Engineering，University of British Columbia，2006：Ⅳ-315~Ⅳ-330.

[7] Kalala J T，Hinde A L. Development of Improved Laboratory and Piloting Test Procedures at Mintek for the Design of AG/SAG Milling Circuits [C] //Allan M J，Major K，Klintoff B C，et al. Proceedings of International Autogenous and Semiautogenous Grinding Technology 2006. Vancouver：Department of Mining Engineering，University of British Columbia，2006：Ⅳ-222~Ⅳ-239.

[8] Morrell S. Design of AG/SAG Mill Circuits Using the SMC Test [C] //Allan M J，Major K，Klintoff B C，et al. Proceedings of International Autogenous and Semiautogenous Grinding Technology 2006 [C]. Vancouver：Department of Mining Engineering，University of British Columbia，2006：Ⅳ-279~Ⅳ-298.

［9］高明炜. 大型半自磨机的数学模型及其工业应用 ［J］. 金属矿山，2011（增刊）：36~
　　39，43.

［10］Kojovic T，Shi F，Larbi-Bram S，et al. Validation of the JKMRC Rotary Breakage Tester
　　（JKRBT）Ore Breakage Characterisation Device ［C］//Proceedings of the 25nd International
　　Mineral Processing Congress. Brisbane：The Australasian Institute of Mining and Metallurgy，
　　2010：901~915.

［11］Starke J. Accurate，Economical Grinding Circuit Design Using SPI and Bond ［C］//Lorenzen
　　L，Bradshaw D. Proceedings of the 22nd International Mineral Processing Congress. Cape
　　Town：Document Transformation Technologies，2003：270~279.

［12］邵全渝. 半自磨功指数及其应用 ［J］. 国外金属矿选矿，2004（9）：26~29.

［13］Doll A G，Barratt D. Grinding：Why So Many Tests？［C］//Proceedings of the 43rd Annual
　　Canadian Mineral Processors Conference. Ottawa：Canadian Institute of the Mining，Metallurgy
　　and Petroleum，2011：537~556.

［14］Kosick G，Dobby G，Bennettp C. CEET（Comminution Economic Evaluation Tool）［C］//
　　SME-AIME Annual Meeting 2001. Denver：2001.

［15］Amelunxen P，Bennett C，Garretson P，et al. Use of Geostatistics to Generate an Orebody
　　Hardness Dataset and to Quantify the Relationship between Sample Spacing and the Precision of
　　the Throughput Predictions ［C］//Proceedings of International Autogenous and Semiautogenous
　　Grinding Technology 2001. Vancouver：Department of Mining Engineering，University of
　　British Columbia. 2001：IV-207~IV-220.

［16］Custer S，Garretson P，McMullen J，et al. Application of CEET at Barrick's Goldstrike Oper-
　　ation ［C］// Proceedings of the 33rd Annual Canadian Mineral Processors Conference.
　　Ottawa：Canadian Institute of the Mining，Metallurgy and Petroleum，2001：1~16.

［17］McKen A，Chiasson G. Small-scale Continuous SAG Testing Using the Macpherson Autogenous
　　Grindability Test ［C］//Allan M J，Major K，Klintoff B C，et al. Proceedings of
　　International Autogenous and Semiautogenous Grinding Technology 2006. Vancouver：
　　Department of Mining Engineering，University of British Columbia，2006：IV-299~IV-314.

［18］Starkey J，Hindstrom S，Nadasdy G. SAGDesign Testing—What it is and Why it Works
　　［C］//Allan M J，Major K，Klintoff B C，et al. Proceedings of International Autogenous and
　　Semiautogenous Grinding Technology 2006. Vancouver：Department of Mining Engineering，U-
　　niversity of British Columbia，2006：IV-240~IV-254.

［19］Heikanen K，Mörsky P，Knuutinen T，et al. Autogenous Grinding Parameter Estimation
　　［C］//Heinz Hoberg. Proceedings of the XX International Mineral Processing longress
　　Aachen，1997：299~306.

［20］王宏勋. 自磨介质适应性试验方法 ［J］. 金属矿山，1985（5）：50~52.

［21］Bond F C. Crushing & Grinding Calculation Part 1 ［J］. British Chemical Engineering，1961，
　　6（6）：378~385.

［22］《选矿设计手册》编委会. 选矿设计手册 ［M］. 北京：冶金工业出版社，1988.

7　其他粉碎试验技术

随着技术的发展，粉碎流程和设备都在不断进步和演变，辊压机（高压辊磨机）、VertiMill 立式磨机（塔磨机）和 IsaMill 搅拌磨机等新型粉碎设备逐渐成熟并获得应用。为适应这些设备和技术发展的需要，出现了相应的粉碎试验技术及其设备选型方法。这里仅介绍较为成熟的辊压机和 IsaMill 搅拌磨机试验技术。

7.1　德国 ThyssenKrupp Polysius 公司的辊压机（高压辊磨机）试验技术

辊压机又称高压辊磨机，是 20 世纪 80 年代伴随料层粉碎原理出现的新型高效节能粉碎设备，已成为粉碎流程设计和设备选择中必须考虑和可供选择的标准技术设备[1]143。高能量效率、高设备能力和低全面操作成本的业绩导致辊压机在最近若干年内在广泛的矿物加工生产中应用日益增加，并且成为目前和未来的发展趋势。伴随这一趋势，辊压机试验方法也日益成熟。

德国 ThyssenKrupp Polysius 公司的辊压机试验技术由 POLYCOM 粉磨指数（*PGI*）试验、初步探索试验、辊面磨损试验、半工业试验和球磨试验几部分组成[2],[3]649,[4]Ⅳ-20。

试验目的是：（1）确定矿石用辊压机粉碎的适应性；（2）获得确定辊压机规格的关键参数单位生产能力、单位粉碎力和输入能量；（3）确定能够达到的产品粒度分布；（4）确定矿石的磨蚀性。

试验中须探索以下因素对粉碎过程的影响：（1）粉碎压力（至少 3 个压力值）；（2）物料水分；（3）给料粒度分布。还需了解料饼强度对后续工艺过程的影响。

试验中需要测定和记录的数据有：（1）矿石特性参数：密度、容积密度、给料粒度分布、水分、料饼密度等；（2）设备参数：辊速、总压力、净功率、油压和氮气压力、空载间隙和操作间隙；（3）工艺参数：单位能耗、生产能力、产品粒度分布（端部排料、中部排料和总排料）、中部与端部产品的比例。

7.1.1　POLYCOM 粉磨指数（*PGI*）试验

这是一项判断物料是否适宜辊压机处理的试验室试验。

7.1.1.1　试验设备
试验设备是辊子直径和宽度均为 1m 的辊压机。

7.1.1.2　试验方法

在 350MPa 的单位粉磨力下，以 1m/s 的辊速粉碎 1h。从破碎区中部得到的小于 250μm 或 1mm 的产品质量即为 $PGI(t \cdot s/(h \cdot m^3))$。

$$PGI_{(250\mu m)} = \Delta F_{(250\mu m)} \cdot q \qquad (7-1)$$

式中　$\Delta F_{(250\mu m)}$——小于 250μm 的细粒产出率；

q——单位生产能力，$t \cdot s/(h \cdot m^3)$。

7.1.1.3　试验结果

$PGI > 70 \ t \cdot s/(h \cdot m^3)$ 的矿石可认为适宜高压辊磨机处理。

7.1.2　初步探索试验

这项试验只需使用有限数量的矿样，或使用细粒物料如铁精矿作为样品，获得的数据可用于工业设备初步选型。

7.1.2.1　试验设备

试验设备是 LABWAL 型试验室辊压机（见图 7-1），辊子直径为 0.25m 或 0.30m，辊宽为 0.10m 或 0.07m，辊速为 0.20~0.90m/s。辊面为光面、花纹或柱钉式，制作在辊套上。

图 7-1　LABWAL 试验室辊压机

7.1.2.2　试验样品

试验样品粒度小于 12mm，每批试验样品数量约 30kg。

7.1.3　辊面磨损试验

7.1.3.1　试验设备

试验设备是 ATWAL 型试验室辊压机（见图 7-2），辊子直径 0.10m，辊宽 0.03m，装有 Nihard Ⅳ 材料制造的光面实体辊套。

图 7-2   ATWAL 型试验室辊压机[4]Ⅳ-20

7.1.3.2　试验样品

取大约 100kg 物料，湿的或干的，破碎到小于 3.15mm 作为试验样品。

7.1.3.3　试验方法

试验为分批试验。每项试验前后测定辊套的质量，辊套的质量损失除以处理的物料量称为磨损指数 $ATWI$，以 g/t 表示。

7.1.3.4　试验结果

预测工业辊压机辊面磨损寿命范围。磨蚀性很强的矿石 $ATWI>40g/t$，中等磨蚀性矿石 $ATWI=10\sim40g/t$，低磨蚀性矿石 $ATWI<10g/t$。

7.1.4　半工业试验

半工业试验可以在试验室或现场进行。

7.1.4.1　试验设备

试验设备是半工业辊压机，为移动式，辊子直径 0.7～0.9m，辊宽 0.2～0.3m，辊速 0.3～1.2m/s。大部分设备装有柱钉辊面。

7.1.4.2　试验样品

分批试验给料粒度小于 45mm，连续试验给料粒度小于 35mm。处理量 30～90t/h。每项试验需要约 70～150kg 样品，包括磨损试验在内，需要的样品总量通常是 1000kg 左右。

7.1.4.3　试验变量

试验变量包括压力、湿度、辊速和循环负荷等。

试验还需明确料饼强度对筛分效率的影响，可以通过分析高压辊磨机闭路循环试验的筛分产品确定。由此判断是否需要更强烈的松散方法。

7.1.5　球磨试验

试验目的是预测辊压机的节能效果，主要体现在后续球磨能耗上。

7.1.5.1　Bond 球磨功指数试验

矿石经辊压机处理后 Bond 球磨功指数会减小 5%~10%，这主要是由辊压机产品中残留的微裂缝造成的。辊压机产品中含有较多细粒是减少后续球磨能耗的另一个原因。因此，辊压机能使后续球磨单位能耗总共降低 20%~30%。

7.1.5.2　试验室球磨试验

试验室球磨试验能更好地反映辊压机后续球磨过程的节能潜力。试验样品为辊压机产品，最大粒度为 30mm。试验获得产品中小于一定粒度（例如 90μm 或 200μm）级别的质量分数与输入能量之间的函数关系。试验可提供不同物料和不同给料粒度分布下粉磨所需的相对能量。试验为干式、开路球磨，但结果对湿磨同样有效。

7.1.6　试验数据处理

根据试验获得的数据，计算用于确定工业辊压机规格的关键参数单位生产能力、单位粉碎力和单位输入能量[1]148,[3]645,[4]IV-16。

7.1.6.1　单位生产能力 q

单位生产能力主要取决于物料的物理特性（例如物料的硬度、密度，给料的颗粒粒度分布和含水率）、粉磨压力和采用的辊面类型，仅在一定程度上取决于辊子的直径和速度，因而可用于从试验设备按比例放大到工业规格设备。

从试验获得单位生产能力有两种方法：

（1）根据辊压机生产能力计算

$$q_p = Q /(DBv) = 60Q /(\pi D^2 Bn) \tag{7-2}$$

式中　q_p——根据辊压机生产能力计算的单位生产能力，$t \cdot s/(h \cdot m^3)$，相当于辊子直径和宽度均为 1m 的辊压机，以 1m/s 的辊面线速度工作时的生产能力；

　　　Q——辊压机生产能力，t/h；

　　　D——辊直径，m；

　　　B——辊宽，m；

　　　v——辊面线速度，m/s；

　　　n——辊转速，r/min。

（2）根据辊子之间的工作间隙与辊子直径的比值（S/D）计算

$$q_c = 3.6 \rho_c \cdot S/D \tag{7-3}$$

式中 q_c——根据辊子之间的工作间隙与辊子直径的比值计算的单位生产能力, $\text{t} \cdot \text{s}/(\text{h} \cdot \text{m}^3)$;

ρ_c——料饼密度, t/m^3;

S——工作间隙, mm。

在许多情况下两种方法计算的单位生产能力可能不同, 比值 q_c/q_p 反映了物料在工作间隙中的行为的信息。$q_c/q_p<1$ 表明存在从压缩区挤出或内部和 (或) 外部旁路的现象, 在这两种情况下物料都以高于辊面线速度的速度通过间隙。$q_c/q>1$ 表明辊的整个宽度可能没有被完全利用, 辊端的物料流动可能受到限制。$q_c/q_p>1$ 还可能表明存在滑动。在用于大部分粗矿物时, q_c/q_p 在 0.85~1 之间。

7.1.6.2 单位粉碎力 f

单位粉碎力特别适用于确定物料层中的粉碎力和取得的产品细度之间的关系, 和比较不同规格高压辊磨机之间的粉碎力。辊压机工作原理和受力分析见图 7-3。单位粉碎力通常用施加在辊子上的液压力除以辊子的投影面积计算。

$$f = F/(1000BD) \tag{7-4}$$

式中 f——单位粉碎力, MPa;

F——粉碎力, kN。

作用在物料层中的平均单位粉碎力 f_a (MPa) 定义为粉碎力除以辊的压缩面积

$$f_a = F/(1000B \cdot D/2 \cdot \alpha) = 2f/\alpha \tag{7-5}$$

式中 α——料层粉碎的啮角。

辊间物料层中的最大单位粉碎力 f_{max} (MPa) 由 Schönert 教授定义如下

$$f_{max} = F/(1000kDB\alpha) = f/(k\alpha) \approx 5f/\alpha \tag{7-6}$$

式中 k——物料常数, $k = 0.18 \sim 0.23$。

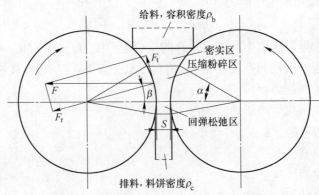

图 7-3 辊压机工作原理和受力分析示意图

实际上, 测定的物料常数 k 变化较大。对光滑辊进行的研究表明, 最大单位粉碎力是单位粉碎力 2~6N/mm² 的 40~60 倍。柱钉辊面的啮合角更大，因此在相同的单位粉碎力下最大粉碎力比光滑辊面更低。f_{max} 公式主要用于水泥工业。在矿物工业中，单位粉碎力已足以确定粉碎力的数值。

7.1.6.3　单位输入能量和单位驱动功率

A　单位输入能量

给料吸收的单位输入能量 $W(kW \cdot h/t)$ 由下面公式计算

$$W = N/Q = 2000f\sin\beta/q \tag{7-7}$$

式中　N——辊子的驱动功率，kW；

　　　β——力的作用角；

　　　q——试验获得的单位生产能力 q_p 或 q_c。

式 (7-7) 指出单位输入能量和单位粉碎力之间呈线性关系。然而，力的作用角 β 和单位生产率 q 经常随单位粉碎力变化。从式 (7-7) 可见，在一定粉碎力下高单位生产能力导致低能耗。

B　单位驱动功率

这一参数不很通用，但在按比例放大电机功率时非常有用。单位驱动功率 $N_s(kW \cdot s/m^3)$ 用辊子的驱动功率 $N(kW)$ 除以辊面线速度和辊子的投影面积计算。它与施加的单位粉碎力成比例，通常是线性的。

$$N_s = N/(DBv) = 60N/(\pi D^2 Bn) \tag{7-8}$$

以 kW·h/t 表示的单位能量消耗可以由单位驱动功率 N_s 除以单位生产能力得出。因为单位粉碎力对生产能力只有有限的作用，单位能耗也是粉碎力的线性函数。

7.1.7　试验结果的应用

辊压机试验结果可用于设计选择工业辊压机[1]148,[3]645,[4]Ⅳ-15。首先试验确定物料采用辊压机的适应性。如果试验表明物料适合辊压机处理，则选择不同的辊压机辊子尺寸，根据试验数据进行计算，使其满足设计生产能力要求。这个阶段需要重点考虑辊子的 B/D 比值，因为该值对辊设计、机器的磨损保护、工作特性和成本有重要参考作用。

然后根据试验数据计算确定辊压机工作需要的关键参数粉碎力和驱动功率，确定辊压机电动机安装功率。还需根据磨损试验结果预测辊面磨损速度和更换周期。

7.1.7.1　生产能力 Q 的计算

一定规格的工业辊压机粉碎某种物料的生产能力有两种计算方法：

(1) 根据试验获得的单位生产能力计算

$$Q = qDBv = qD^2 Bn/60 \tag{7-9}$$

式中　Q ——设计要求的生产能力，t/h。

（2）根据物料通过辊子之间工作间隙的体积流量（BSv_m）计算

$$Q = 3.6BSv_m \cdot \rho \tag{7-10}$$

式中　v_m ——物料通过间隙时的速度，m/s；

　　　ρ ——排料的平均密度，t/m³。

物料通过间隙时的速度 v_m 通常规定等于辊面线速度。然而，可能存在例外。在某些情况下，物料可能以高于辊面线速度的速度通过间隙——它可能被挤压通过间隙（挤出），被辊子加速通过间隙落下（内部旁路），或没有被辊子啮合从辊端外落下（外部旁路）。在另一些情况下，如果物料与辊面间发生滑动，其速度可能低于辊面线速度。这些情况可以试验确定。排料由受压的、破碎的和旁路的物料组成，其平均密度是各组分的加权平均密度。

7.1.7.2　粉碎力 F 的计算

设计选择的辊压机需要的粉碎力根据试验获得的单位粉碎力计算。

$$F = 1000fBD \tag{7-11}$$

7.1.7.3　驱动功率 N 的计算

辊压机需要的驱动功率有三种计算方法：

（1）根据试验获得的单位输入能量 W 计算

$$N = WQ = WqDBv \tag{7-12}$$

式中　Q ——要求的生产能力，t/h。

（2）根据试验获得的单位驱动功率 N_s 计算

$$N = DBvN_s = \pi D^2 BnN_s /60 \tag{7-13}$$

（3）根据辊子的驱动功率与施加的粉碎力的关系计算：驱动辊子需要的驱动功率 N_R 与施加的粉碎力 F 成比例。力在辊子上的作用点由力的作用角 β 确定。粉碎力可以分解为径向部分 F_r 和切向部分 F_t。切向部分产生了为使辊子旋转必须由主驱动电动机提供的转矩的上升作用。在给定的辊转速下每个辊需要的驱动功率 N_R(kW) 根据下式计算

$$N_R = \omega T = \frac{\pi}{60}nDF\sin\beta \tag{7-14}$$

式中　ω ——辊的角速度，1/s；

　　　T ——辊转矩，N·m；

　　　F ——粉碎力，kN。

那么总驱动功率 N(kW) 为

$$N = 2N_R = \frac{\pi}{30}nDF\sin\beta \tag{7-15}$$

驱动每个辊子需要的电动机安装功率 N_d(kW) 由辊子的驱动功率乘以 1.10~

1.15 的系数获得

$$N_d = (1.10 \sim 1.15) N_R \tag{7-16}$$

7.2 德国 KHD Humboldt Wedag 公司的辊压机（高压辊磨机）试验技术

德国 KHD Humboldt Wedag 公司的辊压机试验技术以半工业试验为主，目的是按比例放大到工业设备，选择确定工业辊压机规格，预测工业辊压机工艺流程参数[5]1319。本节部分内容参考了该公司辊压机产品样本《KHD RollerPress Minerals》。

7.2.1 试验设备

试验设备是半工业辊压机。KHD Humboldt Wedag 公司制造有多台半工业辊压机，其中位于德国 Cologne 的公司总部安装有一台，其外观见图 7-4，主要技术参数见表 7-1。其余各台的安装地点视项目现场试验的需要确定。半工业辊压机装有监测和图形控制系统，监测和控制以下工艺和操作参数：生产能力、单位生产能力、功率消耗、单位功率消耗、压力、单位压力、间隙尺寸、料饼厚度、辊圆周速度和试验时间。

图 7-4　德国 KHD Humboldt Wedag 公司的半工业辊压机（引用该公司网站照片）

表 7-1　KHD Humboldt Wedag 公司半工业辊压机主要技术参数

参　　数	指　　标
型　　号	RP80/25
辊直径/mm	800
辊宽度/mm	250
液压系统单位压力/MPa	≤10
处理能力/t·h^{-1}	约 30~80①
电动机功率/kW	2×132
质量/t	约 21
每项试验所需样品质量/kg	约 100

①与样品性质有关。

半工业辊压机是规格最小的工业辊压机，因此其试验结果与工业生产数据非常接近，能够更准确地进行按比例放大。

7.2.2 试验程序和试验方法

7.2.2.1 根据以往对类似物料的工作确定试验方向

首先应当根据以往对类似物料的试验结果和（或）生产数据，判断本试验物料最可能的辊压机粉碎结果，排除不必要的试验内容，从而确定大致的试验方向。

7.2.2.2 试验样品

试验样品必须代表所选择的辊压机将要处理的物料。除了物料特性方面的代表性（矿物组成、有用金属品位、含水率）外，还需重点考虑给料粒度分布。有三个参数影响着给料粒度：最大粒度、粒度分布（包括考虑循环负荷）和黏或细的颗粒比率。确定试验给料粒度需从以下几方面考虑：

（1）最大给料粒度取决于啮角，类似于常规辊式破碎机通常的情况，这是工业操作和试验中都需要满足的基本要求；

（2）从啮合约束条件和减小辊面磨损考虑，最大给料粒度应在辊压机工作间隙的 1.5~1.7 倍之间。然而为了充分实现料层粉碎，最理想的给料粒度应小于工作间隙；

（3）为了保证在试验和工业规模下具有类似的批量物料输送和粉碎特性，辊压机试验的给料粒度分布应该与辊直径成比例，应该根据工业给料粒度按比例缩小。有两个方法：一是根据工业给料和设计要求的单位生产能力，初步确定工业辊压机辊直径，于是按比例缩小系数就是工业的和试验的辊压机辊直径的比值。二是使用相对粒度。由预期的工业给料的各粒级粒度除以操作间隙（试验确定，为辊直径的 2%~4%），即为相对粒度分布。然后可以由相对粒度分布的粒度值乘以预期的试验中辊间隙即为试验使用的给料粒度分布。

综上所述，辊压机半工业试验给料是在相对体积密度、啮角、大块中的孔隙空间、总体物料输送和辊之间的压实（驻留时间）等方面与工业给料类似，粒度分布与辊尺寸和操作间隙相关的给料。

因此，半工业试验辊压机给料应预先破碎到适当的粒度。如果试验给料为钻探岩芯碎块，应进行充分的预破碎使其圆滑表面最小化，否则由于其表面形状与破碎岩石的粗糙表面相差较大，将会歪曲试验结果（妨碍物料流动和啮合特性）。不过应当注意，预破碎得过细也会导致无代表性。

7.2.2.3 试验目标和内容

为了确定一定条件下适用的辊压机设备规格和参数，须进行一系列的开路流程和闭路流程试验，以半工业试验为宜。半工业试验可以在试验室或生产现场进行。

半工业试验的初步目标是：（1）确定工业辊压机的设计工艺参数；（2）预测磨损特性；（3）产生后续流程试验的物料样品；（4）确定工业辊压机的机械设计参数。

辊压机的关键特性参数（生产能力、能量消耗、破碎比）通常取决于压力、辊速、含水率、给料粒度分布这样的工艺参数，试验目的是明确这些参数的相互关系。

选择和确定辊压机规格的主要工艺参数是辊中部排料的单位生产能力、单位净能耗和产品颗粒粒度分布。

单位生产能力 q 定义为试验测定的试验辊压机辊中部排料的生产能力除以辊面圆周速度、辊直径和辊宽，单位为 $t \cdot s/(h \cdot m^3)$。

单位净能耗是反映辊压机功率消耗的参数，定义为试验测定的试验辊压机净功率消耗除以其生产能力。那么设计的工业辊压机功率消耗可以由其生产能力除以试验获得的单位净能耗值计算。

产品颗粒粒度分布取决于采用的过程条件，还取决于采用的辊间隙宽度。根据试验测定的产品粒度，通过专门的模型化和模拟程序对辊尺寸的影响进行修正，从而确定在实际中可能获得的产品粒度。

对辊压机试验产品需进行以下进一步分析：（1）由干式或湿式筛分进行颗粒粒度分析；（2）密度、体积和料饼密度；（3）Bond 功指数；（4）含水率；（5）矿物学研究；（6）磨损速度测定；（7）化学分析；（8）X 射线分析。

除了半工业试验以外，还需进行辊面磨蚀磨损速度指数试验、辊压机产品的物料输送特性试验、辊压机产品的料饼强度和松散试验，以及球磨试验等对辊压机生产应用有重要影响的因素试验。

7.2.3　数据处理、试验结果及其应用

7.2.3.1　评价设备和工艺参数对主要生产技术指标的影响

包括评价压力、辊速、物料水分含量和给料粒度分布（包括筛除了粗粒的给料）对单位生产能力、单位能量消耗、辊间隙大小和产品粒度分布的影响。由于液压系统的压力更容易调整和测定，而且液压系统的压力与辊压机施加在物料上的压力成正比，因此以下叙述中均用液压系统的压力代表辊压机施加在物料上的压力。另外，压力经常用单位压力的形式表达。

A　压力的影响

在通常考虑的操作范围内，大部分情况下单位压力与单位输入能量呈线性关系。在一定辊速下压力增加时，由于操作间隙减小引起物料压实度提高，通常导致单位生产能力下降。较高的单位压力将增加产品细度，但高压力值很难保持恒定。这样关系的例子见图 7-5。

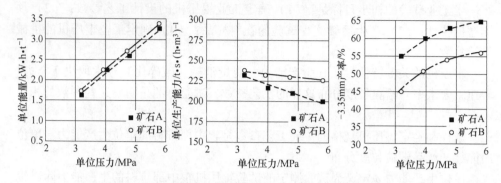

图 7-5　两种矿石试验中单位压力对辊压机特性的影响[5]1322

以能达到的最高压力工作有利于产生细产品并为后续流程带来益处，然而这些益处可能因增加（单位）能量消耗和辊面磨损所带来的操作和设备成本而被抵消。压力水平的选择应该考虑所有设备、工艺和经济因素，例如一方面考虑生产能力、细产品产生的益处和对后续工艺阶段的影响，另一方面考虑更高能耗和磨损的操作成本，以及较高压力系统和更高功率设备（减速机，电动机等）的制造成本。

在湿、黏或细的给料可能减少物料层压缩性的情况下，施加到物料上的压力可能会受到限制。由于操作间隙小和操作压力低，即使在勉强可接受的粉碎作用下，收缩和挤出也可能导致非常低的压力和生产能力。

因此对于整个操作来说，施加压力的效果应该与深远的系统要求和潜在的操作经济性很好地达到平衡。目标应该是在最佳全厂经济性下，在尽可能低的压力条件和尽可能高的粉碎效果下运转。

B　辊速的影响

对于大多数矿石来说，辊速对单位生产能力、功率消耗和间隙大小有直接和明显的影响。因此，基于辊速的按比例放大是重要的，它建立了工业实际和试验运转的辊速之间的关系，使按比例放大有了确定的基础。

一般认为，当物料在两辊间的高压区内驻留时间相等时，发生同等的物理破碎过程。这视转速而定。于是对于操作间隙中的一批矿石来说，当辊转速相同从而驻留时间相同时，可以假设宏观上缩放比例类似。

与辊转速相比，辊圆周速度虽然被用于单位生产能力和生产能力计算中，但可以被认为是发生在辊面附近的，例如磨蚀磨损这样的过程更加具有支配作用的因素。在微观尺度上，局部辊面速度和辊面附近的边界层外部的矿石颗粒速度之间的差别较大，并决定着磨蚀磨损速度。

假设辊转速为 $n(\text{r/min})$，并假设从啮合点到最小辊距（操作间隙）处的距离覆盖了大约 45° 角，又假设该距离是周长的 1/8 或 $0.125\pi D$。在这一距离上辊

表面（和给料）移动的速度将是辊圆周速度 $v(m/s)$

$$v = \pi nD/60 \tag{7-17}$$

式中　D——辊直径，m。

那么驻留时间 $t(s)$ 将是距离除以圆周速度

$$t = (0.125\pi D)/(\pi nD/60) = 7.5/n \tag{7-18}$$

这一关系见图 7-6。因此物料在辊间，特别是在高压区的驻留时间仅仅是若干分之一秒。

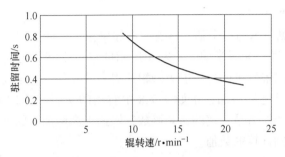

图 7-6　辊转速与物料在辊间的驻留时间的函数关系[5]1323

辊速一般仅仅略微影响单位能量消耗，并且对产品粒度没有显著影响。辊速提高时，由于被挤入操作区域的物料减少，一般都会降低单位生产能力。这是啮合条件破坏和辊面与颗粒层间以及颗粒层内部物料滑动增加的结果。因此评价工业辊压机的单位生产能力时应该考虑辊速。例如，0.8m 直径的辊圆周速度是 0.5m/s，换算到 1.7m 直径的辊圆周速度是 $0.5/0.8×1.7 = 1.06m/s$。然而二者的辊转速都是大约 12r/min。

辊速与单位能量、单位生产能力和产品粒度之间关系的例子见图 7-7。

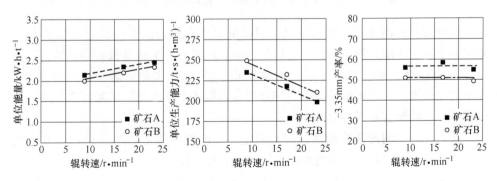

图 7-7　试验中辊速对辊压机特性的影响[5]1324

如果计算的工业辊压机辊转速高于半工业辊压机试验采用的转速，必须进行调整以弥补较狭窄的间隙以及减少的单位生产能力的影响。这可以根据试验中测定的辊速与单位生产能力的关系。

因此，对一个操作条件的按比例放大需要对可以达到的辊速与单位生产能力进行综合评价。在单位生产能力取决于辊速的情况下，不能选择在试验中在唯一辊速下测定的单位生产能力。相反，必须考虑两个参数之间的全面关系。假设唯一的单位生产能力基于低辊速，将导致过高估计设备生产能力。

辊压机的生产能力 $Q(\text{t/h})$ 使用下式计算

$$Q = q \cdot v \cdot D \cdot B \tag{7-19}$$

式中 B——辊宽度，m。

图 7-8 中左侧所示为一个随着辊速的增加单位生产能力趋向降低的例子。右侧称为"实际 Q 值"的图说明，当左图所示的单位生产能力随辊速的提高而下降时，一定规格的辊压机的生产能力随辊速提高的变化。当辊速提高时，人们最初希望看到能力成比例增加，正如图 7-8 中右图的实线"直线 Q 值"所示。然而，由于单位生产能力是辊速的递减函数，辊速提高增加了的生产能力即"实际 Q 值"少于按比例计算的数值。

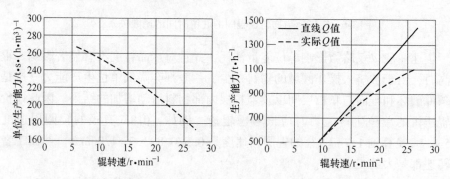

图 7-8 辊速、单位生产能力和生产能力的典型关系[5]1324

一台按最大辊速设计的辊压机，假设最大生产能力基于低辊速（试验）下测定的单位生产能力得出，将不能达到目标生产能力。这将导致较差的特性，正如"直线 Q 值"和"实际 Q 值"曲线之间的生产能力差距所表明的。为了达到要求的生产能力，辊压机将必须运转在更高的辊速下，因此可能需要选择不同的辊尺寸以保持辊速在可接受的水平。

通过比较简明的计算能够正确地确定需要的辊速和达到的（单位）生产能力。假设单位生产能力 q 和辊面圆周速度 v 之间的关系如下（见图 7-9）

斜率 $\qquad \Delta = (q_1 - q_2)/(v_1 - v_2) = (q - q_0)/v \tag{7-20}$

可得 $\qquad\qquad q = q_0 + \Delta \cdot v \tag{7-21}$

于是由式（7-19），生产能力 Q 为

$$Q = D \cdot B \cdot q_0 \cdot v + D \cdot B \cdot \Delta \cdot v^2 \tag{7-22}$$

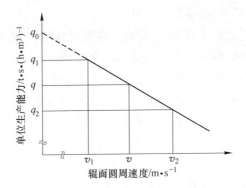

图 7-9　假设的辊速与单位生产能力之间的线性关系[5]1325

由此，为达到一定的生产能力 Q，在一定辊直径 D 下，要求的辊圆周速度 v 为

$$v = \frac{-D \cdot B \cdot q_0 + \sqrt{(D \cdot B \cdot q_0)^2 + 4 \cdot D \cdot B \cdot \Delta \cdot Q}}{2 \cdot D \cdot B \cdot \Delta} \qquad (7\text{-}23)$$

在设计的工业生产能力需要变化（例如在设计值的 50% 到 100% 之间变化，不是由于诸如生产率一类的变化就是矿石性质的变化引起），并且安装了变速驱动以控制辊速，从而改变设备生产能力的情况下，上式起着非常重要的作用。图 7-10 和图 7-11 分别是在 Empire 铁矿和 Argyle 钻石矿测定的辊速与生产能力之间关系的例子。

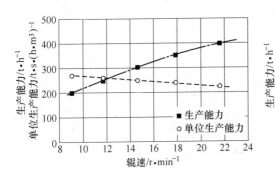

图 7-10　Empire 铁矿单位生产能力和
生产能力与辊速关系的实例[5]1325

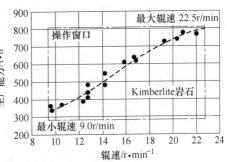

图 7-11　Argyle 矿山生产能力与
辊速关系的实例[5]1326

如果压力显示出具有明显的影响（如图 7-5 的矿石 A），为了修正生产能力，需要增加一项类似的计算。然而，就像大多数情况那样，压力是一个基于最低输入能量，最大粒度减小，或最大化的后续流程效益预先选择的参数，而单位生产能力—辊速关系支配着其后的按比例放大和再其后的设备规格确定和设备选择。

7.2.3.2 修正辊端旁路物料影响

由于辊端与颊板之间不能形成压力，在靠近辊端区域的物料上单位压力较低。因此，在这部分物料上产生了较低体积密度和较粗颗粒粒度的产品，同时这一区域的单位生产能力和单位输入能量也较低。对于一定的条件组合来说，"辊端物料"的比例很大程度上取决于操作间隙的大小和辊宽。辊越短，一定辊间隙下辊端物料的比例越大。试验和生产操作中辊端物料的比例不同，需要根据辊尺寸（B/D 比率），对测定的试验结果进行修正以正确预测工业结果。

可依据以下规则。首先，对于一个条件组合，辊直径和操作间隙之间存在或多或少的固定比例。这通过在试验中测定操作间隙确定。处理硬岩石的操作间隙一般在辊直径的2%到3%之间变化。其次，辊每侧的辊端宽度大部分情况下在间隙尺寸的1.0到1.5倍之间变化。对于粗而干的物料辊端物料比例较高，对于易压实的物料辊端物料比例可能较低。这可以在试验中通过递增地测定不同产品分流设置下的颗粒粒度分布和质量流量，以及通过观察辊面自磨损方式测定。

不同辊尺寸的辊端物料比例比较实例见表 7-2。表中假设间隙为辊直径的2.5%，间隙和辊端宽度的比值为 1：2.5。从表中可以看出试验室和半工业试验的辊端物料影响明显高于生产实际，试验和按比例放大时的数据处理必须考虑这一影响。对辊端物料和中部物料的粒度分布需要分别分析，以准确评价辊端物料的影响。

表 7-2 不同辊尺寸的辊端物料比例实例[5]1327

设备类型	试验室辊压机	半工业辊压机	工业辊压机
辊直径/m	0.30	0.90	2.00
辊宽度/m	0.07	0.25	1.80
辊间隙/mm	7.5	22.5	50.0
辊端宽度/mm	18.8	56.3	125.0
辊端宽度比例/%	26.8	22.5	6.9
辊端物料质量比例/%	20.5	17.0	5.0

A 辊端物料对单位能量的影响

由于辊端和中部物料的密度不同，必须重新计算单位能量。下面给出了一个重新计算单位能量的实例。

在试验中，总单位能量 $W_t = 2.25\text{kW} \cdot \text{h/t}$，辊端物料的单位能量 $W_e = 0.50\text{kW} \cdot \text{h/t}$（假设接近常规水平），辊端物料的质量比例 $k = 17\%$，辊中部单位能量 $W_c(\text{kW} \cdot \text{h/t})$ 为

$$W_c = (W_t - W_e \times k)/(1-k) = (2.25 - 0.5 \times 0.17)/(1-0.17) = 2.61 \quad (7-24)$$

在生产实际中，辊中部物料的单位能量 $W_c = 2.61 \text{kW} \cdot \text{h/t}$，辊端物料的单位能量 $W_e = 0.50 \text{kW} \cdot \text{h/t}$，辊端物料的质量比例 $k = 5.0\%$，总单位能量 $W_p (\text{kW} \cdot \text{h/t})$ 为

$$W_p = W_c \times (1-k) - W_e \times k = 2.61 \times (1-0.05) - 0.5 \times 0.05 = 2.45 \quad (7-25)$$

因此实际生产中的净单位能量将高于试验中测定的。

B 辊端物料对单位生产能力的影响

单位生产能力必须计算得出。这一计算可以基于辊宽度上的质量平衡，并认为辊端和辊中部的单位生产能力份额与它们各自的体积密度成比例。

已知

$$q_c/q_e = \rho_c/\rho_e \quad (7-26)$$

和

$$q_t = q_c \cdot (1 - k_e) + q_e \cdot k_e \quad (7-27)$$

那么

$$q_c = q_t \cdot \rho_c / [k_e \cdot \rho_e + (1 - k_e) \cdot \rho_c] \quad (7-28)$$

和

$$q_e = q_t \cdot \rho_e / [k_e \cdot \rho_e + (1 - k_e) \cdot \rho_c] \quad (7-29)$$

式中　q_t——试验获得的总单位生产能力，$\text{t} \cdot \text{s/(h} \cdot \text{m}^3)$；

ρ_e——辊端物料的体积密度（真密度的大约65%），t/m^3；

q_c——辊中部物料的单位生产能力，$\text{t} \cdot \text{s/(h} \cdot \text{m}^3)$；

ρ_c——辊中部物料的体积密度（真密度的大约85%），t/m^3；

q_e——辊端物料的单位生产能力，$\text{t} \cdot \text{s/(h} \cdot \text{m}^3)$；

k_e——辊端宽度与辊总宽度的比，%。

表 7-3 给出了一个重复计算单位能量的实例，表中 q_p 为工业单位生产能力（$\text{t} \cdot \text{s/(h} \cdot \text{m}^3)$）。取表 7-2 实例的半工业试验的和按比例放大到工业生产的数据，计算指出，试验测定的总单位生产能力为 300 $\text{t} \cdot \text{s/(h} \cdot \text{m}^3)$，在实际生产中将增加到大约 312 $\text{t} \cdot \text{s/(h} \cdot \text{m}^3)$。

表 7-3　在减少的辊端物料比例下单位生产能力计算实例[5]1328

参　数		试　验	工　业
$q_t/\text{t} \cdot \text{s} \cdot (\text{h} \cdot \text{m}^3)^{-1}$		300	
$\rho_0/\text{t} \cdot \text{m}^{-3}$		2.75	
$\rho_e/\text{t} \cdot \text{m}^{-3}$	$0.65\rho_0$	1.79	
$\rho_c/\text{t} \cdot \text{m}^{-3}$	$0.85\rho_0$	2.34	
$k_e/\%$		22.5	6.9
$q_c/\text{t} \cdot \text{s} \cdot (\text{h} \cdot \text{m}^3)^{-1}$		317	
$q_e/\text{t} \cdot \text{s} \cdot (\text{h} \cdot \text{m}^3)^{-1}$		242	
$q_p/\text{t} \cdot \text{s} \cdot (\text{h} \cdot \text{m}^3)^{-1}$			312

注：ρ_0—物料固体密度；q_p—工业单位生产能力。

因此实际的单位生产能力将高于试验测定的。

7.2.3.3 第一轮按比例放大迭代计算

根据初步选择的工艺条件和结果，结合修正的辊端物料比例、辊速和单位压力，初步选择辊压机规格。这包括重新计算单位生产能力、间隙宽度、单位能量和预期的辊端物料比例。然后选择最佳条件，包括需要的最低输入能量、最低生产能力、最大破碎比或最大化的后续益处。这些使用定义的关系或多重回归类型的计算，为随后的模型化和模拟提供基本条件。

7.2.3.4 建模和模拟计算产品粒度分布和循环负荷

模型化和模拟的目的是详细了解预期的产品粒度分布和循环负荷。模型化和模拟的输出是预破碎、料层破碎（在中心区域）、辊端物料破碎和总能量消耗的单位能量数据。此外，还将确定实际辊端物料和推测的旁路物料的比例。最后，计算获得预测的辊中部物料、辊端物料、旁路物料（预破碎给料）的颗粒粒度分布，以及可能的循环质量流量（分级机溢流或部分循环产品）和总产品的颗粒粒度分布。过程还包括计算循环质量的比例。

每个按比例放大计算阶段之后，可能需要进行迭代计算，使各阶段的计算结果与最初设计工艺要求相符合。例如，作为模型化和模拟基础的第一次按比例放大的结果，必须满足最初假设的辊压机辊尺寸和速度，在这个基础上选择工艺条件和试验给料粒度。然后，模型化和模拟之后，应该检查辊尺寸、压力、速度、辊端比例和辊压机给料和能力是否满足选择的和作为模型化基础选择的最初试验条件的数据。

如果按照各自的计算步骤确定辊压机规格而不与前面步骤的假设条件配合，就必须在修正的基础上重新进行计算。于是整个过程包括多次迭代循环以达到最终和彻底的设备技术要求基础。

7.2.3.5 产品粒度分布的按比例放大

辊压机的最终产品粒度分布必须根据修改的辊端比例（预期的）和较大辊直径重新计算。

按照经验的方式，可以假设辊压机排料的最大粒度（来自粗给料）是操作间隙尺寸，而颗粒粒度分布的细粒部分接近试验中观测的粒度。粗粒部分由理论上可以通过间隙的最粗颗粒统计确定，最粗颗粒包括通过辊端区域或通过低密度区域的颗粒，例如通过给料质量流中的"孔"的旁路物料。细粒部分认为主要由料层破碎产生，可提供类似于试验中那样的破碎环境，可能来自略粗的颗粒范围。

产品粒度一般通过建立一个高压辊磨机粉碎计算机模型，然后使用设备参数（辊尺寸、工业给料粒度分布、施加的单位压力）重新计算。这一方法是基于一个选择和碎裂类型函数的模型化和模拟方法，不同于用于诸如球磨机一类设备上的方法。

应用的模型使用基于能量的方法，该方法认为在辊压机中有三个碎裂过程：两磨辊之间的压缩区内的料层破碎、辊端的（常规）破碎和粒度大于间隙宽度的颗粒的预先破碎。

模型的输入值是在试验中测定的给料、辊端物料和辊中部物料的颗粒粒度分布，操作间隙与辊端和辊中部物料的单位能量。辊端物料比例单独输入系统。随后的模拟需要输入实际工业给料粒度分布和计算的操作间隙。此外，工业操作的相对辊端物料比例被单独输入。模拟的输出结果是辊中部和辊端物料的颗粒粒度分布，以及计算的工业操作的单位能量消耗。

因此模拟取决于预先选择的辊尺寸（影响着间隙宽度和辊端物料比例）。

辊压机开路粉碎某铁矿石的试验和工业模拟结果见表 7-4，根据表 7-4 绘制的粒度组成曲线见图 7-12。

表 7-4　辊压机开路粉碎某铁矿石的试验和工业模拟结果[5]1328

粒度/mm	试　验		工　业	
	给　料 负累积产率 /%	产　品 负累积产率 /%	给　料 负累积产率 /%	产　品 负累积产率 /%
63.0			100	100
50.0			98	99
40.0	100		75	97
31.5	86		50	95
22.4	52	100	32	90
16.0	35	98	20	83
11.2	26	91	13	72
8.00	19	82	9	63
5.60	14	71	6	55
2.80	8	53	3	41
1.00	4	35	1	29
0.50	3	26	1	24
0.315	2	23	1	22
0.125	1	19	0	18
辊端比例/%	0.08		0.155	
80%通过的粒度/mm	7.8		15.0	

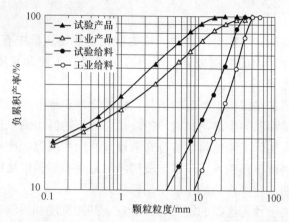

图 7-12　辊压机开路粉碎某铁矿石的试验和工业模拟粒度组成曲线[5]1328

　　闭路流程（不是带有分级机就是部分产品循环）产品的技术参数可以像开路流程产品那样类似计算。根据采用的切点粒度和分级效率公式，计算获得最终产品粒度分布。辊压机的有效生产能力也基于这些计算，并与分级阶段的质量分量或采用的循环比相结合。表 7-5 是模拟带有 4mm、6mm 或 8mm 筛孔筛子的辊压机闭路粉碎某铜矿石工业过程的结果实例。根据表 7-5 绘制的粒度组成曲线见图 7-13。

表 7-5　某铜矿石辊压机流程模拟结果的实例[5]1329

粒度/mm	工业给料负累积产率/%	8mm 筛孔筛分		6mm 筛孔筛分		4mm 筛孔筛分	
		辊压机排料负累积产率/%	筛分机筛下负累积产率/%	辊压机排料负累积产率/%	筛分机筛下负累积产率/%	辊压机排料负累积产率/%	筛分机筛下负累积产率/%
80.0	100.0	100.0		100.0		100.0	
50.0	85.0	99.8		99.9		99.9	
40.0	70.0	99.4		99.2		98.9	
22.4	35.0	92.7		93.5		93.6	
11.2	18.0	70.7		73.0		73.7	
8.00	13.0	58.1	100.0	61.4	100.0	62.9	
5.60	10.0	46.1	79.8	50.0	99.3	52.2	
4.00	8.0	40.0	70.0	41.0	85.0	44.0	100.0
2.80	6.0	35.6	61.7	35.9	71.2	38.6	83.7
1.000	3.0	26.0	45.0	26.0	51.6	26.4	57.2
0.315	1.5	18.2	31.4	18.3	36.2	18.5	40.0
0.125	1.0	13.7	23.7	13.9	27.5	14.1	30.4
80%通过的粒度/mm	47.0	14.0	5.6	14.0	3.6	14.0	2.5
循环负荷/%		176.0		202.0		220.0	
循环量/%		76.0		102.0		120.0	

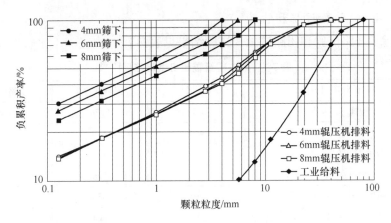

图 7-13 模拟辊压机闭路粉碎某铜矿石的粒度组成曲线[5]1329

正如前面指出的，在补充试验工作和数据处理过程中，提出了一系列的假设和先决条件，例如在设想的工况下假设的辊尺寸和采用的试验工作给料粒度。根据上面的产品颗粒粒度分布和辊端物料比例的结果，可能需要重新计算以满足最初的目标。这可能是当根据采用的单位压力和辊尺寸计算辊压机产品粒度时，不能满足规定的工业产品要求时的情况。在这种情况下，单位压力和（或）辊尺寸的条件需要改变。于是，除了前面指出的以外，确定达到适当产品粒度的辊压机操作的过程是反复计算的过程。

7.2.4 试验实例

以某铁矿石辊压机试验为例[6]61。

7.2.4.1 试验设备

试验设备为德国 KHD Humboldt Wedag 公司 RP80/25 半工业辊压机，辊直径为 800mm，辊宽度为 250mm，采用柱钉辊面。液压系统工作压力为 3~8MPa，产生的最大静压力为 500 kN。主电机功率为 2×132kW。

7.2.4.2 试验样品

试验样品为实际生产中的磨机给料，铁品位为 50.90%。铁矿物主要有磁铁矿、半假象赤铁矿、假象赤铁矿、菱铁矿、黄铁矿等。脉石矿物主要有碳酸盐矿物、绿泥石、高岭土、石英、方柱石、透辉石等。矿石普氏硬度为 9~15，容积密度为 2.19t/m³。样品粒度筛析结果见表 7-6。

表 7-6 某铁矿石辊压机试验样品粒度筛析结果[6]62

粒度/mm	-16	-14	-12	-8	-6	-2
负累积产率/%	100.00	78.05	64.93	41.22	28.88	17.24

7.2.4.3 试验过程和结果

进行了开路试验和闭路试验，试验结果见表7-7。

表 7-7 某铁矿石辊压机试验结果[6]63

试验项目	开路试验	闭路试验 1	闭路试验 2
辊速/m·s⁻¹	0.77	0.76	0.76
辊间隙/mm	4.9	4.9	4.9
液压系统单位压力/MPa	3.9	4.2	4.2
给料水分/%	2.8	2.6	2.8
单位通过量/t·s·(h·m³)⁻¹	391	436	440
净功率/kW	63.1	66.0	66.3
单位能耗/kW·h·t⁻¹	1.05	0.99	1.00
中部物料80%通过的粒度/mm	4.7	4.6	4.5
中部物料-125μm 含量/%	23.0	27.7	26.0
中部物料-75μm 含量/%	18.4	22.3	21.0

A 开路试验结果

a 单位能耗

试验结果表明，在其他条件不变时，单位能耗与单位压力大致呈线性关系。当压力从4.0MPa增加到5.3MPa时，单位能耗从1.05kW·h/t增加到1.37kW·h/t。

随着辊面线速度的增加，单位能耗平稳增长。在辊面线速度从0.37m/s增加到1.16m/s的情况下，当压力为4MPa时，单位能耗从1.05kW·h/t增加到1.20kW·h/t；当压力为5MPa时，单位能耗从1.35kW·h/t增加到1.50kW·h/t。

b 单位生产能力（即单位通过量）

试验表明，当单位压力增加时，单位生产能力略有下降。压力从4MPa增加到5MPa时，单位生产能力从390 t·s/(h·m³) 下降到375t·s/(h·m³)。

辊速对单位生产能力没有明显的影响。

根据上面结果，单位压力应当设定在适当的较低值（4.2MPa左右），从而保持较低单位能耗（1.1kW·h/t左右）和较高单位生产能力（385t·s/(h·m³) 左右）。

c 物料含水率

物料含水率对单位生产能力和辊压机（辊中部）的产品粒度分布影响不大，但对单位能耗有明显影响。当物料含水率从2.8%增加到8%时，单位生产能力保持在383t·s/(h·m³) 左右，辊压机（辊中部）的产品粒度基本保持在22.5%小于125μm、18.5%小于74μm和80%通过4.7mm，但单位能耗从1.05kW·h/t

上升到 1.46kW·h/t。

d 产品粒度

试验表明，辊压机产品粒度与压力和辊速没有显著的相关性。随着压力的提高，物料破碎过程明显存在一个临界点，继续提高压力只能增加能耗。

B 闭路试验结果

闭路试验中，辊压机与筛孔为 3.5mm 的振动筛闭路工作，辊压机辊中部通过的物料送往振动筛，筛上（约 40%）与辊端旁路物料合并组成 180%的循环负荷。闭路试验结果表明：

（1）辊压机闭路工作时通过量明显增加，从开路时的 383t·s/(h·m³) 左右增加到 440t·s/(h·m³) 左右。而单位能耗不但未增加，还略有降低，从开路时的大约 1.05kW·h/t 下降到 1.0kW·h/t 左右；

（2）辊压机辊中部通过的物料中细粒级质量分数有一定增加，从开路时的大约 23%小于 125μm 增加到大约 27%小于 125μm，从大约 68%小于 2.8mm 增加到大约 70%小于 2.8mm；

（3）振动筛采用 3.5mm 筛孔的筛网是合适的，筛上产品占振动筛给料的 32%，筛下产品中 80%小于 2mm，其中约 30.88%小于 0.074mm。

C Bond 球磨功指数试验结果

Bond 球磨功指数试验结果表明，试验样品的 Bond 球磨功指数为 14.5kW·h/t，辊压机粉碎产品的 Bond 球磨功指数为 11.1kW·h/t，经辊压机粉碎后 Bond 球磨功指数下降了 23.4%。

D 料饼松散试验结果

辊压机挤压形成的料饼可以在湿式筛分过程中松散。

E 辊面磨蚀性试验结果

辊面磨蚀性试验表明，辊面的耐磨寿命预计超过 9000h。

7.3 IsaMill 搅拌磨机试验技术

IsaMill 搅拌磨机是一种高效高强度卧式搅拌磨设备，近年来在矿业再磨和工业矿物超细磨领域获得了迅速发展。为了确定工业 IsaMill 搅拌磨机的规格和工作参数，澳大利亚 Xstrata 技术公司建立了试验室和半工业试验程序。试验目的是：在规定的产品粒度所需能量消耗的基础上，按照 1:1 的比例从试验室和半工业 IsaMill 搅拌磨机按比例放大到任何工业规格 IsaMill 搅拌磨机。

Xstrata 技术公司拥有自己的 IsaMill 搅拌磨机试验装备和试验技术，还授权给一些独立试验室进行试验。本节 7.3.1、7.3.2 和 7.3.3 参考了 Xstrata 技术公司的 IsaMill 搅拌磨机产品样本说明书（《IsaMill Brochure》）。

7.3.1   试验设备

试验设备是小型 IsaMill 搅拌磨机，包括 M1 和 M4 试验室 IsaMill 搅拌磨机以及 M20 和 M100 半工业 IsaMill 搅拌磨机。型号中的数字表示以升为单位的有效容积。M4 试验室 IsaMill 搅拌磨机外观见图 7-14。

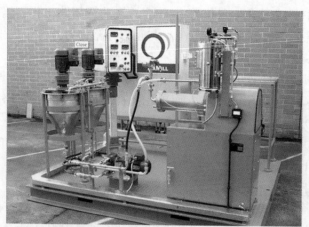

图 7-14   M4 试验室 IsaMill 搅拌磨机外观（引自 Xstrata 技术公司
产品样本说明书——《IsaMill Brochure》）

小型 IsaMill 搅拌磨机结构和工作参数与工业 IsaMill 搅拌磨机相同或类似，同样为卧式磨机，装有类似的磨盘，以类似的圆周速度工作，同样与一个内部排料分级器形成闭路。采用与工业 IsaMill 搅拌磨机类似的介质粒度、介质种类和介质充填率。因此，小型 IsaMill 搅拌磨机的工作机理、搅拌速度和物理特性与工业 IsaMill 搅拌磨机非常类似。

采用三相功率计和能量记录仪测定和记录试验期间磨机电动机的有效驱动功率。这些仪表直接从主输入电源测定功率，然后减去电动机的无负荷功率获得吸收的输入功率。这种功率测定方法已经证明在 IsaMill 搅拌磨机的按比例放大中是准确的。

7.3.2   试验方法

7.3.2.1   试验样品

采用有代表性的试验样品进行试验。试验样品与工业 IsaMill 搅拌磨机生产给料的固体物料相同，试验样品配制的矿浆粒度和密度与工业生产给料矿浆相同。试验样品必须保证足够的数量，使样品料浆能够多次经过磨机进行循环，以保证试验过程达到稳定状态，并且没有粗颗粒在试验磨机中滞留。M4 试验室 IsaMill 搅拌磨机试验需要的标准样品质量最少为 15kg。

7.3.2.2　试验程序

试验室试验通常是评价 IsaMill 搅拌磨机技术的第一个阶段，使用 M1 或 M4 试验室 IsaMill 搅拌磨机进行，使用最多的是 M4 试验室 IsaMill 搅拌磨机。试验室试验工作是为了评价用户的物料是否适合 IsaMill 搅拌磨机粉磨，并确定产生一定目标产品粒度所需要的能量（kW·h/t），也就是确定单位驱动功率和产品粒度之间的关系——"特性曲线"。最初试验工作还可能用于确定合适的流程结构，不是开路流程就是闭路流程（与旋流器）。这通常取决于总的粒度减小幅度。试验室 IsaMill 搅拌磨机装入 80% 的介质，以循环式工作，这一次连续通过的产品变为下一次通过的给料。

接着是介质选择试验。对于 IsaMill 搅拌磨机来说，物料之外的关键变量是使用的介质尺寸和种类。针对任何给定的介质，首先测定与介质粒度和种类有关的粉磨能量效率。Xstrata 技术公司的程序使用与工业 IsaMill 搅拌磨机相同粒度的介质——这是准确的按比例放大的要点。介质试验首先应使用被作为净能耗测定基准的已知介质材料，然后试验现有的或用户选择的介质材料。介质粒度与工业 IsaMill 搅拌磨机的相同（典型的 1~3mm）。因为粉磨介质相对于试验设备小，磨机外壳影响较小。

然后可以选择继续进行半工业试验。慎重起见，半工业试验使用 M20 或 M100 半工业 IsaMill 搅拌磨机成套装备，不是在现场就是在独立的工业试验装备上，在实际工业流程上进行在线试验，更准确地确定需要的驱动功率，同时试验其他参数，如介质量、生产率和介质消耗，以及其他后续过程特性。

7.3.2.3　试验操作

按比例放大方法要求准确地预测工业连续粉磨和分级过程的效果，因此 IsaMill 搅拌磨机试验程序必须连续使用相同的给料和与工业相同的分级，试验过程中必须保证足够的给料以达到稳定状态，达到稳定状态的要求对于细粒再磨至关重要。特性曲线上的每个点都必须从处于稳定状态的磨机的连续过程产生。

关键试验条件有：连续（而非分批）试验，确保稳定状态（粗粒级不得滞留在试验磨机内），正确地解决分级，直接测量能量（而非间接），以及使用与工业装备相同粒度的介质。不能正确满足以上条件之一将使试验结果产生 40% 的误差，不能满足其中几个条件将使结果产生的误差倍增。

负荷必须经磨机多次循环，以确保达到稳定状态和没有粗颗粒在试验磨机中滞留，即使少量粗颗粒滞留也将严重影响放大的工业磨机安装功率。需要严格地确保粗颗粒不会积累在磨机内，并且在试验期间得到充分的粉磨。使用过少的样品达到稳定状态将使预测的能量过低，而不能破碎最大粒度颗粒将使预测的粉碎功率过高。如果用于粉磨最大颗粒的介质粒度太小，这些颗粒将得不到充分粉磨而积累在磨机内并取代粉磨介质（占据粉磨介质的位置），这会降低粉磨效率而增加驱动功率（类似半自磨机内"临界粒级"的积累）。如果颗粒驻留在磨机内，粉磨效率的降低不一定很明显。

7.3.3　数据处理和试验结果

IsaMill 搅拌磨机试验过程中必须严格测定和统计分批试验与连续试验各自的能量、粒度、介质尺寸和分级特性。

在整个试验期间按一定时间间隔采取产品样品，绘制 IsaMill 搅拌磨机特性曲线（P_{80} 与能量的关系曲线）。

将特定物料粉磨到目标粒度的净能量消耗是主要设计变量，并且是任何可行性研究需要的第一组数据。对于超细磨来说，净能耗是构成操作成本的主要因素。因此需要特别精心地对净能耗进行直接的和正确的测定。净能耗的测定方法是从搅拌轴直接测定。

在细磨和超细磨工业中，颗粒粒度测定非常重要，需要使用可靠的激光粒度仪。Xstrata 技术公司推荐使用 Malvern 激光粒度仪。当使用其他仪器测定粒度时，Xstrata 技术公司将根据需要进行必须的校准和与标准比较。

7.3.4　IsaMill 搅拌磨机的按比例放大

因为试验装置配置与工业磨机相同——连续给料、内部分级、相同的粉磨行为和相同的粉磨介质，可以根据试验室或任意小型 IsaMill 搅拌磨机试验结果，准确地直接按比例放大到任何规格的工业 IsaMill 搅拌磨机，对于功率和产品粒度分布都可以实现比较准确的按比例放大[7]698。

小于 M10000 型规格的 IsaMill 搅拌磨机采用恒定功率强度方法按比例放大。M10000 型及更大规格的 IsaMill 搅拌磨机采用恒定磨盘外缘线速度方法按比例放大，这时给定容积、介质充填率和盘外缘速度，计算获得理论驱动功率。磨盘恒定外缘线速度方法比恒定功率强度方法复杂，因为该方法中功率不能线性地随容积按比例放大。

由于使用与工业规模相同粒度和种类的粉磨介质，按比例放大时不需要修正系数。

试验获得的净能耗减去空载功率，才能准确地按比例放大到任何规格的 IsaMill 搅拌磨机。净能耗还须转换为含有电动机和减速机损失的工业总能量。

根据介质类型和成本以及净能耗，能够推断磨机数量和总操作成本。

7.3.5　试验实例

7.3.5.1　项目概况

2000 年，Anglo 铂公司决定开展 WLTR（Western Limb 尾矿再处理）项

目[8]1，对位于南非 Rustenburg 区域内休眠的尾矿坝中的尾矿进行重新处理。尾矿中铂族矿物（主要是铂和钯）是主要的经济资源。

选矿试验室试验结果表明，粉磨粒度对于从尾矿坝中浮选回收铂族金属影响较大。半工业试验表明，采用常规浮选和 IsaMill 搅拌磨机惰性粉磨，能够达到铂族金属品位和回收率设计目标；为满足品位和回收率目标，需要初磨到不少于 80% 通过 75μm，然后粗精矿再磨到不少于 85% 通过 25μm。

7.3.5.2 试验、设备选型和按比例放大

WLTR 项目设计要求具有 4.8 Mt/a 的生产能力，并且能够很容易地扩建到 10.8 Mt/a。尾矿回收流程包括球磨、粗浮选、粗精矿再磨和扫选。

试验室试验使用 M4 型试验室 IsaMill 搅拌磨机，以不同给料粒度和输入能量进行。

再磨选用 M10000、2.6MW 的 IsaMill 搅拌磨机，要求其额定给料速度 53t/h 和最大 65t/h，其产品给到两段扫选流程产生最终精矿。为了适应给料粒度的变化，同时为了减小初次安装使用的风险，使用了变速驱动。用 −5+3mm 的当地硅砂作为粉磨介质，生产 $P_{90} = 25μm$ 的产品需要 35kW·h/t 的单位能耗。

M10000 IsaMill 搅拌磨机对于功率和产品粒度分布都实现了比较准确的按比例放大，在对产品粒度分布控制较好的情况下，功率效率与试验室磨机相同。

试验室试验的粉磨数据与类似输入能量的 M10000 的观测数据进行了对比，结果见表 7-8。按比例放大计算的和实测的 M10000 IsaMill 搅拌磨机电动机功率曲线见图 7-15。

表 7-8 试验室和工业 IsaMill 搅拌磨机操作结果对比[7]699

参　数	试验室	工　业
IsaMill 搅拌磨机型号	M4	M10000
安装功率/kW	4	26000
磨腔容积/L	3.5	10000
单位能量消耗/kW·h·t⁻¹	37	37
矿浆固体浓度/%	39	42
$P_{98}/μm$	47.5	42.5
$P_{80}/μm$	16.0	16.5

在允许矿石样品存在少量差异，矿物学特性基本恒定的情况下，使用相同的粉磨介质（−5mm +3mm 的当地的破碎硅砂）和单位能量时，粉磨产品显示了类似的颗粒粒度分布，见图 7-16。

M10000 IsaMill 搅拌磨机对最大粒度的控制略优，产品粒度分布较狭窄。CSI（粗端粒度指数，或 $P_{98}：P_{80}$ 比值）对于 M10000 IsaMill 搅拌磨机是 2.6，而对于

试验室 M4 IsaMill 搅拌磨机是 3.0。

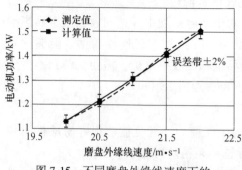

图 7-15　不同磨盘外缘线速度下的
电动机功率测定值和计算值[8]4

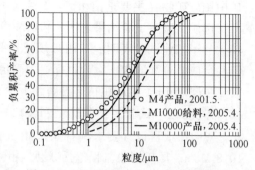

图 7-16　M4 和 M10000 IsaMill 搅拌磨机
粒度分布曲线[8]5

参 考 文 献

[1] 吴建明. 第六章　筒式磨机、辊压机和辊磨机 [M] //卢寿慈. 粉体技术手册. 北京：化学工业出版社，2004：116~205.

[2] McKen A, Williams S. An Overview of the Small-Scale Tests Available to Characterise Ore Grindability [C] //Allan M J, Major K, Klintoff B C, et al. Proceedings of International Autogenous and Semiautogenous Grinding Technology 2006. Vancouver：Department of Mining Engineering, University of British Columbia, 2006：IV-315~IV-330.

[3] Klymowsky R, Patzelt N, Knecht J, Burchardt E. Selection and Sizing of High Pressure Grinding Rolls [M] //Mular A L, Halbe D N, Barratt D J. Mineral Processing Plant Design, Practice and Control Proceedings. New York：Society for Mining, Metallurgy and Exploration, Inc., 2002：636~668.

[4] Klymowsky R, Patzelt N, Knecht J, Burchardt E. An Overview of HPGR Technology [C] // Allan M J, Major K, Klintoff B C, et al. Proceedings of International Autogenous and Semiautogenous Grinding Technology 2006. Vancouver：Department of Mining Engineering, University of British Columbia, 2006：IV-11~IV-26.

[5] F van der Meer. High Pressure Grinding Rolls Scale-Up and Experiences [C] //Proceedings of XXV International Mineral Processing Congress (IMPC) 2010. Brisbane：2010：1319~1331.

[6] 刘安平，陈青波，倪文. 梅山铁矿石高压辊磨试验研究与应用探讨 [J]. 宝钢技术，2009 (3)：61~64.

[7] Larson M, Anderson G, Morrison R, et al. Regrind Mills：Scaleup or Screwup [C] //Proceedings of SME Annual Meeting 2011. Denver：The Society for Mining, Metallurgy & Exploration, 2011：698~705.

[8] Curry D C, Clark L W, Rule C. Collaborative Technology Development-Design and Operation of the World's largest stirred Mill [J/OL]. [2013-10~21]. http：//www. isamill. com/EN/Downloads/Pages/news. aspx.

冶金工业出版社部分图书推荐

书　名	作　者	定价(元)
中国冶金百科全书·选矿卷	编委会　编	140.00
采矿工程师手册（上、下册）	于润沧　主编	395.00
现代采矿手册（上、中、下册）	王运敏　主编	1000.00
现代金属矿开采科学技术	古德生　等著	260.00
地下金属矿山灾害防治技术	宋卫东　等著	75.00
采空区处理的理论与实践	李俊平　等著	29.00
深井开采岩爆灾害微震监测预警及控制技术	王春来　等著	29.00
中厚矿体卸压开采理论与实践	王文杰　著	36.00
地质学（第5版）（国规教材）	徐九华　主编	40.00
采矿学（第2版）（国规教材）	王　青　等编	58.00
工程爆破（第2版）（国规教材）	翁春林　等编	32.00
矿山充填理论与技术（研究生教材）	黄玉诚　编著	30.00
固体物料分选学（第3版）（本科教材）	魏德洲　主编	59.00
矿产资源综合利用（本科教材）	张　佶　主编	30.00
高等硬岩采矿学（本科教材）	杨　鹏　等编	32.00
采矿工程CAD绘图基础教程（本科教材）	徐　帅　等编	42.00
矿山岩石力学（本科教材）	李俊平　主编	49.00
选矿厂设计（本科教材）	周小四　主编	39.00
磁电选矿（第2版）（本科教材）	袁致涛　等编	39.00
碎矿与磨矿（第3版）（本科教材）	段希祥　主编	35.00
选矿试验与生产检测（本科教材）	李志章　主编	28.00
选矿概论（高职高专教材）	于春梅　主编	20.00
金属矿床开采（高职高专教材）	刘念苏　主编	53.00
选矿原理与工艺（高职高专教材）	于春梅　主编	28.00
矿石可选性试验（高职高专教材）	于春梅　主编	30.00
金属矿山环境保护与安全（高职高专教材）	孙文武　主编	35.00
碎矿与磨矿技术（职业技能培训教材）	杨家文　主编	35.00
重力选矿技术（职业技能培训教材）	周小四　主编	40.00
磁电选矿技术（职业技能培训教材）	陈　斌　主编	29.00
浮游选矿技术（职业技能培训教材）	王　贤　主编	36.00